"十二五"职业教育国家级规划教材
经全国职业教育教材审定委员会审定
江苏省高等学校精品教材

服装材料学

倪 红 主 编

姜淑媛 余艳娥 副主编

中国纺织出版社

内 容 提 要

本书是"十二五"职业教育国家级规划教材，江苏省高等学校精品教材。本书既系统介绍了服装材料的基本知识，又引入了当今服装材料的最新研究成果，并对服装材料在服装设计、生产、贸易中的重要作用作了重点介绍，帮助读者了解服装材料，认识服装材料，掌握应用服装材料和材料再设计的能力，为从事服装相关工作打下坚实的基础。

本书的特色在于既注重理论的系统性与科学性，又强调知识的应用性与可操作性。本书在介绍理论知识的同时，引入了大量服装设计与生产的实际案例，遴选精美图片直观展现理论知识，令读者更易理解与掌握。

本书既可作为服装类专业学生系统学习服装材料的教科书，也可作为其他服装从业人员的参考书。

图书在版编目（CIP）数据

服装材料学／倪红主编． -- 北京：中国纺织出版社，2016.11（2024.7重印）

"十二五"职业教育国家级规划教材

ISBN 978-7-5180-2861-0

Ⅰ．①服… Ⅱ．①倪… Ⅲ．①服装学—材料科学—职业教育—教材 Ⅳ．① TS941.15

中国版本图书馆 CIP 数据核字（2016）第 193134 号

策划编辑：魏 萌 金 昊 责任编辑：陈静杰
责任校对：王花妮 责任设计：何 建 责任印制：王艳丽

中国纺织出版社出版发行
地址：北京市朝阳区百子湾东里 A407 号楼 邮政编码：100124
邮购电话：010—67004422 传真：010—87155801
http://www.c-textilep.com
E-mail: faxing@c-textilep.com
中国纺织出版社天猫旗舰店
官方微博 http://weibo.com/2119887771
北京通天印刷有限责任公司印刷 各地新华书店经销
2016 年 11 月第 1 版 2024 年 7 月第 4 次印刷
开本：787×1092 1/16 印张：19
字数：322 千字 定价：49.80 元

凡购本书，如有缺页、倒页、脱页，由本社图书营销中心调换

出版者的话

百年大计，教育为本。教育是民族振兴、社会进步的基石，是提高国民素质、促进人的全面发展的根本途径，寄托着亿万家庭对美好生活的期盼。强国必先强教。优先发展教育、提高教育现代化水平，对实现全面建设小康社会奋斗目标、建设富强民主文明和谐的社会主义现代化国家具有决定性意义。教材建设作为教学的重要组成部分，如何适应新形势下我国教学改革要求，与时俱进，编写出高质量的教材，在人才培养中发挥作用，成为院校和出版人共同努力的目标。2012年12月，教育部颁发了教职成司函[2012]237号文件《关于开展"十二五"职业教育国家规划教材选题立项工作的通知》（以下简称《通知》），明确指出我国"十二五"职业教育教材立项要体现锤炼精品，突出重点，强化衔接，产教结合，体现标准和创新形式的原则。《通知》指出全国职业教育教材审定委员会负责教材审定，审定通过并经教育部审核批准的立项教材，作为"十二五"职业教育国家规划教材发布。

2014年6月，根据《教育部关于"十二五"职业教育教材建设的若干意见》（教职成[2012]9号）和《关于开展"十二五"职业教育国家规划教材选题立项工作的通知》（教职成司函[2012]237号）要求，经出版单位申报，专家会议评审立项，组织编写（修订）和专家会议审定，全国共有4742种教材拟入选第一批"十二五"职业教育国家规划教材书目，我社共有47种教材被纳入"十二五"职业教育国家规划。为在"十二五"期间切实做好教材出版工作，我社主动进行了教材创新型模式的深入策划，力求使教材出版与教学改革和课程建设发展相适应，充分体现教材的适用性、科学性、系统性和新颖性，使教材内容具有以下几个特点：

（1）坚持一个目标——服务人才培养。"十二五"职业教育教材建设，要坚持育人为本，充分发挥教材在提高人才培养质量中的基础性作用，充分体现我国改革开放30多年来经济、政治、文化、社会、科技等方面取得的成就，适应不同类型高等学校需要和不同教学对象需要，编写推介一大批符合教育规律和人才成长规律的具有科学性、先进性、适用性的优秀教材，进一步完善具有中国特色的普通高等教育本科教材体系。

（2）围绕一个核心——提高教材质量。根据教育规律和课程设置特点，从提高学生分析问题、解决问题的能力入手，教材附有课程设置指导，并于章首介绍本章知识点、重点、难点及专业技能，增加相关学科的最新研究理论、研究热点或历史背景，章后附形式多样的习题等，提高教材的可读性，增加学生学习兴趣和自学能力，提升学生科技素养和人文素养。

（3）突出一个环节——内容实践环节。教材出版突出应用性学科的特点，注重理论与生产实践的结合，有针对性地设置教材内容，增加实践、实验内容。

（4）实现一个立体——多元化教材建设。鼓励编写、出版适应不同类型高等学校教学需要的不同风格和特色教材；积极推进高等学校与行业合作编写实践教材；鼓励编写、出版不同载体和不同形式的教材，包括纸质教材和数字化教材，授课型教材和辅助型教材；鼓励开发中外文双语教材、汉语与少数民族语言双语教材；探索与国外或境外合作编写或改编优秀教材。

教材出版是教育发展中的重要组成部分，为出版高质量的教材，出版社严格甄选作者，组织专家评审，并对出版全过程进行过程跟踪，及时了解教材编写进度、编写质量，力求做到作者权威，编辑专业，审读严格，精品出版。我们愿与院校一起，共同探讨、完善教材出版，不断推出精品教材，以适应我国职业教育的发展要求。

中国纺织出版社

教材出版中心

前言

　　服饰发展到今天，其功能已经从最初的御寒蔽体演变成为丰富人们的文化生活、体现人们高尚情趣和追求高雅文化品位的载体。

　　随着社会经济、科技文化的进步，服饰文化的发展日新月异。现代服饰的概念已不仅是款式的新颖独特、色彩图案的合理搭配，而是更加关注服装面料的材质性能及特殊功用、面料与服装造型的关系、面料与服装生产技术的关系等内容。服装设计、制作、现代化生产管理、服装营销及服装使用过程，都离不开服装材料知识的支撑。这就要求服装专业人员不仅要掌握服装材料学的基础知识，还必须精通如何把这些知识运用在服装设计、生产、管理、市场营销及贸易中。

　　《服装材料学》为江苏省高等学校精品教材，自出版以来一直受到使用单位好评，特色鲜明。本次修订新增了近年来服装新材料知识，引入了企业运用服装材料的最新案例，注重理论与生产实践的有机结合，图文并茂，力求增强本书的可读性，开阔读者的视野，为实现教学与就业的零距离对接打下基础。

　　本书由倪红主编，姜淑媛、余艳娥副主编。倪红负责编写第一、第三、第四、第八章以及第二章的第一至第三节和第五节及第五章的第五节，参与编写第七章和第九章；赵宽负责编写第五章第一至第四节、第六节；余艳娥负责编写第六章；毛成栋负责编写第七章；张丹负责编写第九章；姜淑媛负责编写第十章、第二章的第四节。全书由倪红负责整体构思和统稿。

　　本书在编写过程中，参考引用了有关专家学者的著作文献及网络发布的相关图片，得到了许多老师的关心和帮助，获得了企业的技术支持和指导，在此一并向他们表示衷心的感谢！感谢他们对中国纺织服装事业无私的奉献！

　　由于编者水平有限，本书难免存在不足或疏漏之处，还望专家与同仁不吝赐教。

编　者

2016 年 7 月

教学内容及课时安排

章／课时	课程性质／课时	节	课程内容
第一章 （2课时）	基础理论 （36课时）		绪论
		一	服装的功能
		二	对服装材料的要求
		三	服装材料的分类
		四	当前服装材料的发展趋势
		五	纺织品主要生产工序
第二章 （8课时）			纺织纤维
		一	纺织纤维的分类
		二	纺织纤维的结构与性能
		三	纺织纤维的特性及其在纺织服装制品上的表现
		四	新型纤维原料
		五	纺织纤维的鉴别
第三章 （8课时）			纱线和缝纫线
		一	短纤纱和长丝纱
		二	纱线捻度和细度
		三	常规纱线及规格标识
		四	特种纱及织物效果
		五	缝纫线
第四章 （10课时）			机织物
		一	织机及织物概述
		二	织物组织
		三	织物的规格指标及疵点
		四	常规机织物特征介绍及其服装表现
第五章 （4课时）			针织物
		一	针织工业发展概况
		二	针织物与机织物的主要区别
		三	纬编
		四	经编

章/课时	课程性质/课时	节	课程内容
第五章 （4课时）		五	常规针织物特征及其用途
		六	纬编针织物的常见疵点
第六章 （4课时）			织物染整
		一	染整用水及表面活性剂
		二	纺织品前处理
		三	纺织品染色
		四	纺织品印花
		五	纺织品整理
		六	染整新技术
		七	印染产品的主要疵病
第七章 （3课时）			服装辅料
		一	服装里料
		二	服装衬料
		三	服装填料及垫料
		四	紧扣材料
		五	装饰材料
第八章 （8课时）	理论应用 （16课时）		织物性能与检测
		一	织物的可缝性与服装加工技术
		二	织物的形态风格与服装造型
		三	织物基本检测
		四	织物性能检测
第九章 （3课时）			皮革与裘皮
		一	服装用革的原料
		二	服装用革的处理工艺
		三	裘皮
		四	人造皮革与再生皮革
		五	天然裘皮与人造裘皮
		六	皮革服装设计
第十章 （2课时）			服装的洗涤与储藏
		一	污渍
		二	服装的洗涤与去渍
		三	服装的储藏

目录

第一章　绪论

学习目标：

1. 了解服装的功能；
2. 了解服装材料需具备的性能；
3. 了解服装材料的种类；
4. 了解当今服装材料的发展趋势；
5. 了解纺织品的主要生产工序。

本章重点：

服装是人类生活的必需品。从远古时代的树叶、兽皮到今天千变万化的各类服装，这种服装发展、变迁的历史进程，无不体现出服装材料不断创新、完善、提高的过程。

作为服装的载体，服装材料对服装的外观、形态、性能、加工、保养和成本都起着至关重要的作用，它是体现服装产品艺术性和技术性高度统一的关键因素。服装设计的三要素即造型、色彩和材质，在很大程度上依赖材料的性能和外观来实现。现代服装设计的新突破往往表现在创新材料的应用与组合上，21 世纪的服装，对服装材料提出了更新、更高、更为人性化的要求；同时，新型纤维的不断推出、高科技加工技术的运用，也反过来促使服装业不断朝着服装更为舒适、便利、健康、安全、生态的方向而努力。

第一节　服装的功能

人类的进化，使人体缺少了保暖、防护的自然装备，衣服便成为人类赖以生存的一种基本物质。另外，爱美是人的本能，人们往往通过服饰来装扮自己，展现个性形象。服装的基本功能主要体现在以下几个方面：

1. **包覆功能**

服装应能柔软、舒适地包裹人体，有良好的皮肤接触感，能适应人体曲线，方便人体的活动。

2. 防护功能

主要表现在两个方面：一是防止外部环境如寒冷、炎热、阳光、风雨、虫害及其他物质对人体的伤害，以保护机体；二是保护人体维持自身生存所需的能量不受或少受损失。

3. 装饰功能

服装应能给予人们美的视觉感受，起到装饰美化的作用；另外，服装还应具有礼仪的功能，起到调节个人和群体间相互关系的作用。

4. 标识功能

一般标识功能是由特定的服装形式来提供的，但近年来出现了许多特殊的服装材料，可直接为服装提供标识功能，如夜光材料就是给夜间作业人员提供的具有标识功能的服装材料。

5. 品质稳定功能

服装应具有良好的品质稳定功能，如具有一定的强度、耐磨性、保型性、色牢度、耐洗性、耐光性、耐腐蚀性等。

第二节　对服装材料的要求

1. 具有一定的包覆能力

衣料应具有良好的遮体效果，同时要易于成型和穿着方便。以衣料的厚度、面密度、紧度、刚度等物理特性来衡量。

2. 具备良好的美学性能

以衣料的光泽、色彩、肌理、起毛起球等物理特性来衡量。

3. 具有良好的卫生保健性能

主要体现在耐气候性和防护性上，以通透性、吸湿性、热反射性、保温性、阻燃性等物理特性来衡量。

4. 具有适应穿着需要的变形能力

服装材料应能随着人体的运动而作相应的变形，以最大限度地保证肢体的活动自如。为此，必须对服装材料的强韧性、弹性、柔软性、可压缩性、厚度等物理特性提出要求。

5. 具有较好的造型能力

以衣料的柔软性、悬垂性、成褶能力、弹性、抗皱性及外形稳定性（拉伸变形、弯曲变形、压缩变形、剪切变形）等物理特性来衡量。

6. 具有良好的可加工性能

主要包括服装材料的可整理性和可缝纫性，前者以耐化学品性、耐热性、强伸度等物理特性来衡量，后者以穿刺牢度、表面硬度、交织阻力、卷边与脱散性等物理特性来衡量。

第三节 服装材料的分类

服装材料种类繁多，形态各异。主要有以下几类：

一、纤维制品

以纤维为原料制得的材料，是服装材料中使用最多、最广泛的制品。

1. 纺织制品

分织物和线带类两类。

（1）织物：按照织造方式的不同，可分为机织物、针织物、花边及钩编织物。

（2）线带类：分为线、带两类，线有缝纫线、绣花线、编制线等；带有织带、编织带、捻合带等。

2. 集合制品

有非织造布、絮、羽绒、纸等。

3. 复合制品

采用黏合剂把两层及以上的制品黏合而成。

二、毛皮制品

分皮革和毛皮两类。

1. 皮革类

有天然皮革和人造皮革。天然皮革有兽皮、鱼皮等；人造皮革是指以化学材料仿造的皮革。

2. 毛皮类

有天然毛皮和人造毛皮。

三、泡沫制品

有泡沫衬垫、泡沫薄片等。

四、皮膜制品

有动物皮膜、塑料薄膜、黏胶薄膜等。

五、杂制品

有金属、塑料、骨质、木质、石料、竹、玻璃、橡胶、贝壳等。

第四节　当前服装材料的发展趋势

21世纪纺织面料的发展越来越趋向"以人为本"，将始终围绕着人的健康、舒适以及对生态环境的保护而不断开发新产品。服装材料将向高科技、功能化发展，纺织面料的竞争将成为新型纤维、环保染化料等的竞争。随着服装的休闲化、随意化、功能化，要求面料更轻柔、吸湿透气性更好，功能更广泛，各种功能性、防护性纺织品和服装将应运而生。

当前服装材料的发展趋势主要体现在以下几个方面：

1. 新型纤维被大量开发及利用

（1）开发并利用功能化、智能化纤维，如抗菌防臭纤维、保健纤维、远红外纤维；

（2）开发并利用无害化天然纤维，如天然彩色棉、天然彩色蚕茧；

（3）开发并利用环保化化学纤维，如 Tencel 纤维（天丝）；

（4）开发并利用实用化特种纤维，如不锈钢金属纤维广泛应用于海上作业用服装上。

2. 织物形式多样化

在织物形式上，将是多形式、多组合的，多种不同纤维、不同纱线的混纺、交织，利用纤维的优势互补，达到改进织物服用性能的目的。花式线织物因能使产品具有立体感，丰富产品的用途而将得到更为广泛的应用。

3. 印染整理功能化、无害化

新技术及功能性整理将在印染后整理方面大放光彩。各种酶将广泛应用于织物的预处理、光洁整理、染色催化、羊毛织物整理和废水处理等工艺中。

发达国家纺织产品普遍注重品质，布面匀整、洁净、无疵点，手感柔滑，弹性好，色彩、花型、织物组织都能紧跟国际流行趋势。原料上注重多元化，除纯纺产品外，还有多种纤维混纺交织，赋予织物面料更为优良的性能。细旦、超细旦涤纶纤维的广泛使用，使面料向更轻薄化的方向发展；Tencel 纤维和 Modal 纤维（莫代尔）因其在悬垂性、透气性、舒适性方面的优异表现，而极大地提升了面料的档次。莱卡纤维的使用使服装设计更趋舒适、合理、美观、科学。

近几年来，弹性面料和环保面料已成为国外各面料生产企业的成熟产品。弹性面料改善了服装的抗折皱性，能保持衣物外形美观持久，穿着舒适顺畅。环保面料强调对人体健康和环境的保护作用，除必须采用环保型染化料和助剂进行加工整理外，还使用 Tencel 等环保型纤维。

与此同时，国外生产厂商还不断通过新型的加工技术和后整理工艺，来达到崭新的视觉、触觉效果和优良的服用性能。常见的整理工艺有弹性整理、机可洗整理、抗皱整理、柔软整理等。产品有磨绒、缩绒、拉毛等产品。

由于高新技术的导入，目前国内外纺织工业产品正在向高附加值、高增加值方向发展。

21世纪，我国人民生活水平将从小康型向富裕型转变。社会的进步、文化素质的提高，使人们穿着要求趋向个性化、休闲化、舒适化、功能化。近几年开发的彩色天然纤维面料，具有防缩免烫功能的衬衫、裤子、休闲服装，轻薄型面料、柔软工艺高中档西服等产品受到国内外市场欢迎。服装产品开发的重点已放在研究和生产具有高科技含量、采用新材料、新工艺的新产品和新品种上。

传统的服装纺织业是劳动密集型产业，劳动力成本的高低对其竞争力影响极大。然而在技术飞速发展的今天，服装纺织工业的面貌正在改变，高新技术的渗透使之从劳动密集型逐步向资金密集型和技术密集型转变。信息技术、新材料技术、生物技术、环保生产技术等高新技术的发展应用，大大拓展了传统服装纺织业的发展空间，使世界服装纺织业的竞争由"价格和质量"的竞争向"以高新技术为导向，以品牌竞争为焦点"的综合经济实力竞争方面转变。

服装纺织业作为一个与国家经济发展密切相关的产业，其内涵正在不断扩大，产业链正逐步向商贸、管理、营销、展览等延伸；产业内容的技术含量涉及艺术、心理、审美等多个领域。这使得现代纺织服装业正呈现出"基于纺织又超越纺织"的发展趋势。

第五节　纺织品主要生产工序

1. 纤维制造

纺织纤维是织物的最小组成部分。纺织纤维分天然纤维和化学纤维两大类。天然纤维来源于自然界；化学纤维是经过特定的加工过程制造出来的纤维。

2. 纺纱

纱线由纤维形成，分长丝纱和短纤纱。长丝纱可以由单根纤维长丝构成，也可以由两根或两根以上纤维长丝经合并、加捻而成。短纤纱是短纤维的集合体，它是短纤维经过纺纱工序加工而成的。

3. 织造

大多数织物由纱线在机织机或针织机上经机织或针织而成。

4. 染色与印花

染色与印花是指在一定介质中，使织物染上颜色或印上花纹图案的过程。

5. 织物整理

织物整理用于改善织物的外观、手感、肌理，给予织物特殊功能，是提高产品档次和附加值的重要手段。

6. 纺织品包装

纺织品以一定的形式包装出厂。大多数机织物采用卷装形式，一匹布卷成一卷进行包装；针织物可以折叠包装。

第二章 纺织纤维

学习目标：

1. 掌握纺织纤维的概念与分类；
2. 了解纺织纤维的物理属性，理解纺织纤维的基本特性；
3. 掌握常见纺织纤维的性能及其在纺织服装制品上的表现；
4. 了解新型纤维原料及其功能；
5. 了解纺织纤维的鉴别方法，掌握燃烧法鉴别纺织纤维。

本章重点：

1. 纺织纤维的概念；
2. 回潮率，公定回潮率指标内涵；
3. 常见纺织纤维的性能及其在纺织服装制品上的表现；
4. 燃烧法鉴别纺织纤维。

第一节 纺织纤维的分类

所谓纤维，是指直径数微米到数十微米，长度比直径大几十倍甚至一千倍以上的物质，如毛发、肌纤维、棉花等。具备一定纺织加工性能和使用性能的纤维称为纺织纤维。纺织纤维包括来源于自然界中的天然纤维和通过应用科学的方法获取的化学纤维两大类。

一、天然纤维（Natural fiber）

天然纤维是从植物或动物中获得的。

1. **植物纤维**（Vegetable fiber）

植物纤维又称天然纤维素纤维（Natural cellulose fiber）。主要类别有：

（1）种子纤维（Seed fiber）：棉（Cotton）等。

（2）韧皮纤维（Bast fiber）：苎麻（Ramie）、亚麻（Flax）、大麻（Hemp）等。

2. 动物纤维（Animal fiber）

动物纤维又称天然蛋白质纤维（Natural protein fiber）。主要类别有：

（1）动物毛（Animal-hair fiber）：绵羊毛（Wool）、山羊绒（Cashmere）、马海毛（Mohair）、兔毛（Rabbit hair）、骆驼毛（Camel hair）、牦牛毛（Yak hair）、骆马毛（Vicuna）等。

（2）腺分泌物（Animal secretion）：桑蚕丝（Mulberry silk）、柞蚕丝（Tussah silk）等。

二、化学纤维（Manufactured fiber）

化学纤维是以天然或人工合成的高聚物为原料，把它们制成化学溶液，从纺丝板（图2-1）上细小的孔中挤压而形成的纤维。不同形状的孔形成不同截面的长丝纤维。

图 2-1　生产化学纤维的纺丝板

1. 再生纤维（Regenerated fiber）

是以天然高聚物（木材、棉短绒等）为原料，经纺丝加工制成的纤维。主要类别有：

（1）再生纤维素纤维（Regenerated cellulose fiber）：黏胶纤维（Viscose）、富强纤维（Polynosic）、醋酯纤维（Acetate）、酮氨纤维（Cupra）等。

（2）再生蛋白质纤维（Regenerated protein fiber）：酪素纤维（Azlon cascin）、大豆纤维（Soybean）等。

（3）无机纤维（Inorganic）：金属纤维（Metallic）、玻璃纤维（Glass）等。

2. 合成纤维（Synthetic fiber）

合成纤维是以石油、煤、天然气及一些农副产品中所提取的小分子为原料，经人工合成得到高聚物，再经纺丝形成的纤维。主要产品有：涤纶（Polyester fiber）、锦纶（Polyamide fiber）、腈纶（Acrylic fiber）、丙纶（Polypropylene fiber）、维纶（Polyvinyl alcohol fiber）、氨纶（Polyurethane fiber）和氯纶（Chloro fiber）。

第二节　纺织纤维的结构与性能

纺织纤维的结构对织物的性能产生影响，从而对服装的服用性能及风格产生影响。

一、物理属性

（一）纤维长度

纤维的长度从几厘米至百米、千米不等。

1. 天然纤维的长度

棉纤维：长绒棉长度为 33 ~ 45mm，品质优良；细绒棉长度为 23 ~ 33mm，品质中等。

麻纤维：苎麻单根纤维平均长度为 20 ~ 250mm，是麻纤维中最长的纤维；亚麻单根纤维平均长度为 10 ~ 26mm。

羊毛纤维：绵羊毛长度为 25 ~ 300mm，山羊绒平均长度为 35 ~ 45mm，马海毛平均长度为 120 ~ 150mm。

蚕丝：一般长度为 800 ~ 1000m。

蚕丝的长度远远大于其他天然纤维的长度，我们把具有蚕丝一样长度的纤维称为长丝纤维，把具有棉、麻、毛纤维一样长度的纤维称为短纤维（图 2-2）。

2. 化学纤维的长度

化学纤维根据其用途的不同，可以制成短纤维，也可以制成长丝纤维。如涤纶服装，若表现为丝绸服装的风格，则涤纶应制成长丝纤维；若表现为棉类服装的风格，则涤纶应制成短纤维。有些化学纤维，如氨纶，始终以长丝的形式被使用，而用于服装的腈纶，却几乎都制成短纤维。

图 2-2　长丝纤维与短纤维

（二）纤维截面和纵向形状

用肉眼观察时，所有纤维的形状都非常相似。在显微镜下，可以看到纤维的不同结构。图 2-3 为纤维横截面和纵向结构模型，图 2-4 为各种纤维在显微镜下的横截面和纵向结构图。纤维极微小的横截面形状和表面结构决定了纤维的体积、质地、光泽和手感，这些因素将直接影响织物的最终用途。而纤维的纵向结构将影响纤维的弹性、变形恢复、耐磨牢度等特性。

二、化学成分和分子结构

纤维根据其化学成分可分为多种。把具有相似化学组成的纤维归于一类，纤维可以分为纤维素纤维（棉、麻、黏胶）、蛋白质纤维（毛、蚕丝、大豆）和合成纤维（涤纶、锦纶、腈纶、丙纶、氯纶、氨纶、维纶）三类。

同一类纤维具有相似的性能，而其中不同种纤维却具有不同的特性。另外，不同类纤维也可能具有相似的性质。

纤维的化学成分不同将导致不同的反应，影响纤维制品的加工、整理、运输、贮藏。纤维的分子排列可影响纤维的强度、耐磨牢度和弹性恢复能力。在化学纤维的制造中，通过改变纤维的分子排列，可以开发出多品种的化学纤维。

三、基本特性

所有纺织纤维都有一定的基本特性，这些特性对纤维的最终用途产生深远的影响。通过了解这些特性，就能判断纤维是否适合于某种有特殊用途的织物。例如，希望用于儿童

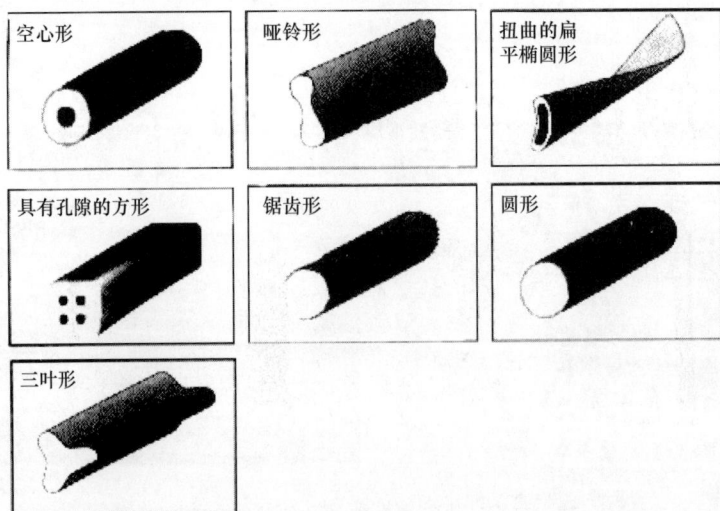

图 2-3　纤维横截面和纵向结构模型

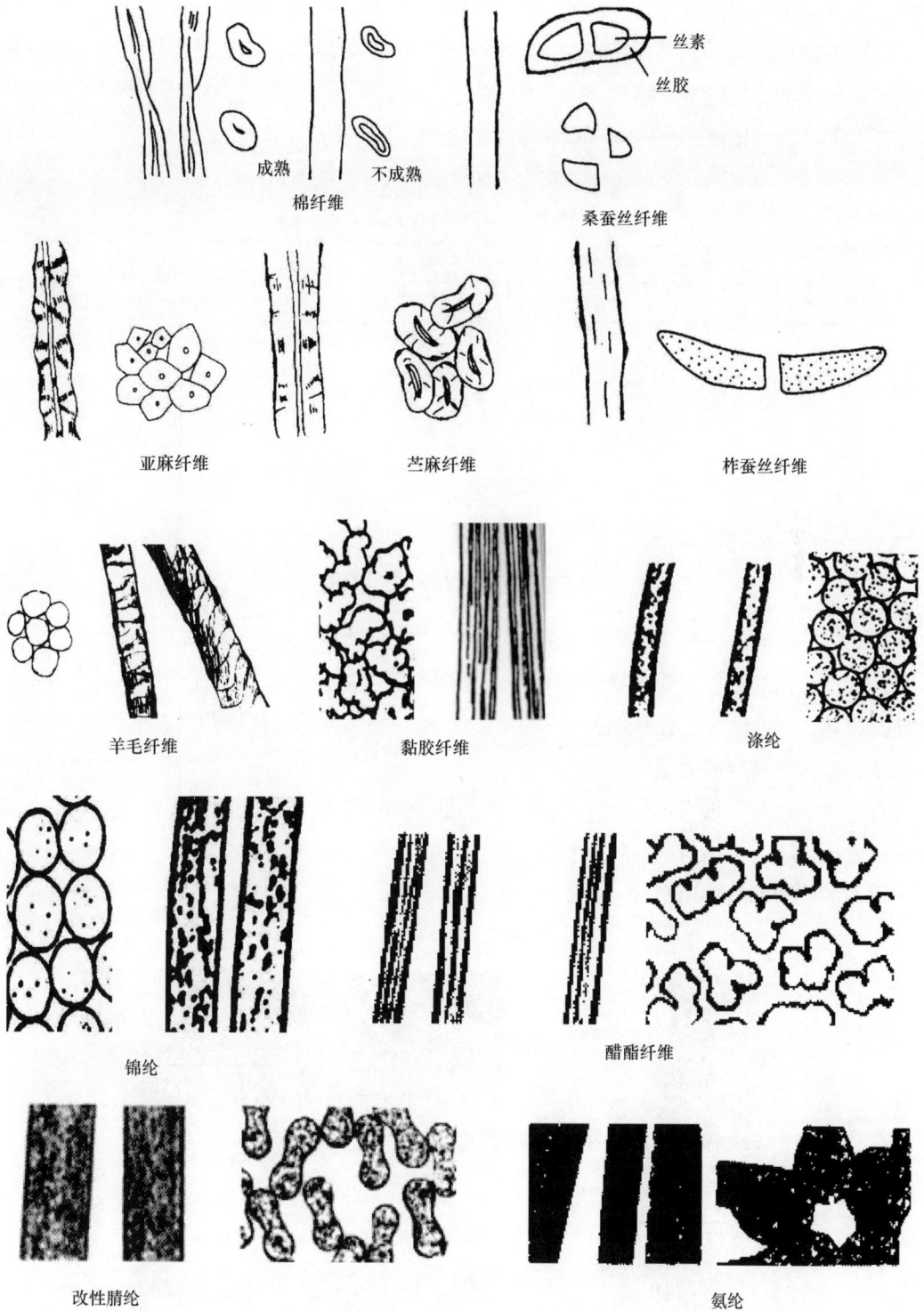

丝素
丝胶

成熟　不成熟
棉纤维
桑蚕丝纤维

亚麻纤维　苎麻纤维　柞蚕丝纤维

羊毛纤维　黏胶纤维　涤纶

锦纶　醋酯纤维

改性腈纶　氨纶

图 2-4　各种纤维在显微镜下的横截面和纵向结构图

内衣的柔软且吸湿性优良的织物，棉纤维就十分合适，而锦纶却不合适；当希望用于有高强度且耐穿的滑雪衫的织物时，锦纶是非常理想的选择，而棉纤维就不适合。

纤维的特性决定了其品质特性及其在特定条件下的适用性。一般采用标准测试和实验室检测来测量和比较纤维的特性。

纤维的特性可以概括为四大类，见表 2-1。

表 2-1　纤维特性大类

美观性	耐用性	舒适性	安全性
有关视觉、触觉特性	有关耐用特性	有关物理舒适性	有关受伤害的风险和危险性
柔软性 手感 光泽 起毛起球 回弹性 比重 静电性 热塑性	耐磨牢度 化学效应 环境因素 强度	吸湿性 覆盖性 弹性 芯吸	可燃性

1. 柔软性（Suppleness）

柔软性是指纤维能经受多次重复弯曲而不断裂的性能。柔软的纤维能制成悬垂性好的织物及服装，如蚕丝纤维去除丝胶后很柔软，制成的服装其悬垂性就很好，如图 2-5 所示。柔软性也会影响面料的手感。

有时服装也需要硬挺的织物来缝制，如西服的前胸部位，要求丰满、挺括，这时就需要采用硬挺的鬃毛类胸衬来衬托，如图 2-6 所示。

男西装裁剪辅料使用指导一览表，如图 2-7 所示。

图 2-5　蚕丝面料短裙

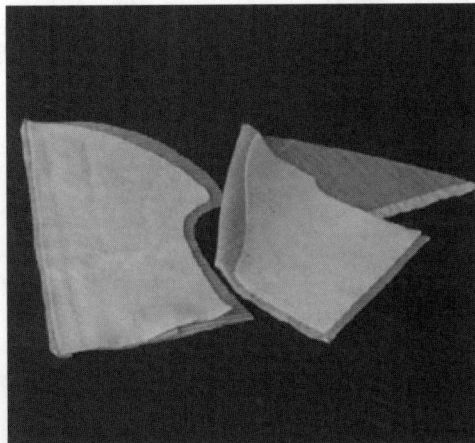

图 2-6　西服用胸衬

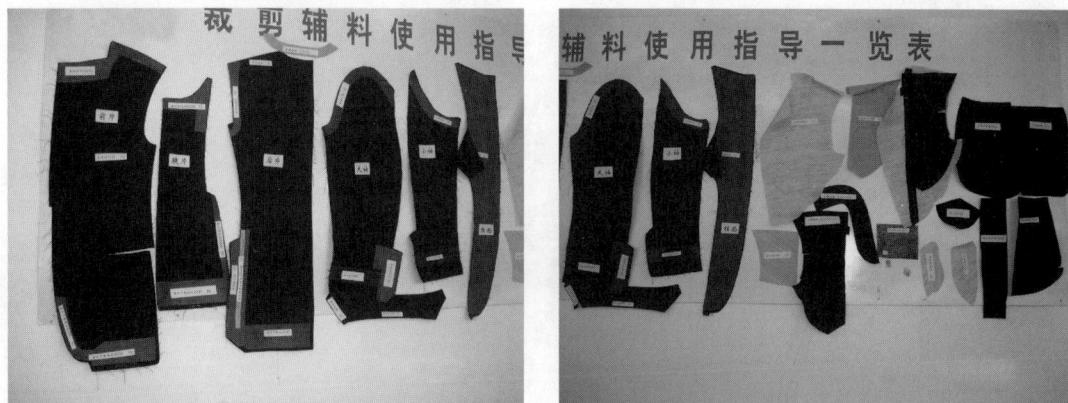

图 2-7　男西装裁剪辅料使用指导图

2. 手感（Hand）

手感是指触摸纤维、纱线或织物时的感觉。纤维的手感受其形态、表面特征和结构的影响。常用柔软、滑爽、干燥、真丝感、刚硬、粗硬或粗糙等术语来描述织物的手感。

3. 光泽（Luster）

光泽是指纤维表面反射光线的能力。一般表面光滑、弯曲较少、断面形态平坦以及长度较长的纤维光泽较好。棉纤维光泽柔和偏暗，这是由于其腰圆形的截面结构造成的。但如果把棉纤维的截面变成圆形，它的光泽就会变得很亮。化学纤维根据其用途，通过改变其截面结构等方法而制成有光纤维、半消光纤维和消光（无光）纤维，如图 2-8 所示。

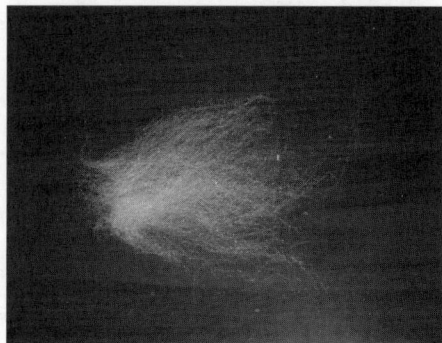

有光锦纶　　　　　　　　　　　　消光锦纶（仿羊绒，无光）

图 2-8　有光锦纶和消光锦纶

4. 起毛起球（Fuzzing and pilling）

服装在实际穿用及洗涤过程中，由于表面不断经受外力的作用，使纤维端露出织物表面，呈现许多毛茸，即为起毛。若这些毛茸互相纠缠在一起，形成许多球形小粒，即为起球。起毛起球严重影响织物的外观，如图 2-9 所示。

图 2-9 起毛起球织物

疏水性纤维比亲水性纤维更易起毛起球，这是因为疏水性纤维更易产生静电，并且形成的小球不易从织物表面掉落。羊毛织物由于纤维表面有鳞片，也易起毛起球。一般针织物比机织物更容易起毛起球。

5. 回弹性（Rebound elasticity）

回弹性是指服装材料在被折叠、加捻、扭曲后弹性恢复的能力。它与褶皱恢复能力紧密相关。具有较好回弹性的纤维制成的织物不易起皱，容易保持较好的外形。

较粗的纤维具有较好的回弹性；圆形截面纤维比扁平截面纤维回弹性好。

纤维的性质也影响其回弹性。聚酯纤维的吸湿能力很差、回弹性优良，而棉纤维的回弹性很差、吸湿能力很好。因此，这两种纤维经常混用在一起制成织物，用于男式衬衫、床单布等，以便互相取长补短。

6. 比重（Density）

纤维比重是指单位体积的纤维物质所具有的重量。轻纤维使织物保暖而不笨重，可制成厚实、蓬松的织物。腈纶就是一例。它比羊毛轻得多，但具有与羊毛纤维相似的性质，广泛应用于织制轻而保暖的毛毯、围巾、棉衣等保暖用品。

7. 静电性（Static electricity）

静电是两种不同的材料相互摩擦而产生的电荷。由于纺织纤维都是电的不良导体，摩擦产生的电荷容易积聚在织物表面。静电对服装的生产会造成影响，如铺料时布匹不易码放整齐，裁剪时布料容易粘贴裁刀，从而降低生产效率和裁片质量。静电同样影响服装的穿着效果。

亲水性纤维不易产生静电。这就是说，吸湿能力强的纤维如棉、麻、毛、丝等天然纤维具有抗静电性。但当周围的空气很干燥时，这些纤维也可能会产生静电。

疏水性纤维容易产生静电。吸湿能力差的纤维如涤纶、腈纶、锦纶等合成纤维容易积聚静电。玻璃纤维是疏水性纤维的特例，由于其特殊的化学成分，静止电荷不能在其表面产生。

8. 热塑性（Thermoplastic）

许多合成纤维都具有热塑性，表现为当加热到一定温度以后，这些纤维会软化（此时的温度称为软化点），当温度继续升高时就会熔化成液态。许多消费者都经历过高温熨烫服装而引起织物严重受损的情况。

在低于软化点的某一个或某几个温度时，纤维的机械性质会发生明显的变化，而织物并没有受到破坏。合成纤维的这一性能就称为热塑性。百褶裙就是利用纤维热塑性的典型例子，如图 2-10 所示。

9. 耐磨牢度（Abrasion resistance）

耐磨牢度是指纤维抵抗穿着摩擦的能力，它有助于提高织物的耐用性。锦纶广泛应用于滑雪衫、足球衫等运动外套的原因就在于其优良的耐磨牢度。

图 2-10　百褶裙

10. 强度（Strength）

强度表示纤维抵抗外力的能力。断裂强度是指单位细度纤维断裂时所承受的外力，单位为牛顿 / 特（N/tex）、厘牛 / 分特（cN/dtex）等。强度与耐磨性相似，它对衣料的耐用性具有显著的影响。

11. 化学效应

在纺织品加工（如印染、后整理）和家庭 / 专业护理 / 清洗（如用肥皂、漂白剂、干洗溶剂等）的过程中，纤维一般都要接触化学品。化学品的种类、作用强度、作用时间等决定了对纤维的影响程度。

纤维对化学品的反应不同。棉纤维耐碱不耐酸，羊毛纤维则耐酸不耐碱。

12. 环境因素

环境对纤维的影响各不相同。了解这一点可以更好地运输和贮存纤维及其制品。例如，蛋白质纤维在贮存时需防虫蛀；纤维素纤维需防霉；锦纶和蚕丝长期暴露在阳光下会泛黄，强度会下降。

13. 吸湿性（Absorbability）

吸湿性是指纤维材料吸收、放出气态水的能力，主要取决于纤维的化学结构，而与物理结构关系较小。纤维的吸湿性直接影响其制品的服用和加工性能，因此在贸易计价、性能测试、服装加工和衣料选用时都要考虑纤维的吸湿性。例如，内衣是贴身服装，由于人体皮肤一直在排汗，要求选用吸湿性强的衣料来制作内衣。

表示纤维吸湿性的指标有：

含水率 $$M = \frac{G - G_0}{G} \times 100\%$$

回潮率 $$W = \frac{G - G_0}{G} \times 100\%$$

式中：G——纤维材料的湿重（g）；

G_0——纤维材料的干重（g）。

含水率或回潮率数值越大，表明纤维的吸湿能力越强。

在我国的现行标准中，除棉、麻纤维采用含水率指标外，大多数纤维采用回潮率指标。由于纤维的回潮率随着周围环境气候条件的变化而变化，为了正确比较各种纤维的吸湿能力，采用标准回潮率指标。它规定在标准大气条件[温度为（20±3）℃、相对湿度为（65±3）%]下，将纤维放置一段时间，然后测其回潮率。标准回潮率数据可信度高，但不实用。商业上常采用公定回潮率。公定回潮率是指为了消除因回潮率不同而引起的重量差异，在贸易计价和计算成本时，对纤维材料的回潮率所做的统一规定。公定回潮率是为了工作方便而选定的，它接近实际的回潮率。表2-2为常见纤维的回潮率。

表 2-2　常见纤维的回潮率

纤维	标准回潮率（%）	公定回潮率（%）	纤维	标准回潮率（%）	公定回潮率（%）
原棉	7 ~ 8	11.1	涤纶	0.4 ~ 0.5	0.4
洗净毛	—	15	锦纶6	3.5 ~ 5	4.5
山羊毛	—	15	腈纶	1.2 ~ 2.0	2
桑蚕丝	8 ~ 9	11	维纶	4.5 ~ 5	5
苎麻（脱胶）	7 ~ 8	12	氯纶	0	—
亚麻	8 ~ 11	12	丙纶	0	0
黏胶	13 ~ 15	13	氨纶	—	1

纤维的吸湿性影响多方面的应用，包括：

（1）皮肤的舒适性：吸湿性差的衣料不能完全吸收汗水，皮肤周围便形成高湿环境，使人体有闷热的感觉。

（2）静电性：吸湿性差的纤维易积聚电荷，灰尘也因为静电而被吸附到纤维上。

（3）水洗后的尺寸稳定性：水洗后，亲水性纤维易膨胀，导致织物收缩。

（4）去污性：很容易从亲水性纤维中去除污渍，因为纤维会把清洁剂和水同时吸入。

（5）拒水性：亲水性纤维通常要进行较多的拒水耐用后处理。

（6）褶皱恢复性：疏水性纤维通常具有较好的褶皱恢复性。

吸水性是指纤维材料吸收液态水的能力，即指液态水分润湿纤维表面，被纤维中的孔隙、空腔及纤维间形成的毛细管所吸收、保持。纤维的吸水性既与纤维的化学结构相关，也与纤维的物理结构、超分子结构有关。对于疏水性纤维，纤维的物理结构及构成纤维大分子的超分子结构对吸水性的贡献更显重要。通常，在纤维大分子的结晶区或高序区，水分子难于扩散或渗入，而在非晶区或低序区以及形态结构粗糙、微孔或孔隙较多的区域和纤维间的间隙处，水分子易于扩散并被保持，表现出较好的亲水性。

14. 覆盖性（Cover）

覆盖性是指纤维填充某一范围的能力。粗纤维或卷曲纤维的覆盖效果较好。羊毛纤维是冬季服装广泛使用的纤维，原因之一是羊毛纤维的卷曲给织物提供了优良的覆盖性，并在织物中积聚大量的静止空气。

15. 弹性（Elasticity）

弹性是指在拉力作用下纤维伸长，去除拉力后纤维又恢复到原长的性质。弹性可以提高服装的穿着舒适性，并且使服装设计朝着紧身又舒适的方向发展成为可能。

氨纶是典型的弹性纤维，其弹性可达到 100% 以上。某类锦纶也属于弹性纤维，女性的长筒丝袜大多就是用这种纤维制造而成的。

16. 芯吸（Wicking）

芯吸作用是指纤维通过其内部的毛细管道传递水分的能力。某些纤维，如棉纤维，其本身具有吸湿能力，同时也具有很好的芯吸作用。有些纤维，如丙纶，其本身不能吸收水分，但把它制成很细的纤维后，就拥有良好的芯吸作用。因此丙纶的用途之一就是制成尿不湿，它既能积聚尿液，又能保持使用者的皮肤干燥。

17. 可燃性（Flammability）

可燃性是指服装材料点燃或燃烧的能力。这是一项很重要的特性。据统计，全球每年有一半的火灾与纺织品有关。因此，很多国家对窗帘、地毯、老年及婴幼儿服装等产品作出阻燃规定。

纤维按照其燃烧的难易程度分为易燃的、可燃的、难燃的：

易燃纤维指容易被点燃并能持续燃烧的纤维，如棉、麻、黏胶、腈纶等；

可燃纤维指具有较高的燃点，燃烧速度较慢，离开火源后即自行熄灭的纤维，如丝、毛、锦纶、涤纶等；

难燃纤维指不能燃烧的纤维，如氯纶等。

第三节 纺织纤维的特性及其在纺织服装制品上的表现

一、天然纤维

（一）棉

棉是纺织服装最重要的原料。早在公元前 3000 年，古印度人首先开始使用棉花，到宋代棉制品开始在我国广泛流传。至今它仍是全球最重要的服装用纤维之一。

棉纤维是棉花的种子纤维。采用轧花工序将花纤维与棉籽剥离，得到原棉。

棉纤维的分类见表 2-3。

细绒棉的产量最高，占世界棉纤维总产量的 85%，我国种植的棉花大多为细绒棉。图 2-11 为原棉及棉纤维。

表 2-3　棉纤维的分类

种类	纤维手扯长度（mm）	纤维细度（dtex）	纤维色泽	纤维品质	纺纱范围（tex）
长绒棉（海岛棉）	33 ~ 45	1.11 ~ 1.43	色白/乳白/淡黄，纤维细软富丝光	优	< 10
细绒棉（陆地棉）	23 ~ 33	1.43 ~ 2.22	精白/洁白/乳白，纤维柔软有丝光	良	10 ~ 100
粗绒棉（亚洲棉）	< 23	> 2.5	色白/呆白，纤维粗硬，略带丝光	差	> 28

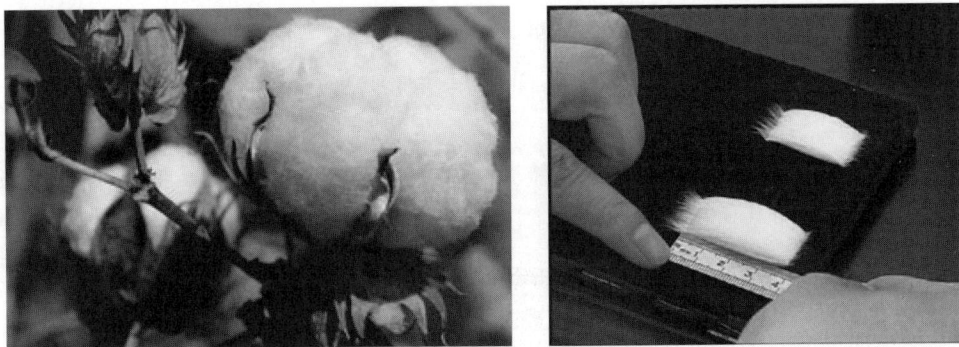

图 2-11　棉花及棉纤维

1. 优点

棉纤维具有良好的强度和一定的耐磨牢度，吸湿能力强，可以迅速吸收水分，快速干燥。由于这一原因，在暑热天气下穿着棉制服装感觉相当舒适。棉制品水洗性佳，也可以干洗，没有静电和起球现象，悬垂性能较好，手感舒适，价格低廉。

2. 缺点

光泽较暗淡，弹性和回弹性差，易霉蛀。具有高度的抗碱性能。由于短纤维容易从织物中析出，故棉织品易掉绒毛也易沾绒毛。

图 2-12　天然彩色棉

棉纤维用途极为广泛，用于服装、室内装饰以及工业等方面。如衬衫、内衣裤、夹克衫、毛巾、窗帘、布包等。

天然彩色棉是采用现代生物工程技术培育出来的一种在棉花吐絮时纤维就具有天然色彩的新型纺织原料（图 2-12）。

彩色棉在纺织过程中减少印染工序，避免了环境污染，又因其亲和皮肤、抗静电、透气透湿性好，有利于人体健康，是贴身服装的理想用料。

（二）麻

麻的大类产品有亚麻和苎麻。它们都是从植物茎部剥下的韧皮纤维，属于纤维素纤维。亚麻主要产于苏联、波兰、德国等欧洲国家。苎麻起源于中国，素有"中国草"之称，目前主要产于中国、菲律宾、巴西等国家。麻纤维的物理性质见表2-4。

表2-4　麻纤维的物理性质

品种	比重（g/cm³）	公定回潮率（%）	单纤维平均长度(mm)	纤维细度（tex）
苎麻	1.51 ~ 1.53	12	20 ~ 250	0.4 ~ 0.9
亚麻	1.46	12	17 ~ 25	0.29

苎麻纤维品质优良，有较好的光泽，呈青白色或黄白色；亚麻纤维品质较好，脱胶后呈淡黄色。（图2-13）。

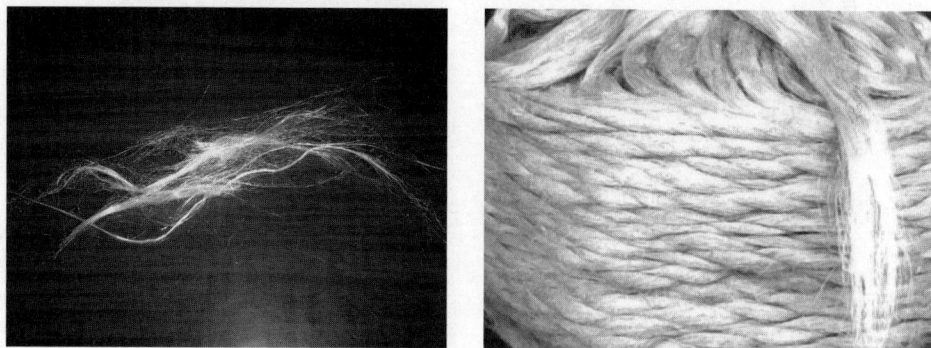

图2-13　苎麻纤维和亚麻条

1. 优点

麻纤维具有很高的强度，在天然纤维中其强度最高，湿态时其强度可增加20% ~ 30%。手感滑爽，光泽较好。吸湿能力比棉纤维强，可以迅速吸收水分，迅速散发水分。由于上述原因，麻制品尤其适合于酷热气候环境下穿戴。麻制品可以干洗，也可以水洗，其安全熨烫温度非常高，可达232℃，无静电和起球现象，不含短纤维，故不掉绒毛。

2. 缺点

麻纤维耐磨性一般，耐用性比棉差，悬垂性和回弹性差，防霉蛀能力较弱。由于苎麻又粗又硬，因此在穿着苎麻类服装时，皮肤有刺痒感，而亚麻服装就不会造成皮肤的刺痒感。

麻纤维适用于夏季服装、西装、套装、高档台布及餐巾等。

（三）蚕丝

蚕丝素有"纤维皇后"的美誉。蚕丝光泽优雅悦目，制品高雅华丽，穿着柔软舒服，自古便是一种高级服装材料。我国早在公元前 2600 年就首先开始使用蚕丝制衣，至今我国已创造了几千年源远流长的丝绸文化。

蚕丝是蚕的腺分泌物凝固形成的线状长丝。从蚕茧上分离出来的一根蚕丝由两根单丝组成，外面包覆丝胶。包覆丝胶的蚕丝称为茧丝，其线密度和强度等方面不能满足加工和使用的要求，必须将若干根茧丝通过缫丝工艺制成复合丝，即为生丝。生丝手感硬、脆，光泽较差，一般要在以后的加工中脱去大部分丝胶，形成柔软光亮的熟丝（图 2-14）。

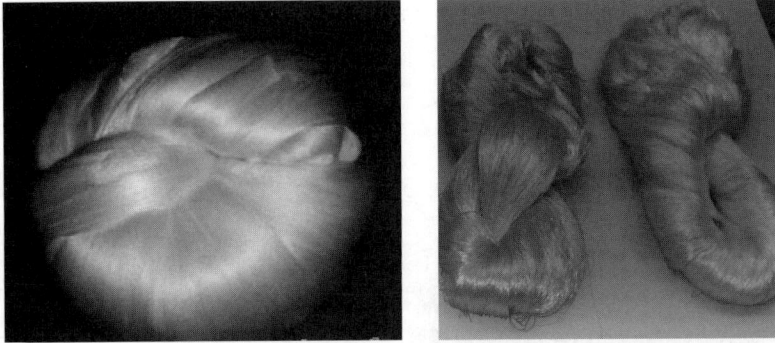

图 2-14 生丝与熟丝

蚕丝分桑蚕丝（家蚕丝）和柞蚕丝（野蚕丝）两大类，其物理性质见表 2-5。

表 2-5 蚕丝的物理性质

品种	色泽	纤维长度（m）	纤维细度（dtex）	比重（g/cm³）	公定回潮率（%）
桑蚕丝	脱胶前：白/淡黄 脱胶后：洁白	650 ~ 1200	2.6 ~ 3.7	1.33 ~ 1.45	11
柞蚕丝	脱胶前：棕/黄/橙/绿 脱胶后：淡黄	400 ~ 1000	6.2	1.58 ~ 1.65	11

彩色蚕茧是目前蚕茧业发展的新趋势。近年来，苏州大学最新培育的一项成果，得到了橘黄、浅红、乳黄、金黄、鲜绿等天然彩色蚕茧。这意味着，今后不需染色就能得到色彩斑斓的绸缎（图 2-15）。

蚕丝是珍贵的纺织原料，其废丝及丝织过程中的下脚料被切割成短纤维，然后纺成短纤纱，这就是绢丝。由更短的蚕丝及绢丝的下脚料纺成的短纤纱称为紬丝（图 2-16）。

图 2-15 天然彩色蚕茧

1. 优点

蚕丝具有优异的悬垂性和柔软舒适的触感，其光泽柔和优雅，吸湿性较好，静电效应小，无起球现象。蚕丝织物可以水洗，也可以干洗。

图 2-16　绢丝和紬丝

2. 缺点

蚕丝的回弹性和耐磨性一般，湿态时其强度会下降15%；蚕丝的抗晒能力差，抗氧化能力差，蚕丝制品不宜保存。蚕丝遇碱易腐蚀，碱的作用会使蚕丝强度下降，表面粗糙。由于蚕丝是蛋白质纤维，易被虫蛀。蚕丝价格昂贵。

蚕丝常用于衬衫、围巾、礼服等服饰，也用于家庭装饰及床上用品。

（四）羊毛

通常所说的羊毛主要指绵羊毛。早在石器时代末期人们就开始使用羊毛，千百年来羊毛制品以其优良的服用性能备受设计师和消费者的青睐。

刚从羊身上剪下来的羊毛称为原毛。原毛中含有羊脂、羊汗、植物性草杂和灰尘，必须经过洗毛、炭化等工艺去除各种杂质，然后用于纺织生产。由于绵羊的产地、品种不同，羊毛生长的部位、生长环境等的差异，羊毛的品质相差很大。澳大利亚是全球最大的羊毛出口国，主要品种美丽奴（Merino）被认为是最佳等级的羊毛，具有最佳的卷曲和悬垂性能，强度最大，回弹性和弹性模量最好，手感最舒适（图2-17）。

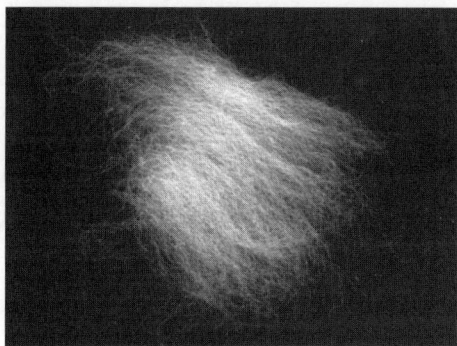

绵羊毛

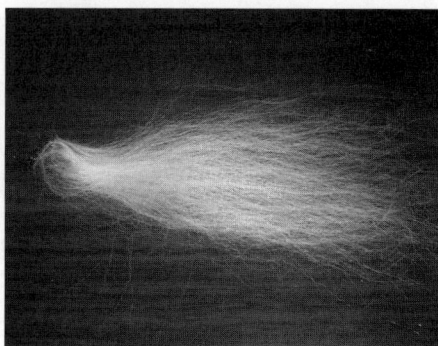

澳毛

图 2-17　羊毛纤维

国际羊毛局（IWS）是国际上最权威的羊毛研究和信息发布机构，由国际羊毛局注册及全册拥有的纯羊毛标志是世界最著名的纺织品保证商标，是全球消费者信赖的优质标志（图2-18）。纯羊毛标志是专供纯新羊毛产品使用的注册标志，要求羊毛含量均须在95%以上，且为新羊毛；其色牢度和耐穿程度等一些关键性指标应达到该局所制订的质量技术指标。混纺羊毛标志是专供被测定为高质量的羊毛混纺产品使用的优质标志，其纯新羊毛的比例不得少于60%（如毛/棉混纺，则毛的比例可降至55%）。

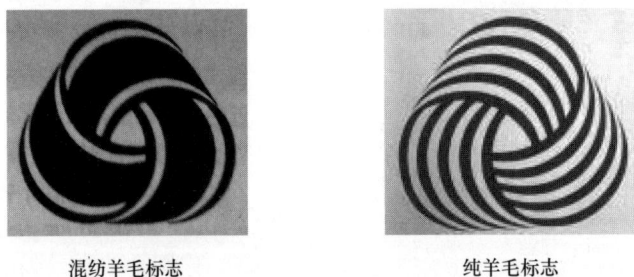

混纺羊毛标志　　　　　　纯羊毛标志

图2-18　国际羊毛局的羊毛标志

新西兰也是羊毛出口大国，其羊毛是绒线和工业用呢的优良原料，新西兰羊毛局的蕨叶标志也是国际闻名的羊毛制品保证商标。

羊毛是一种蛋白质纤维，其横截面近似圆形或椭圆形，由外至内由鳞片层、皮质层，有时还有髓质层组成（图2-19）。

鳞片层对羊毛起保护作用；皮质层有正皮质和偏皮质两种，它们沿着羊毛的长度方向无规律地分布在羊毛截面周围，其不同的质量密度造成羊毛的天然卷曲；髓质层存在于粗羊毛纤维中心，细羊毛一般没有髓质层。含髓质层较多的羊毛脆而易断，纤维的强伸度、弹性较差，纺纱价值较低，且不易染色。

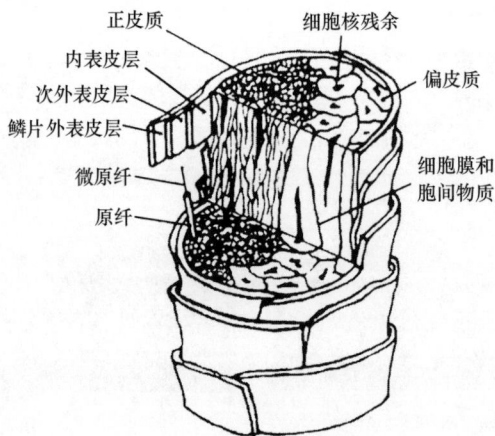

图2-19　细羊毛纤维结构

羊毛的物理性质见表 2-6。

表 2-6　羊毛的物理性质

品种	纤维直径（μm）	纤维长度（mm）	公定回潮率（%）	纤维卷曲
细羊毛	9～36	60～120	15	正常卷曲/强卷曲
半细羊毛	19～52	70～180	15	弱卷曲
粗毛	65～75	60～400	15	无卷曲

1. 优点

羊毛在干态时具有良好的悬垂性、回弹性和弹性。根据羊毛纤维的质量其手感从一般到优。羊毛纤维的吸湿能力强，有卷曲。羊毛纤维的耐污性、去污性和排尘性较好。

由于羊毛纤维的这些优点，赋予羊毛制品很多的优点，具体表现在：

（1）羊毛制品具有柔和的光泽、丰满而富有弹性的手感以及良好的悬垂性。

（2）羊毛纤维的卷曲性赋予制品蓬松性，使其能保存较多的静止空气，因而使羊毛制品具有较好的保暖性。这就是冬季服装常采用羊毛面料制作的原因。

（3）羊毛纤维的吸湿性高，在非常潮湿的环境下，羊毛吸收水分可高达 40%，且手感并不觉得潮湿，海军和海上作业人员一般都穿羊毛类服装，因为在海上湿度较大，穿着羊毛类服装不感到潮湿，不会使海上作业人员的皮肤感觉不适。另外，羊毛纤维吸收和排出水分均较缓慢，没有冷却效应，因而穿着时感觉很暖和。

（4）利用羊毛纤维的定型性可使毛织物平挺，而良好的回弹性以及变形后的快速恢复能力又赋予织物优良的抗皱性。穿皱的西装只要垂挂一段时间便能恢复平挺。

（5）羊毛纤维的拉伸强度不高，但拉伸变形大，并且弹性恢复好，从而使羊毛制品耐穿耐用。

2. 缺点

由于羊毛是蛋白质纤维，易被虫蛀，易发霉，应使用樟脑球防蛀防霉。羊毛纤维耐酸不耐碱，不耐热、不耐阳光曝晒。

羊毛纤维在机械外力（压力、反复拉伸、揉搓、摩擦等）的作用下，经一定温度（40～50℃）和缩绒剂（肥皂或碱液）处理，鳞片即软化膨胀，相互嵌合，有部分鳞片呈黏合状态，发生黏合作用，引起表面收缩，使厚度增加，长度缩短。这就是羊毛纤维特有的缩绒性。生活中羊毛衫经洗涤后尺寸缩短，厚度增加，就是由于羊毛的缩绒引起的。工业生产中常采用破坏鳞片或填平鳞片的方法，使纤维表面光滑，避免缩绒的发生。羊毛的缩绒性对于某些特定的用途是必需的，如用于制作毡帽、毛毯等。

羊毛常用于西服、大衣、针织衫、毛毯等。

（五）其他天然纤维

1. 马海毛（Mohair）

马海毛原产于土耳其的安哥拉省，取自安哥拉山羊，故又称"安哥拉山羊毛"。马海毛纤维长而硬，光泽似蚕丝般明亮，卷曲少；强度高，变形恢复能力强，耐磨性好，不易毡缩，回潮率高，与羊毛纤维接近。

马海毛广泛应用于机织、针织服装。在机织面料中，一般都利用马海毛蚕丝样光泽和刚硬的"枪毛"特点，以少量的马海毛与羊毛混纺（图2-20），制成高档的"银枪"大衣呢料。

图2-20 马海毛混纺绒线

2. 山羊绒（Cashmere）

山羊绒是从绒山羊和能抓绒的山羊身上取得的绒毛。历史上亚洲的克什米尔地区曾经是山羊绒向欧洲输出的集散地，因此国际上习惯称山羊绒为"克什米尔"，中文音译为"开司米"、"开士米"。山羊绒具有轻、细、柔软、滑糯、光泽柔和、保暖性强等优良性能，是极为高档、贵重的服装原料（图2-21）。中国是世界上羊绒纤维的主要出口国。

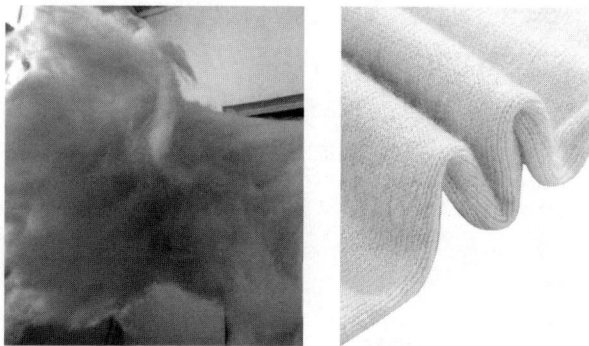

图2-21 山羊绒及其制品

3. 兔毛（Rabbit hair）

兔毛也是服装的常用原料。兔毛具有轻、软、光泽柔和、手感滑糯、保暖性优异的优点。但由于兔毛纤维的鳞片不发达，纤维卷曲少、强度低，因此纤维间抱合力差，兔毛制品易掉毛。这是影响兔毛制品品质的致命伤。掉毛程度是衡量兔毛制品品质的重要指标（图2-22）。

4. 阿尔巴卡羊驼绒（Alpaca）

阿尔巴卡羊驼产自秘鲁，属骆驼类，但其外观与羊极为相似，故称羊驼。按其品种、剪毛时间的不同，羊驼绒可分为苏里（Suri）、贝贝（Baby）和弗司（Fs）三种。其中

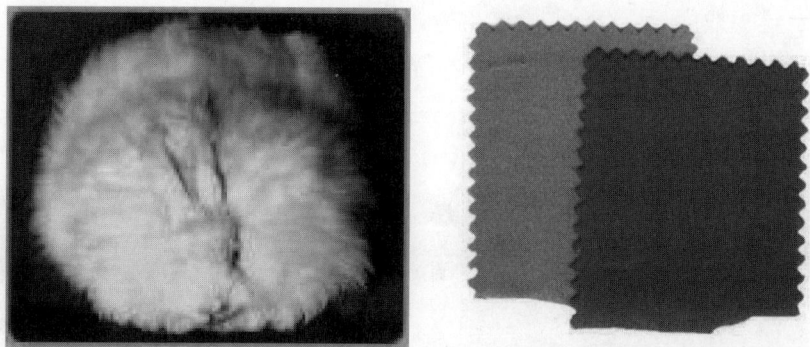

图 2-22　兔毛及兔绒面料（430g/m²）

以苏里最为稀少，仅占羊驼绒总量的 5%，故最昂贵，其外观亮泽，手感似裘皮。贝贝是剪自羊驼的第一茬幼羊，数量亦少。弗司的产量相对较多，约占羊驼绒总量的 65%。市面上的羊驼绒大衣，虽然价格较高，但已成为时尚消费族追求的新产品（图 2-23）。

二、化学纤维

（一）黏胶纤维

黏胶纤维属于再生纤维素纤维，其主要品种有
图 2-23　羊驼条

普通黏胶纤维、强力黏胶纤维和改性黏胶纤维。

普通黏胶纤维分为短纤维和长丝纤维两种，短纤维俗称"人造棉"，长丝纤维俗称"人造丝"。由于黏胶纤维的主要成分是纤维素，故其化学性质与棉纤维极为相似（图 2-24）。

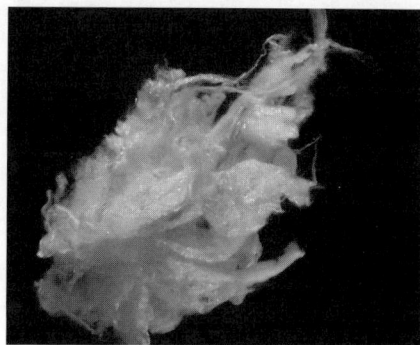

图 2-24　黏胶长丝和短纤维

黏胶短纤维一般用于纯纺或与棉、麻等短纤维混纺，制成类似于棉类风格的制品。黏胶长丝一般用于纯纺或与其他长丝交织，制成仿丝绸类制品，如美丽绸、黏胶丝软缎（图2-25）。

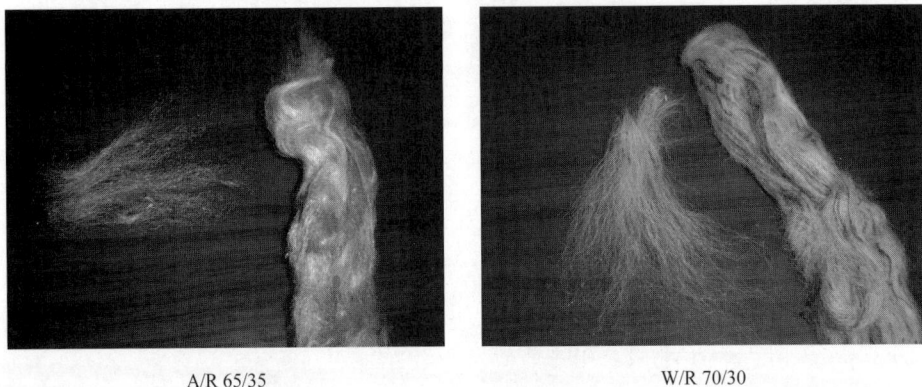

A/R 65/35   W/R 70/30

图 2-25   黏胶纤维制品

普通黏胶纤维的性能：

1. **优点**

吸湿能力极佳，染色性能好，不易产生静电；强度和耐磨性能一般至良好；织成的织物柔软光滑，悬垂性好，色彩鲜艳且不易掉色，穿着透气舒适；价格适中。

2. **缺点**

湿态时强度会降低 50%，不耐磨，易缩水，弹性和回弹性差，易霉蛀，抗皱性差，保型性差，洗可穿性能不良。

针对普通黏胶纤维的不足而制成的高湿模量黏胶纤维（商品名称为富强纤维、莫代尔纤维），属于短纤维产品。莫代尔纤维的原料采用欧洲的云杉、榉木，先将其制成木浆，再通过专门的纺丝工艺加工成纤维。纤维的整个生产过程中没有任何污染，并能够自然分解，对环境无害。它的干强接近于涤纶，湿强要比普通黏胶纤维提高了许多，光泽、柔软性、吸湿性、染色性、染色牢度均优于纯棉产品；莫代尔纤维具有高强力纤维均匀的特点，具有良好的可纺性和纺织性，可以用传统的方法进行染色加工。莫代尔面料具有吸水和透气性能佳，柔软滑爽，舒适平整的特点。莫代尔面料，有丝面光泽，具有宜人的柔软触摸感觉、良好的悬垂感以及极好的耐穿性能，主要用于贴身衣物，其柔软光滑的特性会让穿着者感觉舒适，莫代尔也可以与其他纤维如羊毛、棉、麻、丝、涤纶等一起混纺、交织，发挥各自纤维的特点，使面料能保持柔软、滑爽，形成不同风格的面料。

黏胶织物常用于制作女式上衣、裙子、衬衫、夹克、非织造布等。

（二）天丝纤维（Tencel）

天丝纤维是英国考陶尔兹（Courtaulds）公司生产的 Lyocell 短纤维的商品名称，是一种新型的再生纤维素纤维，采用溶剂纺丝技术生产，干强略低于涤纶，但明显高于一般的黏胶纤维，湿强比黏胶纤维有明显的改善，具有非常高的刚性，良好的水洗尺寸稳定性（缩水率仅为 2%），具有较高的吸湿性，纤维横截面为圆形或椭圆形，光泽优美，手感柔软，悬垂性好，飘逸性好。总体来说，天丝具有棉的柔软性、涤纶的高强力和羊毛的保暖性。但是它在湿热的条件下容易变硬，在冷水中的挑绒性也不好（图 2-26）。

图 2-26 天丝纤维制品海藻 40% 天丝 60%

天丝的制作过程是以针叶树为主的木浆、水和溶剂氧化胺混合，加热至完全溶解，在溶解过程中不会产生任何衍生物和化学作用，经除杂而直接纺丝，其分子结构是简单的碳水化合物。天丝纤维在泥土中能完全分解，对环境无污染；另外，生产中所使用的氧化胺溶剂对人体无害，且能回收并反复使用，生产中原料浆粕所含的纤维素分子不起化学变化，无副产物，无废弃物排出厂外，是最典型的环保或绿色纤维，被称为"21 世纪绿色纤维"。该纤维织物具有良好的吸湿性、舒适性、悬垂性和硬挺度，且染色性好，加之又能与棉、毛、麻、腈、涤等混纺，可以环锭纺、气流纺、包芯纺，纺成各种棉型和毛型纱、包芯纱等。

天丝纤维截面为圆形，它既保持了传统再生纤维素纤维的染色性好、垂感优良等优点，又克服了传统再生纤维素纤维湿态性能差的缺点（表 2-7）。

表 2-7 天丝纤维与其他纤维的物理性能比较

项目	天丝纤维	黏胶纤维	棉纤维	聚酯纤维
线密度（tex）	0.17	0.17	0.17	0.17
强度（cN·tex^{-1}）	37.9 ~ 42.3	22.1 ~ 25.6	20.3 ~ 23.8	39.7 ~ 66.2
伸长度（%）	14 ~ 16	20 ~ 25	7 ~ 9	25 ~ 30
湿强（cN·tex^{-1}）	34.4 ~ 37.9	9.7 ~ 15.0	25.6 ~ 30	37.9 ~ 64.4
湿伸长度（%）	16 ~ 18	25 ~ 30	12 ~ 14	25 ~ 30

天丝纤维的干湿强度都很高，因此可以对天丝纤维织物进行各种高科技后整理，使其具有更丰富的外观和手感。

天丝纤维常用于牛仔裤、斜纹布衬衫、职业套装、针织服装等。

（三）竹浆纤维与竹原纤维

竹浆纤维是以竹材为主要原料，利用化学方法将其制成符合纤维生产要求的竹浆粕，然后经湿法纺丝方法制得的一种新型再生纤维素纤维。竹浆纤维的各项物理和化学性能与黏胶纤维相似。

竹浆纤维的横截面和纵面形态与黏胶纤维类似，其横截面呈锯齿形，纵面平滑，呈棒状，部分弯曲，有沟槽（图2-27）。

竹浆纤维横截面和纵面形态

黏胶纤维横截面和纵面形态

图2-27　竹浆纤维与黏胶纤维结构比较

竹原纤维是将竹材通过物理机械的方法，或用天然药物浸泡后经整料、制片、浸泡、蒸煮、脱胶、分丝、梳纤、筛选等工艺去除其中的木质素、多戊糖、竹粉和果胶等杂质而制得。竹原纤横截面为不规则圆形，纵向有横节，其横截面有中腔孔洞（图2-28、图2-29）。

竹原纤维坯布与苎麻纤维坯布从表面上看没有太大区别，仅仅是苎麻织物的光泽略好于竹原纤维织物，并稍白一点；从布中抽出纱线观察纱中纤维，竹原纤维的伸直度稍好于苎麻纤维。竹原纤维织物的透气性能和透湿性均略好于苎麻织物，并且穿用竹原纤维制品比苎麻制品要感觉凉爽，所以，竹原纤维织物的舒适性优于苎麻织物。

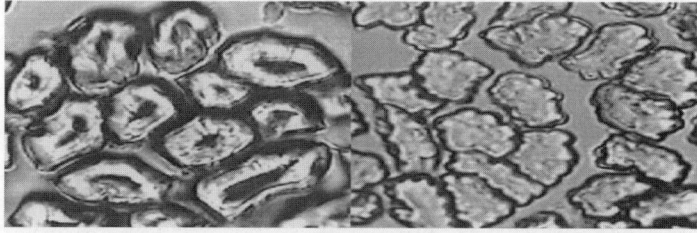

图 2-28 竹原纤维与竹浆纤维横截面结构

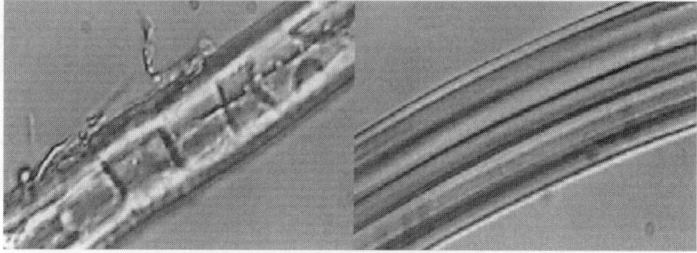

图 2-29 竹原纤维与竹浆纤维纵向结构

竹原纤维织物的抗折皱性不理想。竹原纤维织物的耐磨性不如苎麻织物，其耐用性比苎麻织物差一些。

（四）聚酯纤维

聚酯纤维即通常所说的涤纶，它是合成纤维中使用最广泛的纤维。聚酯纤维可以制成长丝纤维，用于纺制长丝织物，如仿丝绸织物；聚酯纤维也可以制成短纤维，用于纺制短纤维织物，如仿棉织物、仿毛织物等（图 2-30）。

1. **优点**

聚酯纤维是一种高强度并且耐磨性能良好的中重型纤维，可以水洗，也可以干洗。因

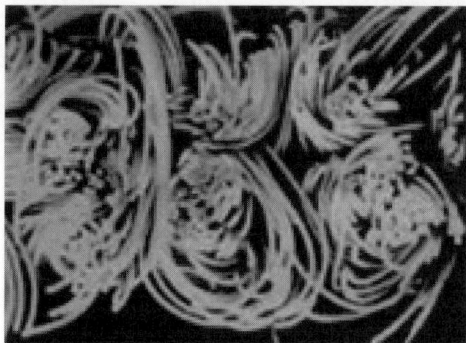

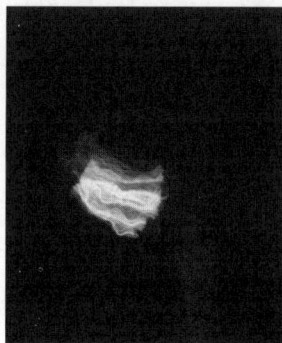

聚酯纤维长丝   中长聚酯纤维   聚酯西装面料（中长纤维）

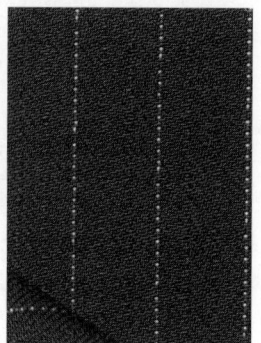

图 2-30 聚酯纤维及其面料

此，聚酯短纤维常常与棉纤维混纺生产涤棉（T/C）混纺织物，使这类织物既吸湿透气又耐磨抗拉伸。聚酯纤维的弹性良好，回弹性优异。因此聚酯纤维类制品不易形成褶皱，具有免烫性。

2. 缺点

聚酯纤维多为疏水型纤维，标准回潮率仅为0.4%，吸湿透湿能力差，因此容易产生静电和起球问题，穿着有闷热感。染色困难，易沾灰，但洗可穿性能优良。聚酯纤维是亲油纤维，易沾油污，并且不易除污渍。

聚酯纤维常用于套装、衬衫、棉衣填充物等。

（五）聚酰胺纤维

聚酰胺纤维的国内商品名称是锦纶，其国外商品名有尼龙、耐纶等。主要品种有锦纶6和锦纶66。在合成纤维中，聚酰胺纤维的使用量仅次于涤纶。聚酰胺纤维的应用以长丝织物为主，聚酰胺短纤维多用于与其他短纤维混纺织成毛型织物（图2-31）。

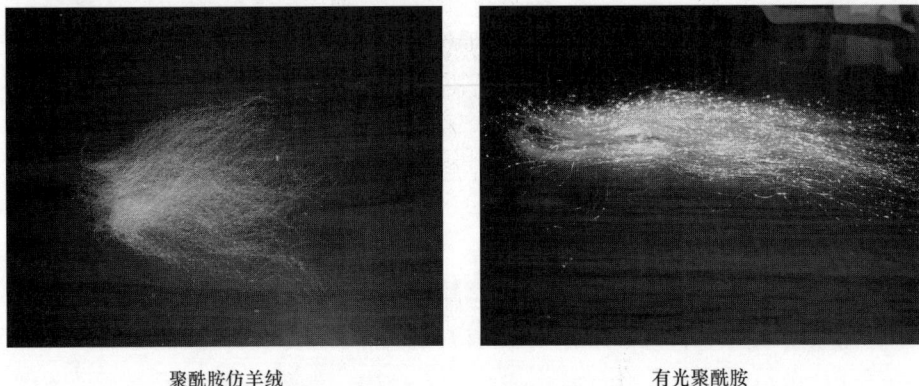

聚酰胺仿羊绒　　　　　　　　　　有光聚酰胺

图2-31　聚酰胺纤维

1. 优点

强度优良，耐磨性是所有纺织纤维中最好的；弹性和回弹性优良；密度小，质量较轻；悬垂性能良好；可干洗也可水洗。

2. 缺点

耐光性差，其制品经长期暴晒后强度下降，颜色泛黄；聚酰胺纤维是疏水性纤维，易产生静电和起球，制成的服装不易散发汗气，使人有闷热感。

聚酰胺长丝用于制作袜子、内衣、泳衣、运动衫、滑雪衫、雨衣，还可以制作缝纫线、行李包等；聚酰胺短纤维主要用于混纺，生产毯子和毛型产品。

（六）聚丙烯腈纤维

聚丙烯腈纤维的国内商品名称是腈纶，国外商品名称有奥纶、阿克利纶、考特尔、开司米纶等。聚丙烯腈纤维以短纤维形式为主，其风格与性能同羊毛有许多相似之处，故有"合成羊毛"的美称，可用于纯纺或混纺织制毛型产品（图2-32）。

1. **优点**

是具有良好的悬垂性能的轻型纤维（密度仅为 1.16 ~ 1.18g/cm³），蓬松性优良，保暖性优良，弹性和回弹性俱佳，耐光性和耐气候性能优异，可以水洗或干洗。

2. **缺点**

强度一般，湿态时强度下降约20％，但干燥后即行恢复。吸湿性差，易产生静电和起球现象。纤维经多次拉伸变形后会产生较大的塑性变形。因此，在设计聚丙烯腈纤维类套头衫时应考虑到纤维的这些缺点，例如领子最好不要选用紧身套头高领。

聚丙烯腈纤维常用于毛衫、童装、地毯等。

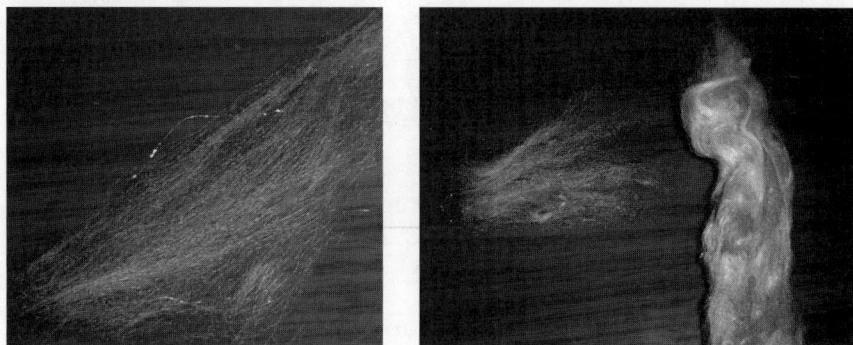

聚丙烯腈纤维　　　　　　　　　　A/R 65/35

图 2-32　聚丙烯腈纤维及其混合制品

（七）聚氨酯纤维

聚氨酯纤维的国内商品名称是氨纶，国外商品名称有斯潘达克斯、耐奥纶等。这是一种弹性化学纤维，其回弹性只有在丝状形式中才能实现，所以聚氨酯纤维只能以长丝的形式使用（图2-33）。

1. **优点**

具有优异的拉伸性能（断裂伸长率可达500％ ~ 700％），极大的变形恢复能力，极好的弹性。可水洗或干洗，无静电和起球现象。

2. **缺点**

强度较差，疏水，不耐中高温，其制品一般只能低温快速熨烫。价格较贵。

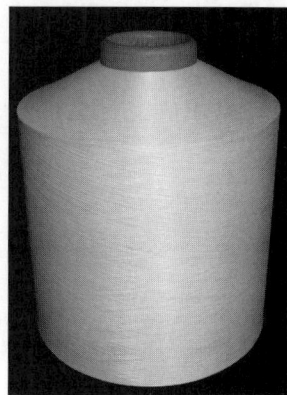

图 2-33　聚氨酯纤维长丝

一般聚氨酯纤维以极少的量与其他纤维混纺，赋予混纺制品理想的弹性。

（八）聚丙烯纤维

聚丙烯纤维的国内商品名称是丙纶，国外商品名称有帕纶、丽纶、阿尔斯杜等。

1. 优点

是一种轻型纤维（密度仅为 0.90 ~ 0.92 g/cm³），强度高，耐磨性能良好，回弹性优良；回潮率接近 0，沾上的污渍很易抹去；其超细纤维具有优异的芯吸作用；可干洗也可水洗。

2. 缺点

是全疏水性纤维，一般与其他纤维混纺；必须低温（65℃）熨烫、机洗、干燥。

聚丙烯纤维常用于运动服、体操服、内衣和非织造布等。

第四节　新型纤维原料

一、碳纤维

碳纤维兼具碳材料强抗拉力和纤维柔软可加工性两大特征，是一种力学性能优异的新材料。碳纤维在物理性能上具有强度大、模量高、密度低、线膨胀系数小等特点，可以称为新材料之王。

碳纤维除了具有一般碳素材料的特性外，其外形有显著的各向异性，柔软，可加工成各种织物，又由于比重小，沿纤维轴方向表现出很高的强度。在不接触空气和氧化剂时，碳纤维能够耐受 3000℃以上的高温，具有突出的耐热性能，与其他材料相比，温度越高，碳纤维强度越大，在温度高于 1500℃时强度开始下降。碳纤维对一般的有机溶剂、酸、碱都具有良好的耐腐蚀性，不溶不胀。

咖啡碳纤维（Coffee Carbon Fiber）是利用喝完咖啡后剩下的咖啡渣，经煅烧后制成晶体，再研磨成纳米粉体，加入到涤纶中，生产出一种功能性涤纶咖啡碳纤维，其主要功能是抑菌除臭、发散负离子和抗紫外线、蓄热保温、低碳环保。

主要性能如下：

（1）减少碳足迹，其碳排放比竹碳减少 48%，比椰碳减少 85%。

（2）升温保暖性，经测试咖啡碳纤维比普通 PET 纤维在光照射下升温幅度高，穿上咖啡碳服饰可以享受咖啡带来的自然而温暖的舒心感。

（3）抑菌消臭，水与养分是细菌的温床，细菌繁殖快慢取决于环境能提供的温度、水分和养分，而咖啡碳的多孔吸附效果让体表水分得到有效控制，进而起到抑制细菌繁殖的作用。而细菌繁殖时会释放出的臭气氨也因此大幅降低，因此咖啡碳也能有效除臭。

（4）咖啡碳纤维还能发散负离子。经研究证实，"氧自由基"对健康有着慢性的不良影响，不但会造成细胞衰老、破坏蛋白质，甚至还能降低免疫力、加速动脉硬化和致癌。而负离子的主要功能就是中和"氧自由基"，使细胞的氧化减缓。研究表明，穿着咖啡碳制品所吸收的负离子，与清晨在公园散步的效果一样，每立方厘米 400 ~ 800 个，相当于办公室的 2 ~ 4 倍，室外交通繁忙处的 6 ~ 8 倍。该系列产品主要可用于服装、家纺类等多种终端领域。除了涤纶咖啡碳纤维以外，目前还有腈纶咖啡碳纤维，其性能同样优异。

二、阻燃纤维

服装、家用纺织品的重要特性之一是安全特性。目前使服装材料具有阻燃性的方法有以下几种：

1. 纤维生产和织物后整理

（1）共聚或接枝聚合：与具有阻燃性的大分子进行共聚或接枝聚合，使其具有阻燃性。

（2）共熔混合纺丝：合成纤维切片与阻燃剂在纺丝时进行共熔混合纺丝，使纤维具有阻燃性。

（3）织物后整理：对纤维或织物浸渍含阻燃性物质的浆液或树脂，或者用含阻燃剂的涂料对织物进行涂层，使其具有阻燃性。后整理加工常用的阻燃剂化合物主要有钛、锆化合物、有机磷化合物等。

2. 纤维碳化

纤维经过碳化后生成碳纤维，其阻燃性更好，这类纤维目前应用在尖端科技、航空航天领域。

阻燃的措施若是隔绝氧气，这是绝对阻燃；或是提高纤维或织物的极限氧指数，即提高燃烧的需氧量，这是相对阻燃。可根据具体情况来选择阻燃方法。

三、抗菌、防臭、加香纤维

抗菌纤维是在纤维上附于具有杀灭细菌及微生物的药物，还可以对面料和纤维制品浸轧抗菌防臭药液或抗菌防臭涂层。抗菌防臭药物必须保证对人体安全，无毒副作用且应经国家医药管理部门批准。常用的抗菌防臭药物有：芳香族卤化物、有机硅季铵盐、烷基胺、苯类及其他可用药物等。芳香纤维的加工方法可采用涂层法、浸渍法；还可采用微胶囊技术和纤维包埋技术。目前常采用从天然植物中提炼除臭成分，经过加工混入纤维中的方法。

芳香纤维的香型可根据织物的用途进行选择。床上用品应有安神作用，使人易于睡眠。而用于装饰休息场所的织物香味应清香宜人。消臭纤维是对已产生的臭味进行消除，这主要是用香味剂进行遮蔽或用强吸附材料进行吸附除去臭味。

四、紫外线屏蔽纤维

紫外线对生物体是有害的，所以广泛用其进行杀菌消毒。紫外线会造成肌体免疫力下降，可使人患白内障、产生皮肤斑点或引起皮肤癌。防护紫外线实际是对紫外线的屏蔽。紫外线屏蔽纤维的生产方法主要采用对纤维进行浸渍紫外线吸收性物质或者在纤维中混入可散射和吸收紫外线的陶瓷微粒的方法。前者用于天然纤维，后者多用于合成纤维。

紫外线屏蔽纤维多用于常被阳光照射的服装及家用纺织品中。

五、抗静电纤维与导电纤维

静电由摩擦而产生，静电是未被疏导的电量的聚集。纺织纤维也有导电性好和差之分。具有良好亲水性的纤维具有一定的导电性，不易产生静电；而没有亲水性的纤维无导电性，易产生静电。环境干燥的地方纤维易产生静电，特别是一些特种工作和特殊环境中应绝对避免静电的产生。用抗静电纤维生产的纤维制品具有抗静电性；非抗静电纤维与导电纤维混纺具有抗静电性；在织物中或纤维制品中间隔地织入导电纤维纱、金属丝等，织物或制品也会具有抗静电性。

使服装具有抗静电性的方法很多，可以根据资源情况和具体使用环境进行选择。

六、热防护纤维

热防护是指防止热扩散和热侵入。热扩散是热量散失；热侵入是外界热对被保护体的影响。使纤维或纤维制品具有热防护作用的方法有以下几种：

1. 使用特异型纤维

使用超细纤维、异形纤维、中空纤维以增加纤维间的静止空气量，减少热传递。

2. 在纤维表面复合高效热反射层

在纤维制品表面涂盖热反射率较高的涂层或贴覆金属箔，如铝箔等，以减少热辐射。

3. 改善纤维的物理特性

改善纤维的热导率或对纤维制品增加密度以减少因空气对流产生热扩散或热侵入。

热防护纤维可用于高档床上用品的被芯中，较少的填充物就能有较好的保暖性，可减轻被芯重量，提高舒适度。

七、细特纤维与超细特纤维

纤维细度与织物手感和舒适性呈正相关的关系，纤维愈细其各项性能愈优。

但是传统的普通纺丝技术很难生产出细度 1.1dtex（1旦）以下的合成纤维。经过改进，目前细度 1.1dtex（1旦）以下的细特纤维（细特合成纤维）也形成规模生产，细度更细的超细特纤维（超细纤维）已诞生。细度达到万分之一分特的超超细纤维成为现实，即 4.16g 的纤维的长度即可由地球牵到月球（38.44×10^4 km）。

细特纤维、超细特纤维生产人造革原理是将海岛形结构的细特纤维、超细特纤维织造成织物后溶去海岛形结构中的海成分，纤维间产生缝隙出现滑移，正好使其皮革化。

细特纤维和超细特纤维可以生产出高密和超高密织物，织物手感柔软，密度高，具有良好的防水透湿和透气的功能。传统的防水织物防雨不透湿，使人产生闷热、暑湿之感。水汽微粒粒径 $4 \times 10^{-4} \mu m$，水滴、水珠粒径 $10 \sim 300 \mu m$，只要织物上的孔隙大于水汽的粒径而小于水的粒径，即可获得防水透湿的良好功能，超细纤维高密度织物即可达到这样的要求。日本帝人公司利用超细纤维的微纤技术制成了一种织物，其结构类似于荷叶的生物结构，具有很好的防水透湿和透气性。这是把仿生学与纤维结构、织物结构融为一体的典型案例。

细特纤维、超细特纤维生产的人造革性能好，价格合理，被广泛地用于火车、汽车、航空运输等的座椅及内部装饰用纺织品。细特纤维和超细特纤维还用在化纤磨绒织物、仿麂皮织物、高级涂层织物、高档家具用合成革上。纤维细度与性能的关系见表2-8。

表 2-8　纤维细度与性能的关系

纤维细度种类	线密度（dtex）	直径（μm）	性能特征
细特	0.89 ~ 2.2	8.41 ~ 17.7	柔软、均匀、高支轻薄化
棉、丝型纤维	0.89 ~ 1.33	8.41 ~ 13.1	柔软、均匀、高支轻薄化
毛、麻型纤维	1.1 ~ 2.2	13.71 ~ 17.7	柔软、均匀、高支轻薄化
超细特	0.011 ~ 0.89	3.0 ~ 11.2	吸湿、导湿、细腻、仿皮革
皮革（特细）	0.011 ~ 0.11	0.9 ~ 4.0	透气、防水、细密麂皮特征
极细	0.00001 ~ 0.01	0.09 ~ 0.12	吸附、超滤功能
纳米尺度	$10^{-8} \sim 10^{-4}$	0.001 ~ 0.1	特殊功能

八、变色纤维

变色纤维是指其颜色可以随着环境而发生变化的纤维。它是将显色物质封于微胶囊中，再将这种微胶囊分散到聚氨酯系的树脂溶液中，对纤维或织物进行树脂整理。微胶囊技术、涂层技术和显色材料技术的发展，使显色纤维已经进入规模化生产的实用阶段。

变色纤维的变色原因是，显色材料受到光、湿、热、气压、电流、射线等外部刺激时而显示某种颜色，或失去颜色或改变颜色，从而使纤维或织物变色。外刺激源为光时称为光致变色，外刺激源为热时称为热致变色，外刺激源为湿时称为湿致变色，外刺激源为电时称为电致变色，外刺激源为气压时称为气压变色，外刺激源为电子射线时称为射线变色，此外还有液致变色、声致变色等。不同的变色原理可以用在不同的场合。光致变色以往一般用于通讯信号领域；热致变色用于染色、涂料技术上，湿致变色、气压变色应用于天气变化监察上，射线变色用在环境监察和电子技术上。

变色纤维的实质是密封于微胶囊中的显色物质在受到外源能量作用时，发生裂解反应，其能量发生了变化，化学分子分解成离子或离子基团，进行氧化还原反应。具有显色性的代表物质是妥吡喃系和偶氮苯系化合物，这两类化合物反应速度快，色彩鲜明，但结构不太稳定，反复刺激其显色能力会减弱。因此目前又开发了性能更好的苯环磺胺异唑系化合物。热致性感温变色材料性能稳定，技术成熟，已商品化。变色纤维的开发与利用为人们改造自然环境、适应环境变化提供了新的手段。变色纤维家族还在不断地增大，技术完善程度会越来越高，具有广阔的开发前景。

变色纤维用在家纺产品中，产品外观新颖，而且具有了更多的用途，如监测环境条件的变化和气候的变化，更有利于人的健康。热致性感温变色材料、湿致性变色材料在居家、公共环境中应用于挂帷织物上，热致性感温变色材料可根据气温变化而调节室内光线的明暗，达到良好的调光目的；湿致性变色材料可以反映空气相对湿度的变化，可以依此来调节环境湿度，可提前对天气变化做好准备。变色服装、变色地毯、变色床品、室内艺术品等均可以尝试开发此类产品，丰富服装、家纺产品类别，满足人们的审美情趣。

九、其他纤维

用于家纺织物的纤维，特别是新型纤维品种很多，科技的发展为纺织产业提供了良好的材料，其功能性价比很高，具有使用性、保健性。远红外陶瓷纤维目前已广泛应用于床上用品。磁性纤维能改善人体细胞极性，使肌体细胞有序化，使人感到舒适和安定，易解除疲劳；污染波屏蔽纤维目前正在开发，并尝试应用到了污染波较强的环境上。

第五节　纺织纤维的鉴别

纺织纤维种类繁多，性能各异。而服装的价格及服用性能在很大程度上取决于其纤维成分。因此，在服装设计、生产和贸易中，对纤维进行科学的鉴别是十分重要的。

纤维鉴别是根据各种纤维之间存在着外观形态和内在性质的差异，采用各种方法将它们区别开来。纤维鉴别的方法归纳起来主要有以下几种：感官鉴别法、燃烧法、显微镜鉴别法、化学溶解法、药品着色法、系统鉴别法等。

一、感官鉴别法

感官鉴别法是鉴别纺织纤维最简单的方法，是依据各种纺织纤维的外观形态、光泽、长短、粗细、曲直、软硬、弹性、强力等特征，通过人的感觉器官对纤维进行直观判定的一种方法，适用于鉴别呈散状纤维状态的纺织原料。例如根据纤维的长度整齐度可以判断是天然纤维还是化学纤维。天然纤维中，棉纤维比较柔软，纤维长度较短，常附有各种杂质；麻纤维手感比较粗硬；羊毛纤维较长，有卷曲，柔软而富有弹性；蚕丝则具有柔和悦目的光泽，纤维细而柔软。化学纤维中，普通黏胶纤维湿强度特别低，通过测试观察干湿强度的变化来区分普通黏胶纤维和其他化学纤维；氨纶具有高伸长和高弹性，在室温下其长度能拉伸至 5 倍以上，以此来区分氨纶和其他化学纤维。除普通黏胶纤维和氨纶以外的化学纤维外观形态基本接近，无法用感官鉴别法鉴别。

这种鉴别法简单、快速，成本最低，但需要检测者具备一定的实际经验。

二、燃烧法

燃烧法也是一种简便易行的鉴别方法。它是依据各种纺织纤维接近火焰时、在火焰中、离开火焰后燃烧的现象和特征不同而进行判别的。它一般适用于鉴别单一成分的且未经特殊整理的纺织纤维的大类（表 2-9）。

表 2-9 纺织纤维的燃烧特征

纤维	燃烧状态			气味	残留物特征
	接近火焰时	在火焰中	离开火焰后		
棉、麻、黏胶、Lyocell 纤维	不熔，不缩	迅速燃烧	继续燃烧	烧纸气味	灰烬少而细软，灰白色，一吹即散
蚕丝、羊毛、马海毛、开司米、羊驼毛	收缩、卷曲	缓慢燃烧，冒烟起泡	不易延燃	烧毛发臭味	黑色松脆小球，一捏即成细粉末状
醋酯纤维	熔融	收缩熔融，冒烟	融化燃烧	不明显醋味	黑色硬块，不易捻碎
涤纶	收缩，熔融	先熔后烧，缓慢燃烧，黄色火焰，冒烟，有滴落拉丝现象	能延燃	特殊芳香味（不明显）	玻璃状黑褐色硬球，不易捻碎
锦纶	收缩，熔融	先熔后烧，缓慢燃烧，很小的蓝色火焰，无烟或少量白烟，有滴落拉丝现象	能延燃	不明显芹菜味	玻璃状浅褐色硬球，不易捻碎
腈纶	收缩，发焦	边收缩边迅速燃烧，火焰呈黄色，明亮有力，有时略带黑色，有发光小火花	继续燃烧	辛辣味	黑色硬球
维纶	收缩	迅速收缩，缓慢燃烧，很小的红色火焰，冒黑烟	继续燃烧，冒黑烟	特殊的甜味	褐色小硬球，可捻碎
丙纶	缓慢收缩	边卷缩边燃烧，火焰明亮，呈蓝色，有滴落拉丝现象	继续燃烧	烧蜡的气味	硬黄褐色球，不易捻碎
氯纶	熔缩	不易燃烧，大量冒烟	离火自灭	带有氯气的刺鼻气味	不规则的黑色硬块
氨纶	熔缩	熔融，燃烧	离火自灭	特殊气味	黏着性块状物

三、显微镜鉴别法

利用显微镜观察各种纤维的纵面和横截面形态来鉴别纤维。

天然纤维棉、麻、毛、丝的纵面和横截面各具特征；普通黏胶纤维截面为锯齿形、皮芯结构；维纶截面为腰圆形、皮芯结构。这些纤维都可以通过显微镜法有效地进行识别。大多数合成纤维用此法不易区分（表 2-10）。

显微镜法可以用于鉴别单一成分的纤维，也可用于鉴别多种成分混合而成的混纺产品。如麻、棉、丝混纺而成的产品，只要把混纺纤维制成切片，在显微镜下就能观察到这三种纤维的不同的截面。

表 2-10　几种常见纤维的纵面和横截面形态特征

纤维	纵面形态	横截面形态
棉纤维	扁平带状，有天然扭转	不规则腰圆形，有中腔
苎麻纤维	长条形带状，有横节竖纹	不规则腰圆形，有中腔
亚麻纤维	长条形带状，有横节竖纹	不规则多角形，有中腔
羊毛纤维	表面粗糙，有鳞片	圆形或近似圆形或椭圆形
蚕丝纤维	透明、光滑	不规则三角形
黏胶纤维	表面光滑，有清晰的纵条纹	锯齿形
涤纶、锦纶、丙纶	表面光滑	圆形
腈纶	表面光滑，有纵条纹	圆形或哑铃形
维纶	表面光滑，纵向有槽	腰圆形或哑铃形
氯纶	表面光滑	圆形、蚕茧形
氨纶	表面暗深，呈不清晰骨形条纹	不规则状，有圆形、土豆形

四、化学溶解法

化学溶解法是利用各种纤维在不同的化学溶剂中的溶解性能的不同来有效地鉴别纺织纤维。这种方法是一种可靠的鉴别纤维的方法，它既可以定性地鉴别出纤维种类，也可以定量地测量出混纺产品的纤维混纺比例。

使用这一方法，必须控制溶剂的温度、浓度以及溶解的时间。表 2-11 为不同溶剂对不同纤维的溶解性能情况。

五、药品着色法

利用着色剂对纺织纤维进行快速染色，然后根据所呈现的颜色不同来定性鉴别纤维的种类，此法适用于未染色和未经整理剂处理的纤维、纱线和织物。通常采用的着色剂为碘—碘化钾溶液和 HI 着色剂（表 2-12）。

表 2-11　不同溶剂对不同纤维的溶解性能情况

溶剂及浓度 %／纤维种类	硫酸	硫酸	盐酸	盐酸	氢氧化钠	硝酸	冰乙酸	丙酮	间甲酚	四氯化碳
	95 ~ 98	70	36 ~ 38	15	30	65 ~ 68	99	50 ~ 99		
棉	S	S	I	I	I	I	I	I	I	I
麻	S	S	I	I	I	I	I	I	I	I
丝	P	S_0	P	I	I	△	I	I	I	I
毛	I	I	I	I	I	I	I	I	I	I
黏胶	S_0	S	S	I	I	I	I	I	I	I
二醋酯	S_0	S_0	S_0	I	I	S_0	S_0	S_0	S_0	I
涤纶	S_0	I	I	I	I	I	I	I	I	I
腈纶	S	I	I	I	I	S	I	I	I	I
锦纶 6	S_0	S_0	S_0	S_0	I	S_0	I	I	S	I
锦纶 66	S_0	S	S_0	I	I	S_0	I	I	S	I
维纶	S	S	S_0	I	I	S_0	I	I	I	I
氯纶	I	I	I	I	I	I	I	I	P	I
氨纶	S	S	I	I	I	I	I	I	P	I
丙纶	I	I	I	I	I	I	I	I	I	I

注　1. S_0—立即溶解，S—溶解，P—部分溶解，I—不溶解，△—膨润。
　　2. 溶解温度为 24 ~ 30℃，溶解时间为 5 分钟。

表 2-12　几种纤维着色剂染色后的色相表

纤维种类	碘—碘化钾显色	HI 着色剂显色	纤维种类	碘—碘化钾显色	HI 着色剂显色
棉	不着色	灰 N	涤纶	不着色	黄 R
麻	不着色	深紫 5B（苎麻）	锦纶	黑褐	深棕 3RB
羊毛	淡黄	桃红 5B	腈纶	褐	艳桃红 4B
蚕丝	淡黄黑	紫 3R	维纶	蓝灰	桃红 3B
黏胶纤维	黑蓝青	绿 3B	丙纶	不着色	黄 4G
醋酯纤维	黄褐	艳橙 3R	氯纶	—	不着色
铜氨纤维	橘红	黄褐	氨纶	—	红棕 2R

注　碘—碘化钾饱和溶液是将碘 20g 溶解于 100mL 的碘化钾饱和溶液。

六、系统鉴别法

在一些复杂的情况下，鉴别纤维材料，往往需要同时使用几种方法。系统鉴别法就是把几种方法科学地组成程序，从而最有效地进行纤维的鉴别。图 2-34 为纤维系统鉴别表。

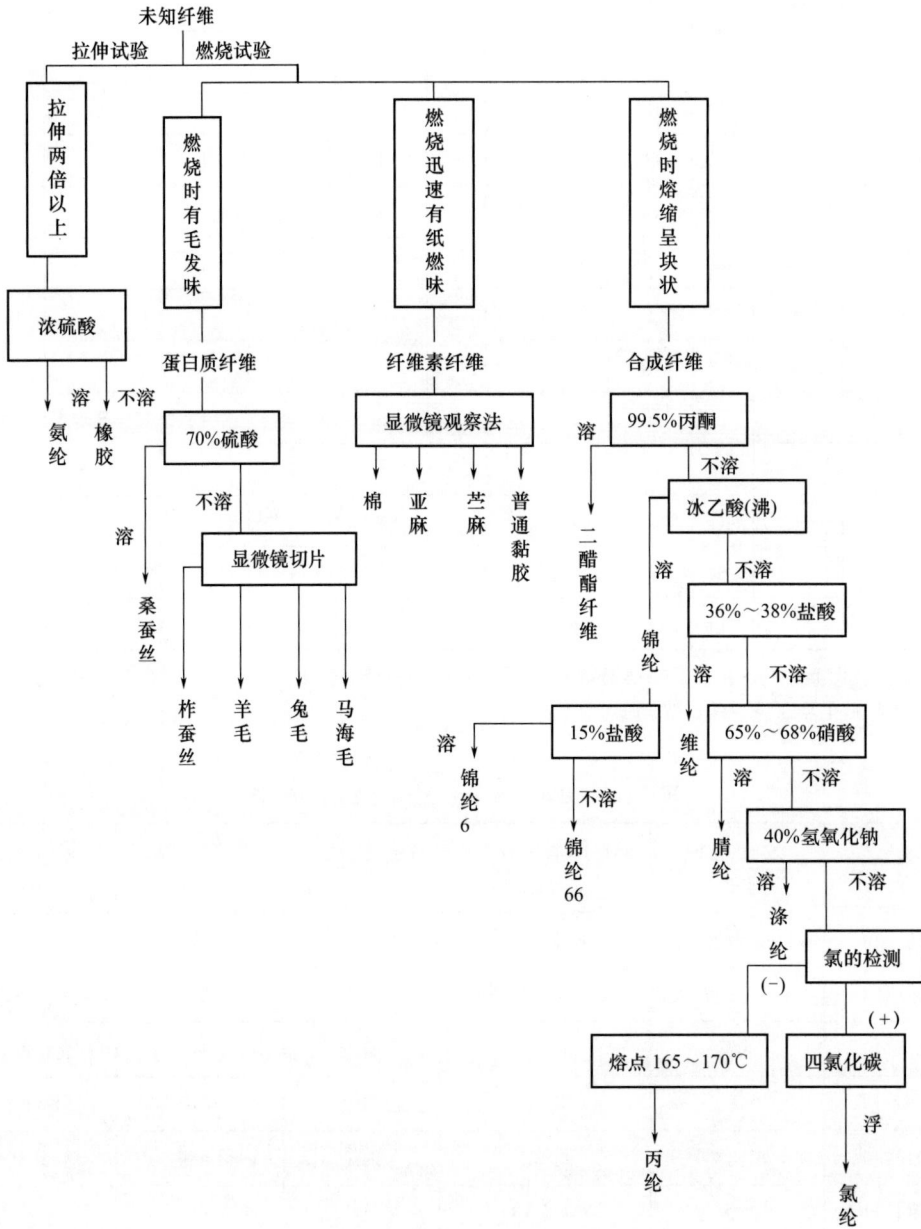

未知纤维
拉伸试验　燃烧试验

拉伸两倍以上 → 浓硫酸 → 溶：氨纶　不溶：橡胶

燃烧时有毛发味 → 蛋白质纤维 → 70%硫酸
- 溶 → 桑蚕丝
- 不溶 → 显微镜切片 → 柞蚕丝、羊毛、兔毛、马海毛

燃烧迅速有纸燃味 → 纤维素纤维 → 显微镜观察法 → 棉、亚麻、苎麻、普通黏胶

燃烧时熔缩呈块状 → 合成纤维 → 99.5%丙酮
- 溶 → 二醋酯纤维
- 不溶 → 冰乙酸(沸)
  - 溶 → 锦纶 → 15%盐酸
    - 溶 → 锦纶6
    - 不溶 → 锦纶66
  - 不溶 → 36%～38%盐酸
    - 溶 → 维纶
    - 不溶 → 65%～68%硝酸
      - 溶 → 腈纶
      - 不溶 → 40%氢氧化钠
        - 溶 → 涤纶
        - 不溶 → 氯的检测
          - (−) → 熔点165～170℃ → 丙纶
          - (+) → 四氯化碳 → 浮 → 氯纶

图 2-34　纤维系统鉴别表

本章小结

介绍了纺织纤维的概念及分类，各类纺织纤维的物理属性和化学性质各有不同，用多个指标描述纺织纤维的基本特性。重点介绍了常见纺织纤维的性能及其在纺织服装制品上的表现，并依据纺织纤维的特性对纺织纤维进行鉴别。

思考题

1. 填表说明最终用途产品使用对应纤维的理由。

纤维名称	最终用途	主要理由
黏胶人造丝	厨房清洁用品	
羊毛	冬季大衣	
锦纶	软箱包	
亚麻	夏季外衣	
聚丙烯腈纤维	户外旗类用品	
高湿模量人造丝	可水洗的童裤	
涤纶	与棉混纺的毛巾类用品	
醋酯纤维	晚礼服	
棉纤维	贴身内衣	
蚕丝纤维	围巾	
玻璃纤维	绝缘电线	
丙纶	汗衫	
锦纶	袜子	

2. 给出几种纤维，分别测定它们的燃烧特性，将试验结果记录在如表2-8所示的表中。

3. 现有三条丝巾，一条是桑蚕丝的，一条是黏胶丝的，一条是涤纶丝的。如何将这三条丝巾区分开？

4. 试用所学的知识鉴别几种流行面料的纤维种类。

第三章　纱线和缝纫线

学习目标：

1. 掌握纱线的概念及其分类；
2. 掌握纱线捻度的概念；
3. 掌握纱线细度指标概念及其应用，掌握纱线细度指标的换算，掌握纱线细度的表示方法；
4. 掌握常规纱线及其规格标识；
5. 掌握特种纱的概念及其性能，了解特种纱的服装表现；
6. 掌握缝纫线的概念、分类及其品质要求。

本章重点：

1. 纱线的概念；
2. 纱线的细度指标概念及其换算；
3. 纱线的规格标示；
4. 缝纫线的概念、分类及其品质要求。

　　纱线是指由纺织纤维组成的细而柔软、并具有一定力学性质的连续长条。纱线的形态结构对衣料的外观肌理和服用性能的影响最为直接。纱线按形态结构不同可以进行如下分类（图 3-1）：

$$
纱线（yarn）
\begin{cases}
短纤纱（spun）\begin{cases} 单纱（single）\\ 股线（ply\ yarn）\end{cases}\\[2ex]
长丝纱（filament\ yarn）\begin{cases} 单丝（monofilaments）\\ 复丝（multifilaments）\\ 捻丝（twist\ yarn）\end{cases}\\[3ex]
特殊纱线 \begin{cases} 变形纱线（textured\ yarn）\\ 花式纱线（novelty\ yarn）\\ 包芯纱（core\text{-}spun）\end{cases}
\end{cases}
$$

图 3-1　纱线的分类

第一节 短纤纱和长丝纱

纱线按照组成它的纤维长度的不同可以分为短纤纱和长丝纱两类。

一、短纤纱（Spun）

由短纤维经加捻而制成的纱线称为短纤纱。其中单根无捻的纱或只经一次加捻的纱称为单纱，如棉纱；两根或多根单纱并合再经一次加捻即制成线，如棉双股线。纱线是单纱和股线的总称（图 3-2）。由一种短纤维组成的纱线称为纯纺纱线；由两种或两种以上短纤维组成的纱线称为混纺纱线，如涤 / 棉混纺纱。

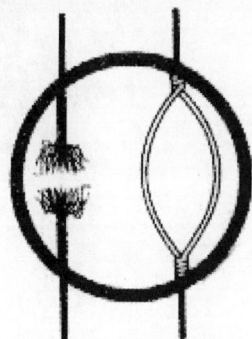

图 3-2 单纱与股线

二、长丝纱（Filament yarn）

单根长丝纤维或几根长丝纤维合并组成长丝纱。其中单根长丝纤维构成的长丝纱称为单丝；几根长丝纤维合并组成的长丝纱称为复丝。加有捻度的长丝纱称为捻丝。由两种或两种以上的长丝纱组合成的纱称为混纤纱，如涤纶长丝与蚕丝合并加捻形成混纤纱（图 3-3、图 3-4）。

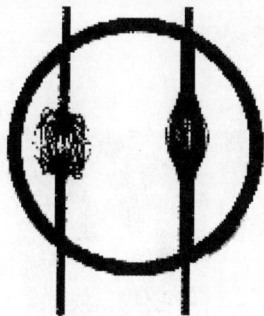

图 3-3 退捻短纤纱和退捻长丝纱

图 3-4 单丝和复丝

三、短纤纱和长丝纱性能比较

1. **纱的均匀度**

沿着纱的长度方向，长丝纱的直径比短纤纱更为均匀。

2. **纱的光滑度和光泽**

长丝纱表面一般是光滑无毛羽的，且光泽较亮；短纤纱表面暗淡、不光滑且有茸毛。这将影响织物的手感和光泽，如图 3-5 所示。

图 3-5　真丝缎（长丝纱）和棉布（短纤纱）服装

3. 纱的强度

长丝纱的强度比同纤维类型和同样直径的短纤纱大。这是因为短纤纱断裂时只是部分纤维断裂而另一部分纤维产生滑移，长丝纱断裂时却是纱中所有纤维都断裂。

四、短纤纱和长丝纱的应用

短纤纱和长丝纱由于具有不同的性能，其最终用途也可能不相同。

短纤纱给人以柔软、保暖、质轻的感觉，常用来制作衬衫、保暖围巾、毛衫、T恤衫、棉袄、毯子等，如图 3-6 所示。

长丝纱光滑、有光泽，适合制作礼服夹里、绣花线等。

图 3-6　短纤纱用途

第二节　纱线捻度和细度

一、捻度（Twist）

捻度是指纱线单位长度内的捻回数。捻度的单位随原料的种类而不同，短纤纱的捻度单位是 r/10cm（捻 /10 厘米），化纤长丝的捻度单位是 r/m（捻 / 米），蚕丝的捻度单位是 r/cm（捻 / 厘米）。在纺织服装外贸订单中，捻度的单位常常是 r/in（捻 / 英寸）。

　r — 捻回数

　m — 长度单位：米

　cm — 长度单位：厘米

　in — 长度单位：英寸，1in=2.54cm

纱线根据所加捻度的多少可以进行分类，见表 3-1：

表 3-1　纱线加捻程度分类

加捻程度类别	纱的捻度（r/m）	长丝的捻度（r/m）
弱捻纱（Soft twist）	300 以下	1000 以下
中捻纱	300 ~ 1000	1000 ~ 2000
强捻纱（Hard twist）	1000 ~ 3000	2000 以上
极强捻纱	3000 以上	

纱线加捻程度的大小对织物的厚度、强度、耐磨性以及织物的手感、风格甚至外观肌理有很大的影响。如弱捻的主要作用是增强纱线的强度，削弱纱线的光泽；而强捻的主要作用是使织物表面缩皱，产生绉效应，增加织物的弹性和强度，这在蚕丝织物上体现尤为突出，如图 3-7 所示。

图 3-7　乔其纱与双绉

图 3-8　S 捻纱和 Z 捻纱

需注意的是，捻度只能用来表示相同粗细纱线的加捻程度。

根据纱线中纤维倾斜方向的不同，纱线的捻向有 S 捻和 Z 捻两种，如图 3-8 所示。在纺织服装生产企业，S 捻又称右手捻或顺手捻，Z 捻称左手捻或反手捻。

一般单纱常采用 Z 捻，股线常采用 S 捻。双股线捻向的表示方法，第一个字母表示单纱捻向，第二个字母表示两根单纱合并加捻的捻向。如由两根 Z 捻的单纱以 S 捻合并成双股线，则其捻向表示为 ZS。

利用纱线的不同捻向与织物组织相配合，可织成外观、手感等风格不同的织物。如图 3-7 中，乔其纱织物的经纬丝分别采用 2S2Z 捻向相间排列的强捻丝，而双绉织物只有纬丝采用 2S2Z 捻向相间排列的强捻丝，造成两种织物的表面风格和伸缩性能有较大差异。

二、细度

纱线细度表征纱线的粗细程度，是确定纱线品种与规格的主要依据。由于纺织用纱线的形态大多比较细而且截面形状复杂，加之国际上一些国家的使用习惯，致使纱线细度的指标很多，下面分别加以介绍。

1. 线密度（T_t）

纱线的线密度是指 1000m 长的纱线在公定回潮率时的质量的克数，单位为特（tex），1 tex=1g/km。

$$T_t = \frac{1000G_k}{L}$$

式中：T_t—纱线的线密度（tex）；

L—纱线的长度（m）；

G_k—纱线在公定回潮率时的质量即公量（g）。

线密度指标是国际上通用的法定细度指标，适用于所有的纤维和纱线。线密度数值越大，表明纤维或纱线越粗。目前在国际上纺织服装贸易中，纱线细度更多的是使用旦数（N_d）、公制支数（N_m）和英制支数（N_e），它们虽然不是法定计量单位，但是掌握这些细度指标的概念及其相互之间的换算会更加有利于今后的工作。

2. 旦数（N_d）

纱线的旦数是指 9000m 长的纱线在公定回潮率时的质量的克数，单位为旦尼尔（den）。

$$N_d = \frac{9000G_k}{L}$$

旦数（N_d）指标习惯用于表示化学纤维长丝及蚕丝的细度，其数值越大，表明纤维或纱线越粗。

3. 公制支数（N_m）

公制支数（N_m）是指在公定回潮率时1g重的纱线所具有的长度米数，单位为公支（N_m）。

$$N_m = \frac{L}{G_k}$$

式中：L—纱线长度（m）；

G_k—纱线的公量（g）。

公制支数（N_m）指标习惯用于表示毛（型）纱线、麻纱线和绢纺纱线的细度，其数值越大，表明纤维或纱线越细。

4. 英制支数（N_e）

英制支数（N_e）是指在公定回潮率时1lb重的纱线所具有的长度为840码的倍数，单位英支（s）。

$$N_e = \frac{L_e}{840 G_{ek}}$$

式中：L_e—纱线长度（yd），1yd（码）=0.91m；

G_{ek}—纱线在英制公定回潮率时的质量（lb），1lb（磅）=0.45kg。

英制支数（N_e）指标习惯用于表示棉（型）纱线的细度，其数值越大，表明纤维或纱线越细。

5. 细度指标间的换算

各细度指标间的换算见表3-2、表3-3。

表3-2 纱线（或纤维）的各细度指标换算

换算指标	换算公式	备注
线密度与公制支数	$T_t \times N_m = 1000$	
线密度与旦数	$N_d = 9 T_t$	
公制支数与旦数	$N_d \times N_m = 9000$	
线密度与英制支数	$T_t \times N_e = C$	C 为换算常数

表3-3 换算常数 C

纱线种类	混纺比	换算常数 C
棉	100	583
纯化纤	100	590.5
涤/棉	65/35	587.5
维/棉、腈/棉、丙/棉	50/50	587

6. 企业常用纱线细度的表示法

（1）单纱：线密度指标：14tex，18tex；旦数：20/22D，40/44D，70D；英制支数：21^s，45^s；公制支数：1/15N_m，1/3N_m。

（2）股线：线密度指标：14×2tex，（18+12）tex；旦数：2/20/22D，2/40/44D，3/70D；英制支数：21^s/2，45^s/3；公制支数：2/15N_m，4/10N_m。

（3）股线细度指标值的计算：

线密度指标：14×2tex=28（tex）；

（18+12）tex=30（tex）；

旦数：2/20/22D——21×2=42（D）

2/40/44D——42×2=84（D）

3/70D——70×3=210（D）；

英制支数：21^s/2=10.5（s）

45^s/3=15（s）；

40^{s}单纱和60^{s}单纱合并成的双股线：1/（1/40+1/60）=24（s）

公制支数：2/15N_m——15/2=7.5（N_m）

4/10N_m——10/4=2.5（N_m）

40N_m单纱和60N_m单纱合并成的双股线：1/（1/40+1/60）=24（N_m）

第三节　常规纱线及规格标识

一、粗梳棉纱和精梳棉纱

（1）粗梳棉纱又称普梳棉纱，它是棉纤维经清棉、梳棉、并条、粗纱、细纱等工序加工而成，纱支细度通常为10～96tex（60^s～6^s）。

（2）精梳棉纱是在一般纺纱工程中增加精梳工序加工而成。经过进一步梳理，除去了纱条中的短纤维，使纱线表面光洁，毛羽少，强力高，品质好，纱支细度为J5～J96tex（J120^s～J6^s）。

图3-9为精梳棉纱和粗梳棉纱，可以看出，粗梳棉纱的棉结杂质较多。一般细而轻的纱要精梳；粗而重的纱可以粗梳，也可以精梳。某些织物要用精梳纱制造，如高档府绸；某些织物必须用粗梳纱织造，如斜纹布、灯芯绒等织物。

图3-9　精梳棉纱（上）和粗梳棉纱（下）

二、粗纺毛纱和精纺毛纱

粗纺毛纱采用短毛种羊毛与精纺毛混合经粗纺工艺加工而成，纱线结构蓬松，手感柔软，表面附有短毛，质地温暖。

精纺毛纱是采用细、长、均匀度较好的优质毛纤维，按精纺毛纺纱工艺加工，取得平行伸直度高、光洁度好的高品质毛纱线（图3-10）。

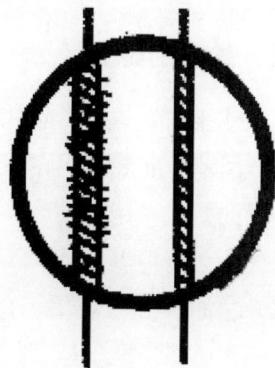

图3-10 粗纺毛纱（左）和精纺毛纱（右）

（1）粗纺毛织物用来制作厚重的冬季上衣，因为粗纺纱的茸毛和松软的结构有利于储藏更多的静止空气，使得粗纺毛织物的保暖性比精纺毛织物好。

（2）由于精纺毛纱比粗纺毛纱加捻得更为紧密，精纺毛织物通常比粗纺毛织物更坚固和密实。

（3）精纺毛织物的表面通常可见清晰的纱和织纹；而粗纺毛织物表面有茸毛。

（4）精纺毛织物如哔叽，做成的服装穿着后极易产生极光。因此这类织物需经过轻微的起绒和缩绒整理，将织物表面的纱遮盖起来，以此来解决极光问题（图3-11、图3-12）。

图3-11 粗纺呢绒

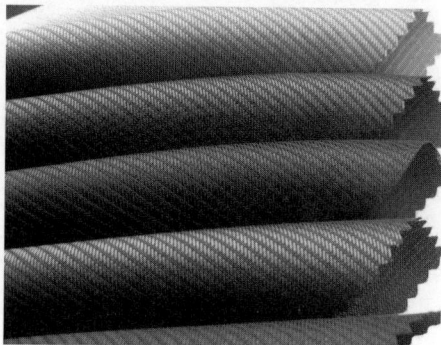

图3-12 精纺呢绒

三、机织用纱线和针织用纱线

（1）机织用纱线的范围很广，原则上所有的纱线都可以作为机织用纱线。

（2）针织用纱线分手工用与机器用两种类型。与机织用纱线相比，针织用纱线的捻度略小。因为针织用纱线的强力、柔软性、延伸性、条干均匀度等指标要适应弯曲成圈的要求，同时使其织物具有结构较松、手感柔软、更保暖等特点。

四、纱线的标识

纱线作为一种商品，在商业贸易中必须以一种标记来说明这种纱线的技术规格。

国家标准规定，在纱线的标记中，纱线细度采用 tex 或者其倍数或者其分数单位表示，纱线的捻度采用捻回数 / 米单位表示，并规定以 R 代表纱线的"最终线密度"，置于线密度数值之前，以 f 代表"长丝"置于长丝根数之前，以 t0 代表"无捻度"。常用的纱线标识方法如下：

（一）单纱的标识

1. 短纤维纱

从左向右依次标识线密度、捻向和捻度。如 40texZ600（缩写为：40 tex），表示纱的细度为 40tex，捻向为 Z 捻，捻度为 600 捻 / 米。

2. 长丝纱

（1）无捻长丝纱：从左向右依次标识线密度、f、长丝根数、t0。如 133dtexf40t0（缩写为：133 dtex），表示细度为 133dtex、长丝根数为 40 的无捻复丝。

（2）加捻长丝纱：从左向右依次标识加捻前的线密度、f、长丝根数、捻向、捻度、分号（；）、R、最终线密度。如 17dtexf1S800；R17.4dtex（缩写为：17dtex；R17.4dtex），表示线密度为 17dtex 的加捻长丝单丝、捻向为 S、捻度为 800 捻 / 米、最终线密度为 17.4dtex。

（二）股线的标识

1. 组分相同的股线

从左向右依次标识单纱的标记、乘号（×）、单纱根数、合股捻向、合股捻度、分号（；）、R、最终线密度。如 34texS600 × 2Z400；R69.3tex（缩写为：34tex × 2；R69.3tex），表示 2 根标记为"34texS600"的单纱捻合的股线，合股捻向为 Z、捻度为 400 捻 / 米、最终线密度为 69.3tex。

2. 组分不同的股线

从左向右依次标识单纱的标记（用加号连接并加上括号）、合股捻向、合股捻度、分号（；）R、最终线密度。如（25texS420+60texZ80）S360；R89.2tex（缩写为：25tex+60tex；R89.2tex），表示一根标记为"25texS420"的单纱和一根标记为"60texZ80"的单纱捻合的股线，合股捻向为 S、捻度为 360 捻 / 米，最终线密度为 89.2tex。

第四节　特种纱及织物效果

一、超细纤维纱（Microyarn）

纱线的柔软性和弯曲性在很大程度上取决于制成纱线的单根纤维的细度。实验表明，由细纤维制成的纱线比相同直径的由粗纤维制成的纱线更柔软，更易弯曲，能够织成柔软而悬垂性好的织物。

超细纤维纱由超细特纤维组成。超细特纤维是指线密度 0.011 ~ 0.44dtex 的纤维。超细特纤维可制成平直结构的复丝，由这样的复丝制成的织物十分柔软，悬垂性特别好，几乎可以与真丝织物相媲美，如图 3-13 所示。

图 3-13　由不同粗细的纤维所构成的相同纱支的纱线

超细特纤维也可切成短纤维纺成短纤维纱，或与棉、毛、黏胶纤维混合生产混纺纱，其手感比传统化纤纱更柔软。

二、变形纱（Textured yarn）

在热、机械力或在喷射空气的作用下，合成纤维长丝由伸直变成卷曲的长丝，这种卷曲的长丝称为变形纱。

（一）变形纱良好的性能

与普通长丝纱相比，变形纱具有下列良好的性能：
（1）具有高伸长和（或）高蓬松性；
（2）具有更大的表面覆盖率（不透明性）；
（3）具有更好的透气性和吸湿性；
（4）具有更柔软及更好的手感；
（5）具有更好的保暖性；

（6）具有更好的抗皱性。

（二）变形纱不良的性能

与普通长丝纱相比，变形纱具有下列不良的性能：

（1）有易勾丝的倾向，变形纱不宜制作儿童运动装等服装；

（2）可能产生永久变形；

（3）耐磨性较差；

（4）容易弄脏。

（三）变形纱的种类及生产方法

变形纱主要有三类：弹力变形纱、膨体变形纱和低弹变形纱。有几种方法可以生产变形纱，如图 3-14 所示。

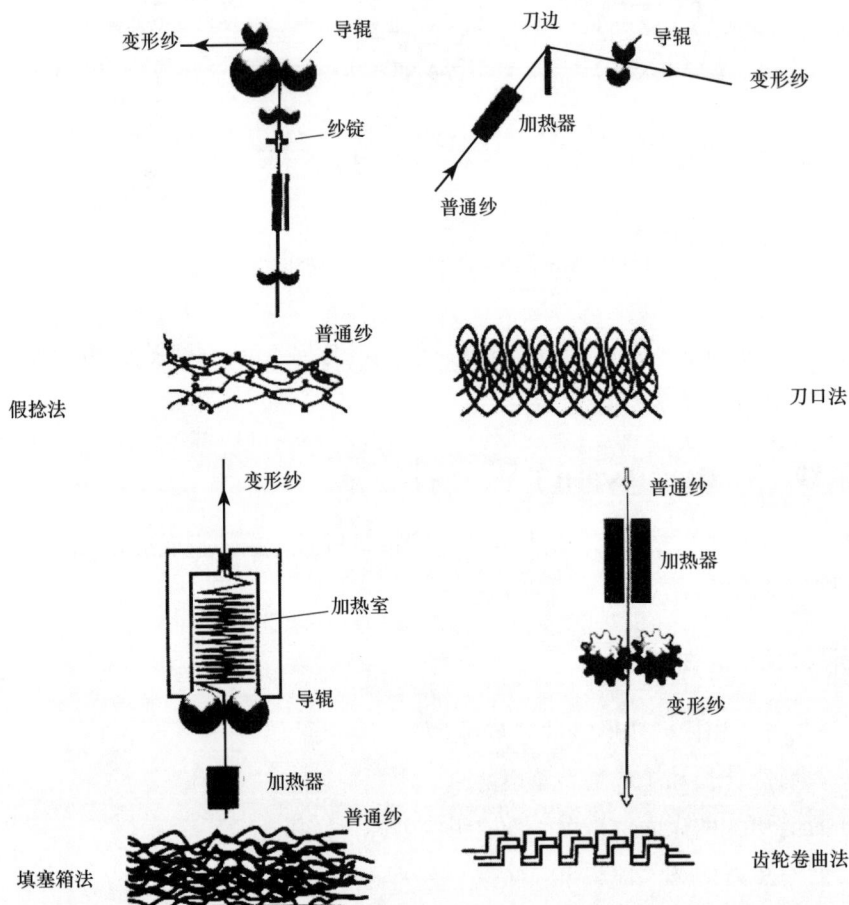

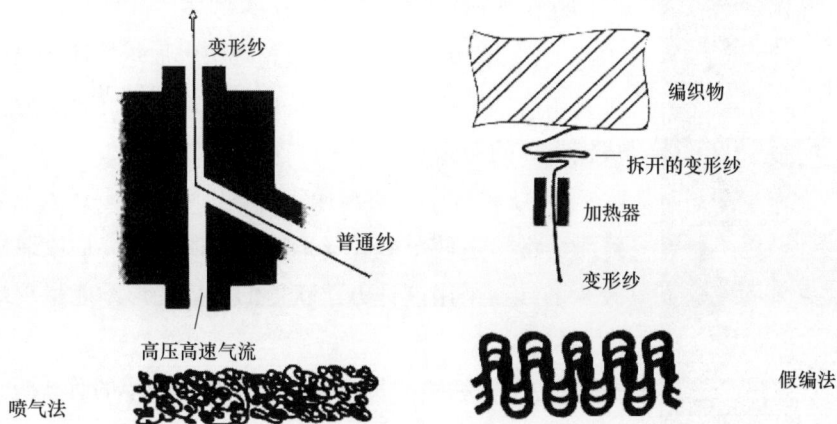

图 3-14 变形纱的生产方法

1. **弹力变形纱**（elastic yarn）

弹力变形纱具有优良的弹性变形和恢复性能，蓬松性一般，主要用于弹性织物，以锦纶长丝织物为主，如图 3-15 所示。

弹力变形纱的生产方法有：

（1）假捻法。这是最常用的一种方法，加捻、热定型和退捻一步到位。

（2）刀口法。将加热的长丝以紧张状态擦过刀口边缘，纤维贴近刀口的一边受到压缩，而外侧受到拉伸，致使长丝纱在刀口处弯曲而成空间的卷曲状态。

（3）齿轮卷曲法。将加热的长丝纱通过一组组加热齿轮使长丝变形。

2. **膨体变形纱**（bulked yarn）

膨体变形纱的主要特点是高度蓬松，有一定的弹性。这类纱主要用于蓬松性远比弹性重要的织物，如毛衣、保暖的袜子、仿毛型针织服装等，腈纶、锦纶、涤纶长丝均可加工成蓬松变形纱，如图 3-16 所示。

锦纶高弹力纱　　　　　　　　　　锦纶弹力布

图 3-15 弹力变形纱及其织物实例

图 3-16 腈纶膨体纱

膨体变形纱的生产方法有：

（1）填塞箱法。将长丝超喂送入加热的填塞箱内，使纤维自由弯曲依靠自重处于压缩状态，并进行热定型，从而形成锯齿形的卷曲。

（2）喷气法。将高速气流直接喷向超喂送入的复丝，使纤维分散，迫使一些长丝形成环和圈，最终形成蓬松的光泽较少的纱。采用这种方法获得的膨体变形纱能呈现短纤维纱的风格。

（3）假编法。长丝被编织成直径狭小的管状织物，织物成卷、热定型，然后拆开。

3. 低弹变形纱（low stretch yarn）

低弹变形纱的主要特点是具有一定的蓬松度和尺寸稳定性，伸缩性较小，主要用于外衣织物，以涤纶长丝为主，如图 3-17 所示。

低弹变形纱的生产方法主要是假捻法。长丝经过加捻、热定型、退捻、热定型这四道工序后即制成低弹变形纱。

涤纶低弹变形纱　　　　　　低弹丝网眼布

图 3-17 低弹变形纱及其织物实例

三、花式纱线（novelty yarn）

花式纱线是指在纺纱过程中采用特种纤维原料、特种设备和特种工艺，对纤维或纱线进行特种加工而得到的，具有特殊结构和外观效果的、绚丽多彩的纱线，是纱线产品中一种与众不同的、具有装饰作用的纱线。

花式纱线结构特殊。各种纤维原料既可以单独使用，也可以混合使用，能够充分发挥各自固有的个性。花式纱线品种繁多，典型的有粗细节、螺旋形、聚结状和毛圈式。花式纱线实例如图 3-18 所示。

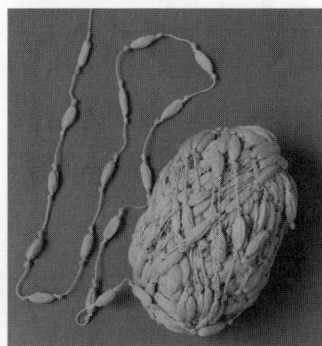
灯笼纱

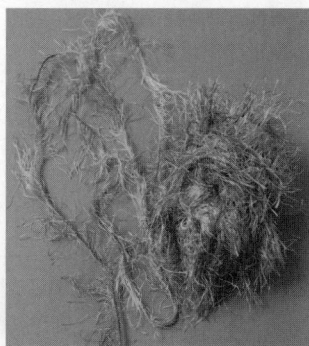
长短毛松树纱

雪尼尔纱

牙刷纱

图 3-18　花式纱线实例

　　花式纱线可用来织成机织物或针织物，如图 3-19 所示。花式纱线其特殊的结构赋予织物很好的立体视觉效果。近年来花式纱线织物受到服装商的广泛的关注。然而，花式纱线织物大部分是不耐用的，穿着时易磨损，纱线易勾出，使得这类织物的使用范围受到一定的限制，例如它不适合用来做儿童游戏服。

图 3-19　花式纱线织物实例

四、金银线

金银线是指用金银为原料制作的线或是用其他替代原料仿制成其外观效果的线。日常用纺织品中的金银线一般都是仿制品，主要采用聚酯薄膜为基材，运用真空镀膜技术，在其表面镀上一层铝，再覆以颜色涂料层与保护层。经切割成细条，形成金银线。

金银线的用途很广，其细度依据其用途的不同而不同（图3-20）。

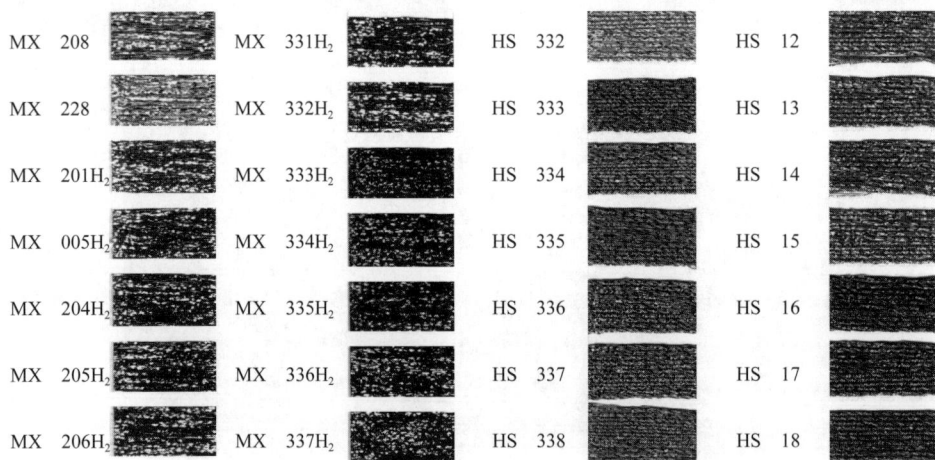

MX 208   MX 331H₂   HS 332   HS 12

MX 228   MX 332H₂   HS 333   HS 13

MX 201H₂   MX 333H₂   HS 334   HS 14

MX 005H₂   MX 334H₂   HS 335   HS 15

MX 204H₂   MX 335H₂   HS 336   HS 16

MX 205H₂   MX 336H₂   HS 337   HS 17

MX 206H₂   MX 337H₂   HS 338   HS 18

图 3-20　外衣及刺绣用金银线

由于大多数金银线外表镀了一层铝膜，铝膜遇碱水易变质、脱落，而且铝膜不耐酸、不耐热。因此，在使用金银线时应注意它的耐高温性、耐酸碱性及耐磨、耐皂洗牢度。

五、包芯纱

包芯纱是指以一种纤维作外包材料，另一种纤维作芯纱纺制而成的纱。其特点是改善织物的服用性能和外观风格。图3-21为包芯纱结构示意图。包芯纱根据不同的用途，选用不同的纤维材料组合。如以涤纶长丝为芯纱，外包纯棉纤维，从而形成涤棉包芯纱。涤棉包芯纱织成的坯布在印染时若用硫酸浆印花，则印花部分的棉纤维碳化洗净，残留芯纱形成透明花纹，即可成为立体感强的烂花布。又如采用氨纶长丝为芯纱，外包纯棉纤维，从而形成氨纶弹力包芯纱。利用氨纶弹力包芯纱可制成弹力牛仔布、弹力

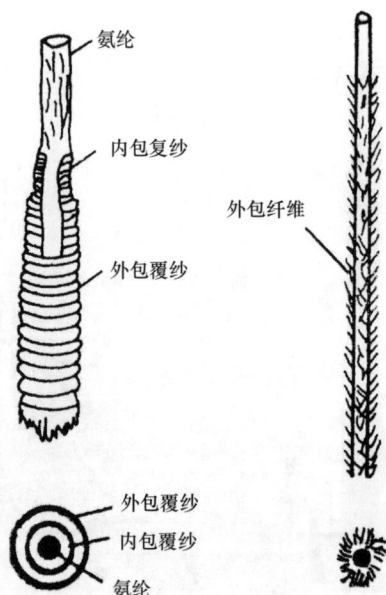

氨纶

内包复纱

外包覆纱

外包纤维

外包覆纱
内包覆纱
氨纶

图 3-21　包芯纱结构示意图

灯芯绒等。包芯纱不但可用各种长丝作芯纱，也可用短纤纱作芯纱外包长丝。

第五节 缝纫线

缝纫线是指缝合纺织材料、塑料、皮革制品和缝订书刊等所用的线。缝纫线按用途分为工业用缝纫线与家庭用缝纫线两类，按功能分为机用缝纫线和手工用缝纫线。缝纫线的制作原料主要是棉、锦纶、涤纶和黏胶纤维。工业用缝纫线的卷装容量一般在 500 米以上，家用缝纫线的卷装容量一般只有 100 ~ 500 米。工业用缝纫线通常为 Z 向加捻，表面光滑结实，能经受高速缝纫机的走线速度；手工用缝纫线多为 S 向加捻，较机用线松而软。缝纫线使用的单纱通常为 7.3 ~ 65tex（80^s ~ 9^s），股线数通常为 2 ~ 9 股。缝纫线总是以股线的方式被使用。

一、缝纫线的类型

缝纫线可以分为短纤纱、长丝纱和包芯纱三类。它们的各自特点见表 3-4。

表 3-4 不同类型缝纫线的对比

短纤纱	长丝纱	包芯纱
强力比长丝的低 适用于各种设备 线缝不易起皱 价格最低	强力比长丝的高，使用较细的丝线也不会降低线缝强力 线缝光洁，但需细心调节设备 线缝较易起皱 价格介于短纤纱和包芯纱之间，其中变形丝因拉伸性能较好，特别适合缝制针织物	同时具有短纤纱和长丝的优点 主要用于缝制耐久定型服装 线缝不易起皱 价格最高

二、缝纫线的品质要求

1. 柔韧性

缝纫线的质地不宜过硬也不宜过软。过硬，易产生跳针，造成针迹线圈成形不良；过软，同样容易产生跳针现象。此外，缝纫线还应具有足够的抗拉强度，以防缝制中出现断线现象。

2. 尺寸稳定性

缝纫线的伸长能力必须适中，并且要有良好的弹性。其长度尺寸不能有过大的缩水率和热收缩率，要与缝制品取得良好的匹配关系。

3. 表面特性

缝纫线的条干要均匀，表面要光洁平滑无纱疵，以减少缝纫线与缝纫机针之间的摩擦，适应高速缝纫的需要。

4. 色牢度

缝纫线的色泽不能因光照、摩擦、洗涤、熨烫等外界作用而发生变化，其色牢度应能满足缝纫加工服装的使用要求。

三、缝纫线、面料与缝纫机针三者间的关系

在实际应用中，缝纫线、面料与缝纫机针三者间必须匹配。三者之间的关系见表3-5。

表 3-5　缝纫线、面料及缝纫机针的关系

面料	棉线	丝线	涤 / 棉混纺线	合纤线			机针号 (#)
				涤纶	锦纶	维纶	
	tex（ₛ英支）						
府绸、细布、薄型织物	7.5 × 2 （80/2）10 × 3 （60/3）		10 × 3 （60/3）	8 × 3 （75/3）10 × 3 （60/3）	10 × 3 （60/3）		9 ~ 11
丝绸		7.3 × 3 （81/3）9.8 × 3 （60/3）		7.3 × 3 （81/3）9.8 × 3 （60/3）			9 ~ 11
灯芯绒、卡其、毛巾布	14 × 2 （42/2）	13 × 3 （45/3）	12 × 3 （50/3）	9 × 3 （65/3）7.5 × 3 （78/3）	16 × 2 （37/2）		12 ~ 14
人造革、皮革	18 × 3 （32/3）10 × 6 （60/6）			16.5 × 3 （35/3）			16
厚绒布、薄帆布、厚呢绒	18 × 5 （32/5）18 × 6 （32/6）14 × 6 （42/6）			9 × 6 （65/6）	29 × 4 （20/4）		18 ~ 19
帆布、中型皮革、人造革	18 × 9 （32/9）			16.5 × 6 （35/6）			21 ~ 23

表中数据说明：

（1）越轻薄的面料，所需缝纫线越细，配备的机针也越细；反之亦然。

（2）缝纫线的强度与面料的强度应该匹配，当缝纫线的强度与面料的强度之比为6∶10时，两者配合最佳。

另外，选用缝纫线时还应注意以下几点：

（1）缝纫线与面料的原料应尽可能相同或相近，这样才可能避免服装由于线与面料的性能差异而引起的外观皱缩。

（2）服装的不同缝制部位，应根据不同的要求选用不同规格的缝纫线。

（3）缝纫线的色牢度应与面料的色牢度相匹配。

（4）缝纫线的价格、档次应与服装的价格、档次相一致。

（5）当缝纫棉质衬衫、裤子、裙子等休闲类服装时，缝纫线细度与线迹密度之间的关系见表3-6。

表 3-6　缝纫线、线迹密度及用途

缝纫线细度（英支）	用途	线迹密度（针/3cm）
10/3	圆头扣眼衬线、装饰线	7
20/3	平缝面线	10 ~ 11
20/4	平缝面线	10 ~ 11
30/3	平缝面线、底线	12 ~ 13
40/3	平缝面线、底线	12 ~ 13
60/3	平缝、拷边、套结	14 ~ 15
40/2	圆头扣眼面线、平头扣眼底线和面线	14 ~ 15

四、缝纫线与接缝外观

当缝合轻、薄、软类织物时，在接缝部位常会发生起皱现象。如果在缝纫时注意以下几点，就可以大大减少甚至避免接缝起皱。

（1）缝合时，在面料下垫张纸；

（2）缝纫时，缝纫线尽可能选用小张力；

（3）采用较小的线迹密度，一般控制在9 ~ 15针/3cm；

（4）有时可以使用细齿送布牙；

（5）有时缝纫时稍微带一点纬斜，也能够避免接缝起皱。

五、常用缝纫线性能介绍

1. 棉线

棉线一般是采用普梳或精梳棉纺工艺制得的股线，并经过丝光、烧毛、染色和上蜡等必要的后加工，以提高棉线的缝纫性能。棉线的强度较高，拉伸变形能力较低，尺寸稳定性较好。

主要品种有：

（1）丝光棉线：经过丝光处理（在碱液中接受拉伸处理）的棉线。柔韧性好，光泽好，表面光洁平滑。可用于手缝、包缝、打线丁等。

（2）软线：经过上油处理的棉线。其表面无光，但较柔软。可用于手缝、包缝、打线丁等。

（3）蜡棉线：经过上蜡处理的棉线。手感硬挺，强度变大，一般用于缝制较为硬挺的材料，如皮革类。

2. 丝线

丝线是由蚕丝构成的股线，它分为长丝纱的股线和短丝纱的绢丝股线。主要品种有：

（1）长丝线：由6~100根蚕丝合股，经精炼、染色等加工而制得。其色泽鲜艳，质地柔软，平滑光洁，光泽好。用于缝制真丝服装、全毛服装等高档服装，是缉明线的理想用线。

（2）绢丝线：经染色加工后制得的短纤维纱线。其质地较为松软、平滑，并保持了天然蚕丝纤维优良的性能特点。用于缝制真丝服装、全毛服装等高档服装，是缉明线的理想用线。

3. 涤纶缝纫线

（1）涤纶丝线：一般为8tex或8.5tex的涤纶长丝纱合并成的双股线。涤纶丝线强度高，表面平滑，弹性好，水洗缩率小，有较好的可缝性。用途广泛，尤其适宜缝制化纤服装。

（2）涤纶低弹丝：具有良好的伸缩弹性，它与针织服装、运动服、健美衣裤、紧身内衣裤等弹力衣料服装比较匹配，缝制效果比较理想。

（3）涤纶短纤缝纫线：一般为7.5~15tex涤纶短纤纱制成的双股线。它是服装业的主要用线，具有强度高、耐磨性好、缩水率低、耐腐蚀、耐气候等优点。

4. 锦纶缝纫线

锦纶缝纫线的主要品种是锦纶长丝缝纫线，它通常是将10~29tex的锦纶长丝纱以两股或三股捻合，制成股线。锦纶长丝缝纫线坚牢耐磨，强度高而伸长大，质地较轻，但不耐光。主要用作化纤服装的缝纫线。

5. 涤/棉缝纫线

涤/棉缝纫线主要品种有两种：

（1）普通涤/棉缝纫线：由两根或三根65/35 T/C纱合并制成的股线，其强度和耐磨性均较好，缩水率也较低，线迹较为平整，并能改善全涤纶缝纫线不耐高温的缺陷。适宜缝制各类服装。

（2）涤/棉包芯缝纫线：一般以60%~70%的涤纶长丝纱为芯纱，以40%~30%的棉纤维包覆在芯纱外面，制成12~15tex的双股或三股线。该缝纫线中的涤纶长丝纱可以提供较高的强度和弹性，而外层的棉纤维则可提高缝纫线对针眼摩擦产生的高热及服装加工中热定型温度的耐受能力，适用于高速缝纫。

6. 腈纶缝纫线

腈纶缝纫线的耐光性好、染色性好，一般用于做装饰缝线和绣花线。

7. 维纶缝纫线

维纶缝纫线主要用于缝制厚实的帆布、家具布。因维纶的湿热收缩率很大，故不宜喷水熨烫。

本章小结

　　介绍了纱线的概念及其分类、纱线的捻度、细度指标及其应用、缝纫线的概念及其品质要求。纱线作为商品，其规格须按照国家标准标示。不同种类的纱线其服用性能各有不同，其服装表现也有差异，设计服装时应根据服装的不同风格、不同用途而选用相适应的纱线。

思考题

　　1．请比较下列纱线的粗细：A. $40^s/2$ 棉线　　B.2/40 N_m 精纺毛纱线　　C.80D 锦纶长丝 D.10tex 涤纶纱　E.20^s65/35 涤 / 棉纱。

　　2．说明纱线标织的内容：133 dtex f 40 S 1000；R 136 dtex。

　　3．收集一块布样，确定织物中的纱线是短纤纱还是长丝纱，并说明理由。

　　4．假设你是一位男休闲裤的采购员，某个主要供货商告诉你，正在热销的一批裤子的下一批货款型相同，只是面料用粗梳纱替代了精梳纱。请你写一份备忘录给商品部经理，将这两种纱进行比较，并提出接受或拒绝这批货的建议。

　　5．缝制一条牛仔布短裙，裙上绣花（光泽亮）。试为这条裙子配备合适的缝纫线。

第四章 机织物

学习目标:

1. 了解织机工作原理,了解织机的类别及布边种类,掌握服装裁剪中对布边的处理方法;
2. 掌握机织物的概念及其分类;掌握区分织物经向和纬向、织物正反面的方法;
3. 掌握织物组织的概念、三原组织的作图方法及其在织物上的织纹表现,了解其他组织的交织规律;
4. 了解织物的规格指标,了解织物的常见疵点,掌握织物的规格标示;
5. 掌握常规织物的特征及其服装表现。

本章重点:

1. 机织物的概念,区分机织物的经向和纬向、正面和反面;
2. 织物组织的概念,织物组织在织物上的织纹表现;
3. 常规织物的特征及其服装表现。

机织物(woven fabric)是由相互垂直的两组纱线在织机上交织而形成的。沿着织物布边排列的纱线称为经纱(end),垂直于布边排列的纱线称为纬纱(pick)。织物上经纱方向称作直丝缕,纬纱方向称作横丝缕,与布边呈45°夹角的方向称为正斜丝缕。由于在织造过程中经纱与纬纱承受不同的力,因而一般织物的三个方向具有不同的性质。实验表明,一般织物经向的拉伸变形量最小,正斜向的拉伸变形量最大;织物正斜向的悬垂性最好。

第一节 织机及织物概述

织机是指用于织造织物的机器。两片综织机简图如图4-1所示。

一、织造工艺

1. **经轴**(Warp beam)
装在织机的后部,用于卷装经纱。织物中的所有经纱平行排列,一层一层地卷绕在经轴上。

2. 经纱（End）

从经轴上引出，穿过综眼，穿过钢筘，在织机前部与纬纱交织，形成织物。按照织物的设计要求，经纱可以是单色的，也可以是不同色的，最终织成条格织物。

3. 综（Harness）

用于提升或下降各组经纱。每一片综片上有很多根综丝，每一根综丝上有一个综眼，一根经纱穿过一个综眼。

4. 钢筘（Reed）

用于控制织物的密度，决定织物的幅宽，同时用于织造时的打纬。根据织造工艺要求，每一个筘齿间穿入的经纱根数可以是 2 根，可以是 3 根，也可以是 4 根。

5. 梭子（Shuttle）

用于装纬纱（Filling），并且引导纬纱穿过梭口，与经纱交织形成织物。

6. 卷布辊

用于卷绕织好的织物。

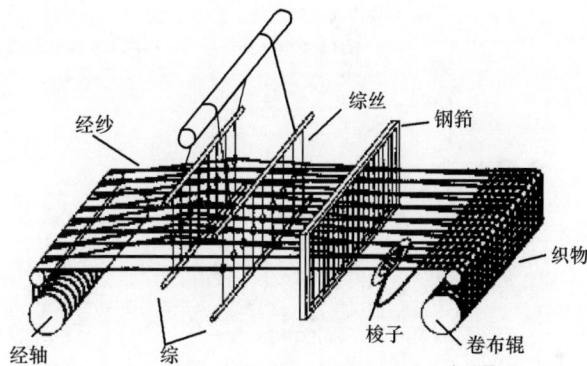

图 4-1　两片综织机简图

二、织机类型

织机类型如图 4-2 所示。

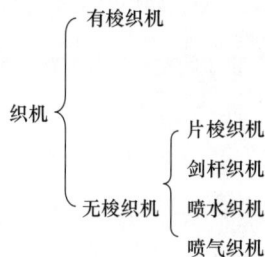

图 4-2　织机类型

有梭织机是一种传统织机，机器的运转速度较慢，织造产量低。目前主要用于织造特殊产品。

无梭织机和有梭织机相比，其优势主要体现在：

（1）机器的运转速度快，织造产量高；

（2）可以织造超宽幅织物，如独幅床罩；

（3）可以提高生产效率。

三、机织物

（一）机织物的分类

1. 按原料分类（图 4-3）

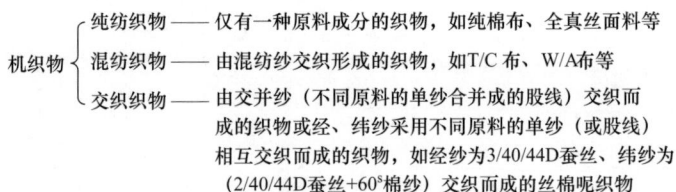

机织物
- 纯纺织物 —— 仅有一种原料成分的织物，如纯棉布、全真丝面料等
- 混纺织物 —— 由混纺纱交织形成的织物，如T/C布、W/A布等
- 交织织物 —— 由交并纱（不同原料的单纱合并成的股线）交织而成的织物或经、纬纱采用不同原料的单纱（或股线）相互交织而成的织物，如经纱为3/40/44D蚕丝、纬纱为（2/40/44D蚕丝+60^{s}棉纱）交织而成的丝棉呢织物

图 4-3　机织物按原料分类

2. 按纤维长度和细度分类（图 4-4）

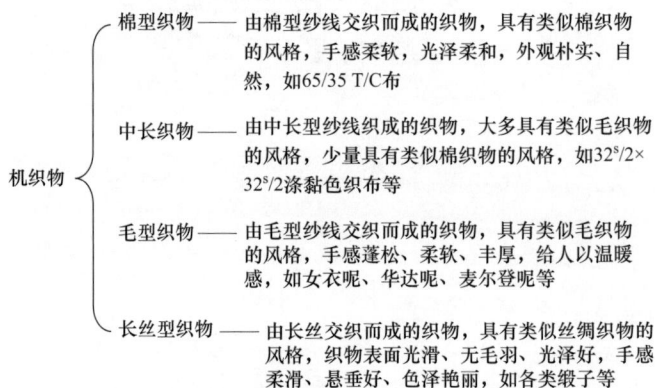

机织物
- 棉型织物 —— 由棉型纱线交织而成的织物，具有类似棉织物的风格，手感柔软，光泽柔和，外观朴实、自然，如65/35 T/C布
- 中长织物 —— 由中长型纱线织成的织物，大多具有类似毛织物的风格，少量具有类似棉织物的风格，如32^s/2×32^s/2涤黏色织布等
- 毛型织物 —— 由毛型纱线交织而成的织物，具有类似毛织物的风格，手感蓬松、柔软、丰厚，给人以温暖感，如女衣呢、华达呢、麦尔登呢等
- 长丝型织物 —— 由长丝交织而成的织物，具有类似丝绸织物的风格，织物表面光滑、无毛羽、光泽好，手感柔滑、悬垂好、色泽艳丽，如各类缎子等

图 4-4　机织物按纤维长度和细度分类

其中，棉型纱线指用原棉或用长度、细度类似于棉纤维的短纤维在棉纺设备上加工而成的纱线。毛型纱线指用羊毛或用长度、细度类似于羊毛的短纤维在毛纺设备上加工而成的纱线。中长型纱线指用长度、细度介于毛、棉之间，一般为长 51～65mm、细 2.78～3.33dtex 的纤维在棉纺设备或中长纤维专用设备上加工而成的纱线。

3. 按纺纱工艺分类（图4-5）

机织物
（短纤维织物）
精梳（纺）织物——由精梳（纺）纱交织而成的织物

粗梳（纺）织物——由粗梳（纺）纱交织而成的织物

图4-5 机织物按纺纱工艺分类

4. 按经纬用纱分类（图4-6）

机织物
（短纤维织物）
纱织物——由单纱交织而成的织物，如50^s×50^{s}纯棉色织府绸

线织物——由股线交织而成的织物，如21^s/2×21^s/2毛涤腈色布

半线织物——以股线作经纱、以单纱作纬纱交织而成的织物，如42^s/2×21^{s}半线卡其布

图4-6 机织物按经纬用纱分类

5. 按印染加工方法分类（图4-7、图4-8）

机织物
坯布——不经任何染整加工的布

漂白布——坯布经漂白加工后而得到的布

色布——坯布经染色加工后而得到的布

印花布——坯布经印花加工后而得到的布

色织布——由色纱交织而成的布

图4-7 机织物按印染加工方法分类

坯布与漂白布

色布

印花布

色织布

图4-8 按印染加工方法分类的机织物

（二）布边（selvage）

布边分布在织物的两边。布边的主要功能是保护织物的边缘以承受织造过程中的压力和染整过程中的应力而不受破损。

布边一般宽0.5~1.5cm，其结构比织物本身更紧密。布边的形式多样，如图4-9所示。

由于布边的特殊结构，经染整后织物易产生紧边问题。这就导致在服装生产的铺料裁

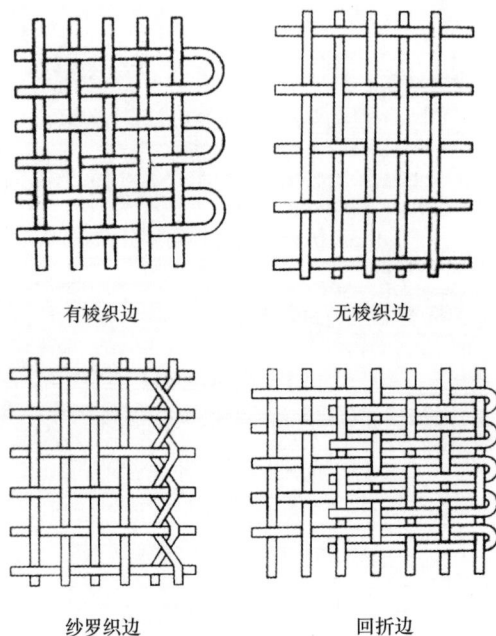

| 有梭织边 | 无梭织边 |

| 纱罗织边 | 回折边 |

图4-9　各种布边

剪时布料不平坦。

解决紧边问题可采用下面的方法：一是在织物整理过程中剪去布边；二是在服装面料的铺料过程中，每隔一定的距离在织物的布边处剪一个剪口。

（三）区分经向和纬向

服装衣片采用不同的丝缕会造成不同的风格效应，因此在服装设计与生产中必须正确区分织物的经纬向，方法如下：

（1）布边：经纱总是平行于布边。

（2）纱线细度：通常经纱比纬纱更细；如果是长丝纱与短纤纱交织，那么通常长丝纱作经纱，短纤纱作纬纱。

（3）捻度：通常短纤经纱比短纤纬纱具有更高的捻度。

（4）织物密度：通常织物经密大于纬密。

（5）拉伸性：通常织物在纬向有更多的伸长。

（6）条纹：条纹通常沿着经纱方向排列，但这并不是绝对的。

（四）区分织物的正反面

织物的正反面具有不同的质地和纹理，有些织物正反面还会有不同的光泽。正确区分织物的正反面，有利于提高服装的品质。方法如下：

（1）织物的织纹：平纹织物无正反面之分；斜纹织物可分为纱织物和线织物两种，纱织物的正面呈现左斜纹，线织物的正面呈现右斜纹；缎纹织物的正面光泽肥亮，表面由浮长线遮盖。

（2）织物的花纹、色泽：各种织物的花纹、图案正面清晰、洁净，图案线条明显，层次分明，色泽鲜艳。

（3）织物提花花纹：提花织物的正面花纹突出，线条轮廓清晰，美观有光泽。

（4）织物布边：一般织物的布边正面比反面平整清晰；有些织物的布边上织有文字，正面的文字正写并清晰光洁。

（5）出厂印章：有些整匹织物的两端布角 5cm 之内加盖圆形出厂印章，一般印章盖在织物正面。

（6）毛绒织物：有些织物如灯芯绒，其正面有毛绒，反面光洁。

需注意的是，对于同一件衣服，各衣片应使用面料的同一面。有时初看织物的两面非常相像，但它们在光泽和色泽上还是存在着细微的差异。当衣服做好并穿上身后，这种差异会变得明显。

第二节 织物组织

一、织物组织概述

经纱和纬纱相互交错或彼此浮沉的规律称为织物组织。图 4-10 为织物结构图，图 4-11 为织物组织图。在组织图中，每一列代表一根经纱，每一行代表一根纬纱；每一个方格代表一个组织点，它是经纱和纬纱相交的点。其中空格表示纬纱浮在经纱之上，称之为纬组织点；有符号的格子表示经纱浮在纬纱之上，称之为经组织点。当经组织点和纬组织点的浮沉规律达到循环时，称为一个组织循环（或完全组织）。织物组织中相应组织点的位置关系用组织点飞数 S 来表示，其中沿经纱方向计算相邻两根经纱上相应两个组织点间相距的组织点数是经向飞数 S_j，沿纬纱方向计算相邻两根纬纱上相应两个组织点间相距的组织点数是纬向飞数 S_w。

图 4-10　织物结构图　　　　　　　　图 4-11　织物组织图

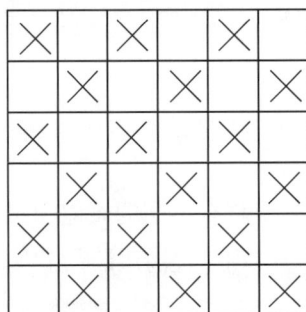

二、织物的三原组织

织物的三原组织包括平纹、斜纹和缎纹三种组织，它们是各种织物组织的基础。

织物的组织类型取决于织物的外观和性能要求，表 4-1 列出了三原组织的性能比较。在选择织物组织之前，必须综合考虑以下因素：光泽、强度、花型、色彩效果以及最重要的因素——成本。

表 4-1　三原组织的性能比较

组织	光泽	抗勾丝性	表面效果	撕裂强度	抗皱性
平纹	差	良好	平整、一般	低	差
斜纹	一般	好	斜向纹路	中等	一般
缎纹	良好（长丝织物更好）	浮线过长时差	光滑	高	好

1. 平纹组织及其织物

平纹组织是最简单的一种组织。它的组织参数是：

组织循环经纱数 R_j = 组织循环纬纱数 R_w = 2

经向飞数 S_j = 纬向飞数 S_w = ±1

平纹组织可用分式 $\dfrac{1}{1}$ 来表示，读作"一上一下平纹组织"，其中分子表示经组织点，分母表示纬组织点（图 4-12）。

平纹织物坚牢耐用，不易纰裂，裁剪不易散边，易缝纫且缝纫强度高（图 4-13）。

平纹织物包括棉织物中的细布、平布、府绸、帆布；毛织物中的凡立丁、法兰绒；丝织物中的双绉、塔夫绸、乔其纱；化纤织物中的人造棉、的确良；麻织物中的夏布、

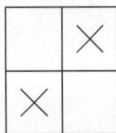

图 4-12　平纹组织

麻布。

府绸与平布的区别，主要在于纱的线密度和织物经纬密度不同。平布的经纬密度相近；府绸用纱线密度低，经密远大于纬密，这就造成府绸的外观显示出横向的条纹。

泡泡纱采用的也是平纹组织，它是在织造时采用特殊的工艺而形成的特殊外观。

乔其纱是采用不同的强捻经、纬纱按 2Z、2S 捻向相间排列织成平纹织物，经过练漂染整加工后，织物表面就形成了细密的皱纹，具有特殊的表面风格。

图 4-13 平纹织物

2. 斜纹组织及其织物

斜纹组织的特点在于在组织图上由经组织点或纬组织点构成的斜线，斜纹组织的织物表面上有经（或纬）浮长线构成的斜向织纹。其组织参数为：

组织循环经纱数 R_j= 组织循环纬纱数 $R_w \geqslant 3$

经向飞数 S_j= 纬向飞数 $S_w = \pm 1$

斜纹组织也可以用分式来表示，用箭头符号表示斜向纹路。如 $\frac{1}{3}\nearrow$，读作"一上三下右斜纹"，分子代表经组织点数，分母代表纬组织点数；$\frac{1}{2}\nwarrow$，读作"一上二下左斜纹"。图 4-14 为斜纹组织的组织图。

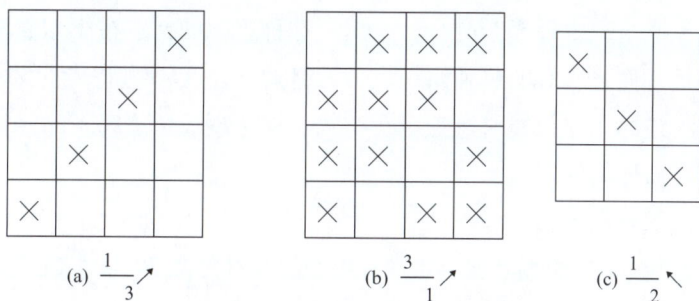

(a) $\frac{1}{3}\nearrow$ (b) $\frac{3}{1}\nearrow$ (c) $\frac{1}{2}\nwarrow$

图 4-14 斜纹组织的组织图

以图 4-14（a）为例，斜纹组织的作图方法及步骤如下：

（1）计算组织循环经纱数 R_j 和组织循环纬纱数 R_w，

$R_j = R_w$= 分式中的分子 + 分母 =4。

（2）画出 4×4 方格图。

（3）确定组织点飞数。因为本例是右斜纹组织，所以

经向飞数 S_j= 纬向飞数 S_w=1，这样作图的方向可以是经向或者纬向，本例取 S_j=1。

（4）第一根经纱以第一根纬纱处为起始点，按照分式所示规律（即一上三下）填涂；根据 $S_j=1$ 确定第二根经纱的起始点位置，再按照分式规律填涂；其余以此类推，直至完成组织循环。

斜纹织物手感比较柔软，光泽较好。在其他条件相同的情况下，其强度和刚度比平纹织物差（图4-15）。

图4-15　斜纹织物

棉织物中的斜纹布为 $\dfrac{2}{1}\nwarrow$，纱卡其 $\dfrac{3}{1}\nwarrow$，用于制作夹克衫、休闲裤；精纺毛织物中，单面华达呢为 $\dfrac{3}{1}\nearrow$ 或 $\dfrac{1}{2}\nearrow$，用于制作男女正式服装，如西服等；丝织物中，袖里绸为 $\dfrac{3}{1}\nearrow$，用作服装袖子里布。

3. **缎纹组织及其织物**

缎纹组织是三原组织中最复杂的一种组织。这种组织的特点在于相邻两根经纱上的单独组织点相距较远，而且所有的单独组织点分布有规律。在织物上，缎纹组织的单独组织点由其两侧的经（或纬）浮长线所遮盖。在织物表面呈现经（或纬）的浮长线，布面平滑匀整、富有光泽、质地柔软。

缎纹组织的组织参数为：

组织循环纱线数 R= 组织循环经纱数 R_j= 组织循环纬纱数 $R_w \geq 5$（6除外）；

$1 < S < R-1$，$S=C$；

S 与 R 互为质数。

缎纹组织也可以用分式来表示，分子表示组织循环纱线数 R，分母表示飞数 S_j（或 S_w），S_j 多数用于经面缎纹，S_w 多数用于纬面缎纹。图4-16（a）中，$R=5$，$S_j=3$，用 $\dfrac{5}{3}$ 表示，称为五枚三飞经面缎纹；图4-16（b）中，$R=5$，$S_w=2$，用 $\dfrac{5}{2}$ 表示，称为五枚二飞纬面缎纹。

以图4-16（b）为例，缎纹组织的作图方法和步骤如下：

（1）组织循环经纱数 R_j= 组织循环纬纱数 R_w= 分式中的分子 =5。

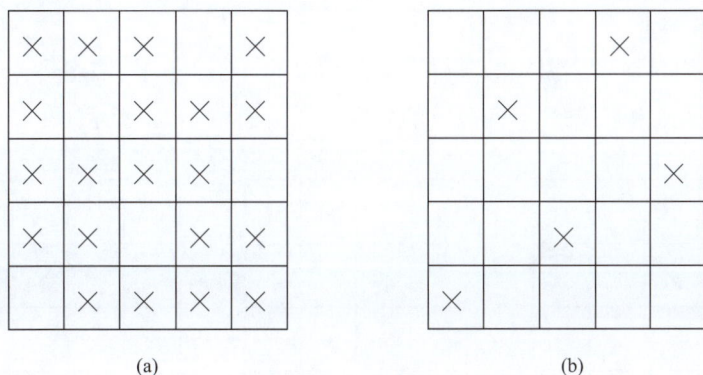

(a)
(b)

图 4-16 缎纹组织

（2）因为是纬面缎纹组织，所以组织点飞数 S_w = 分式中的分母 =2。

（3）第一根纬纱以第一根经纱处为起始点，按照一上四下规律填涂；根据 S_w =2 确定第二根纬纱的起始点位置，再按照一上四下规律填涂；其余以此类推，直至完成组织循环。

缎纹织物结构较松，比平纹、斜纹织物更为柔软、平滑、光亮、细腻，但强度差，易起毛，易折皱且不易去除，不耐水洗（图 4-17）。

图 4-17 缎纹织物及其应用

棉织物中的横贡缎，用于制作床上用品；毛织物中的直贡呢、横贡呢、驼丝锦，用于制作西服；丝织物中的各种缎纹织物，用于制作礼服、旗袍、中式服装、表演服等。

三、织物的其他组织

织物的其他组织是在三原组织的基础上变化而来的，组织形式多样，构成了面料丰富的结构形式和多样的表面图案。

1. 平纹变化组织

平纹变化组织是在平纹组织的基础上变化而来的。有经重平、纬重平和方平组织三种，赋予织物横凸条纹、纵凸条纹、凹凸点的外观效果，如图 4-18 所示。

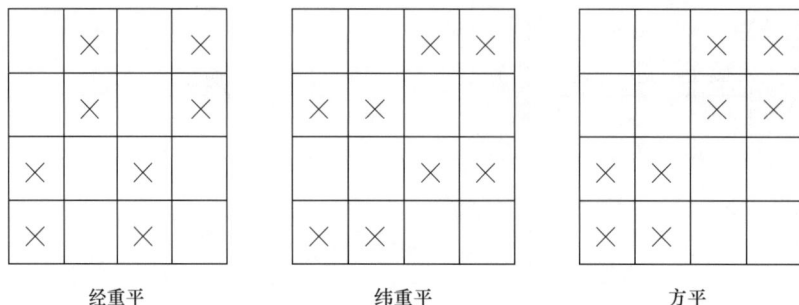

经重平   纬重平   方平

图 4-18 平纹变化组织

2. 斜纹变化组织

斜纹变化组织是在斜纹组织的基础上变化而来的（图 4-19）。

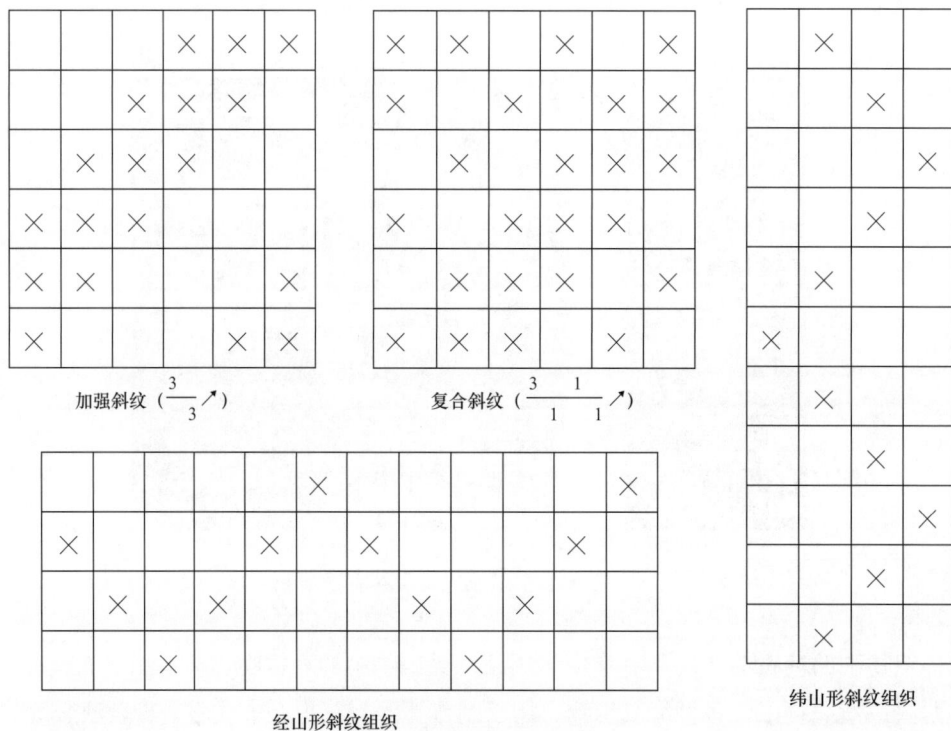

加强斜纹（$\frac{3}{3}$↗）   复合斜纹（$\frac{3}{1}\frac{1}{1}$↗）

经山形斜纹组织   纬山形斜纹组织

图 4-19 斜纹变化组织

3. 缎纹变化组织

缎纹变化组织是在缎纹组织的基础上变化而来的（图 4-20）。

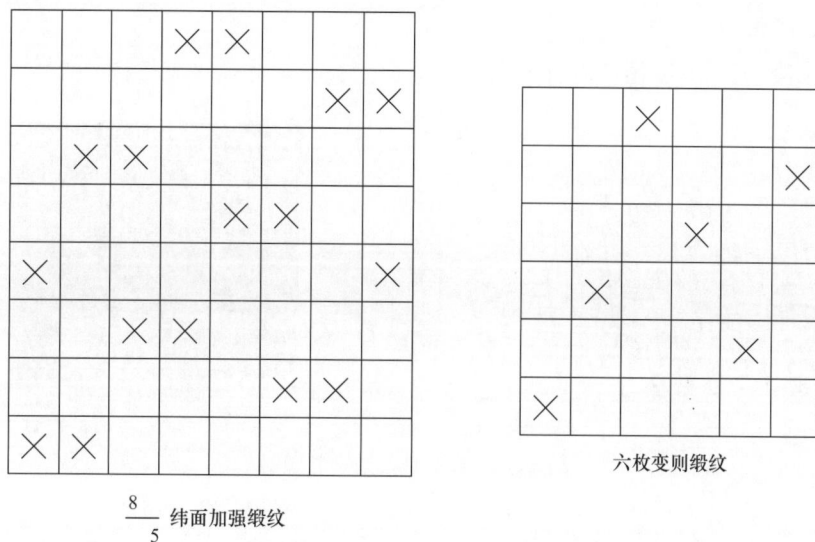

$\dfrac{8}{5}$ 纬面加强缎纹

六枚变则缎纹

图 4-20　缎纹变化组织

4. 绉组织

绉组织的织物表面可呈现绉效应（图 4-21）。

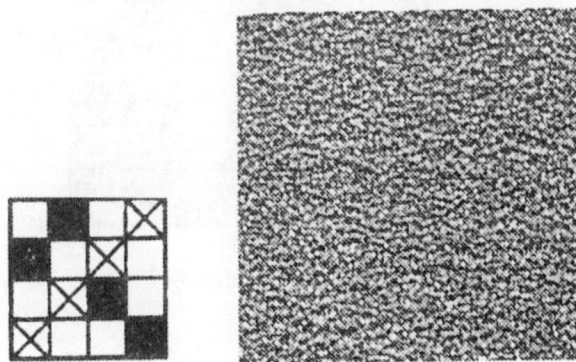

图 4-21　绉组织及其织物

5. 透孔组织

透孔组织的织物表面均匀分布着孔洞（图 4-22）。

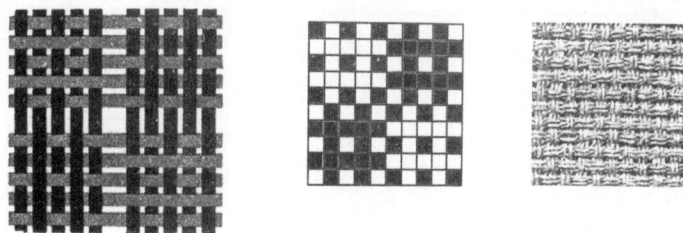

图 4-22　透孔组织及其织物

6. 灯芯绒组织

灯芯绒组织织成的织物正面有耸立的绒毛覆盖，反面光洁平整（图4-23）。

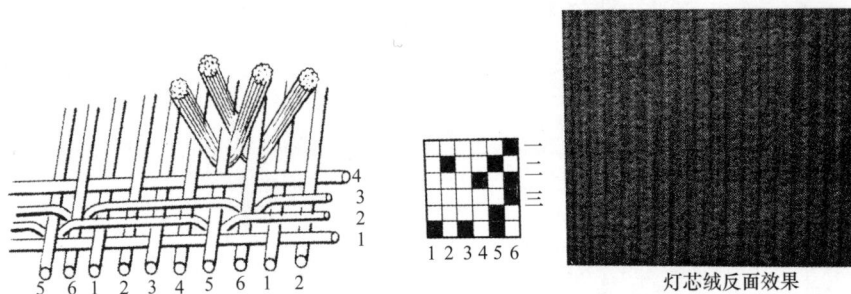

灯芯绒反面效果

图4-23　灯芯绒组织及其织物

7. 罗组织

罗组织织物横向均匀排列着一行行纱孔（图4-24）。

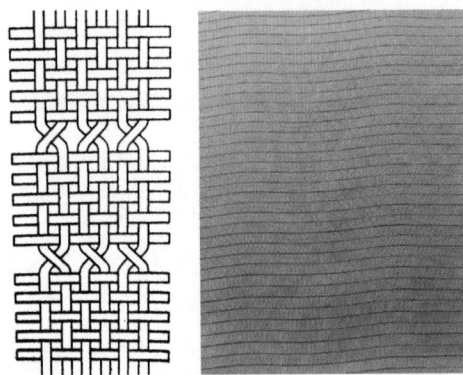

图4-24　罗组织及其织物

第三节　织物的规格指标及疵点

一、织物的规格指标

1. 幅宽

幅宽就是织物的宽度。幅宽的单位因销售对象的不同而不同，内销织物常用cm（厘米）单位，外销织物则常用in（英寸）单位。幅宽设计是根据织物的用途、生产设备条件、生产效益、合理用料、产品管理等因素而定，并有一定的规范性。如有梭织机生产的织物幅宽一般不超过150cm，无梭织机生产的织物幅宽可达300cm以上。从服装裁剪排料的角度，要求织物以宽幅为佳。所以，幅宽在91.5cm以下的织物逐渐被淘汰。

机织物的幅宽范围如图4-25、图4-26所示：

$$\text{幅宽} \begin{cases} \text{带织物} & 35\text{cm以下} \\ \text{小幅织物} & 40\text{cm以下} \\ \text{窄幅织物} & 90\text{cm以下} \\ \text{宽幅织物} & 90\sim145\text{cm} \\ \text{双幅织物} & 150\text{cm左右} \end{cases}$$

图 4-25 机织物幅宽分类

$$\text{各类织物幅宽} \begin{cases} \text{棉织物} & 80\text{cm、}90\text{cm、}120\text{cm、}106.5\text{cm、}122\text{cm、}135.5\text{cm、}127\sim168\text{cm} \\ \text{精纺毛织物} & 144\text{cm、}149\text{cm} \\ \text{粗纺毛织物} & 143\text{cm、}145\text{cm、}150\text{cm} \\ \text{长毛绒织物} & 124\text{cm} \\ \text{驼绒织物} & 137\text{cm} \\ \text{丝织物} & 70\text{cm、}90\text{cm、}114\text{cm、}140\text{cm} \\ \text{麻织物} & 80\text{cm、}90\text{cm、}98\text{cm、}107\text{cm、}120\text{cm、}140\text{cm} \end{cases}$$

图 4-26 各类织物幅宽

面料在加工过程中，会受到外力的作用，致使面料的幅宽产生小幅波动，对于不同批次的面料，这个现象将更加普遍。这就给服装的铺料、排料带来了难度。所以服装厂在铺料时，总是保证各层面料的一边严格对齐，排料时从面料的对齐边向非对齐边排，在面料的另一边让出一段，以保证各裁片的质量和完整（图 4-27）。

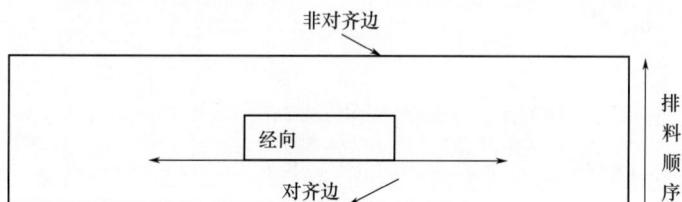

图 4-27 服装铺料、排料方式

2. 匹长

匹长就是一匹织物的长度，内销织物的匹长单位常用 m（米），外销织物的匹长单位常用 yd（码）。匹长主要根据织物的种类和用途而定，同时还需考虑各织物单位长度的重量、厚度、卷装容量、搬运以及印染后整理和制衣排料、裁剪等因素。各类织物的匹长如图 4-28 所示：

一般每匹织物的头、尾两端是不能用于排料的，因此在铺料时不要求由织物头、尾端的一边布料对齐，而是要求织物长度方向的另一端对齐。排料时从对齐边向非对齐边排。

3. 重量

一般织物的重量通常以 g/m^2（面密度）来表示，而真丝绸的重量单位则常用 m/m（姆米）

$$
匹长
\begin{cases}
真丝、化纤织物 & 20\sim50m \\
棉织物 & 30\sim60m \\
精纺毛织物 & 50\sim70m \\
粗纺毛织物 & 30\sim50m \\
麻类夏布 & 16\sim35m \\
长毛绒和驼绒织物 & 25\sim35m
\end{cases}
$$

图 4-28　各类织物匹长

（1m/m=4.3056g/m²）表示，牛仔布的重量单位常用 oz./yd²（盎司/平方码），精纺毛织物的重量单位常用 g/m（克/米）。织物各品种都有其规定的具体重量，它既可体现织物密度是否正常，也可反映出所用纱线中纤维混纺比有否出入。另外，织物的重量对服装的造型也会产生较大的影响。常用衣料的重量范围如图 4-29 所示：

$$
重量
\begin{cases}
桑蚕丝织物 & 3\sim60m/m \\
柞蚕丝织物 & 12.5\sim85.5m/m \\
棉织物 & 48\sim410g/m^2 \\
麻织物 & 65.5\sim305g/m^2 \\
精纺毛织物 & 100\sim380g/m^2 \\
粗纺毛织物 & 180\sim840g/m^2
\end{cases}
$$

图 4-29　各类织物的重量

1yd=0.914m；1oz.=28.35g

4. 厚度

厚度是指在一定压力下织物正反面之间的垂直距离，单位为 cm 或 mm。由于织物较薄，通常以重量来间接反映厚度。常见机织物的厚（重）类别见表 4-2。

表 4-2　机织物厚（重）类别

织物类别	棉型织物	精纺毛型织物	粗纺毛型织物	丝织物
轻薄型	0.25mm 以下	0.40mm（195g/m²）以下	1.10mm 以下	10m/m 以下
中厚型	0.24～0.40mm	0.40mm～0.60mm（195～315g/m²）	1.10～1.60mm	10～20m/m
厚重型	0.40mm 以上	0.60mm（315g/m²）以上	1.60mm 以上	20m/m 以上

5. 织物的密度

机织物的密度指经向密度和纬向密度。机织物的经向密度（简称"经密"）是指沿织物纬向单位长度内经纱排列的根数；纬向密度（简称"纬密"）是指沿织物经向单位长度内纬纱排列的根数。内销产品中，丝织物的密度单位用根 /cm 表示，其他织物常用根 /10cm 表示；外销产品常用根 /in 来表示。一般情况下，织物的经密大于纬密，这既是提高织造生产效率的需要，也是服装成型的需要。在织物的规格表示中，经密和纬密之间用符号"×"连接，如 80×74（读作 80 乘以 74）表示织物经密为 80 根 /in，纬密为 74根 /in；547×283 表示织物经密为 547 根 /cm，纬密为 283 根 /cm。织物的密度表示织物中纱线排列的疏密程度。

织物中经纱和纬纱的细度可以相同，也可以不同。在织物的规格表示中，经纱细度和纬纱细度之间用符号"×"连接，如 $21^s \times 21^s$ 表示织物中经纱细度为 21 英支，纬纱细度为 21 英支。

在实际应用中，织物的规格指标为如下表示方式：经纱细度 × 纬纱细度 / 经密 × 纬密 / 织物幅宽 / 重量。有时省略重量指标。例如 $7^s \times 7^s$/72 × 46/60″ /14.5oz./yd² 纯棉牛仔布，表示这匹纯棉牛仔布的经纱和纬纱的细度分别为 7 英支，经密为 72 根 /in，纬密为 46 根 /in，织物幅宽为 60in，重量为 14.5oz./yd²。

二、织物的疵点

织物的疵点是指织物上存在的各种表面缺陷。它们可能是原料质量不良所造成的，也可能是纺纱、织造或染整加工中控制不当所产生的，还可能是包装、运输、储存保管不善所引起的。外观疵点是决定产品外观质量的主要因素，也是评定产品品级的重要指标。

织物的外观疵点，按出现状态分为局部性和散布性疵点两类。局部性疵点是指出现在织物局部面积上的疵点，在服装裁剪时只需调换单个裁片即可避开它；散布性疵点是产生在织物很大一块面积内或散布于织物全匹中的疵点，这类面料一般不能用于服装裁剪。织物上常见的疵点有：

（1）断经、断纬：织物中缺少一根或数根经纱或纬纱的织疵（图 4-30、图 4-31）。

图 4-30　断经

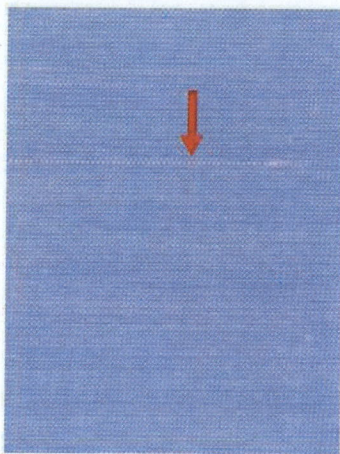

图 4-31　断纬

（2）穿错及花纹错乱：在织物纵向上有稀密的一条。这种疵点是由于穿错综筘所造成。

（3）筘痕（筘路）：布面上出现经向的直线条缝。经纱在筘内的排列不均匀、筘齿的松动或弯曲都会导致筘痕的产生（图4-32）。

（4）错经或错纬：织物中因用错了纱线所造成的织疵。图4-33为使用了两种有色差的纬纱。

（5）粗节：纱线突然变粗所形成的织疵（图4-34）。

图 4-32　筘痕

图 4-33　错纬

（6）跳花：又称浮经（浮纬），是几根经纱或纬纱脱离组织，并列地跳过多根纬纱或经纱而浮于织物表面的织疵（图4-35、图4-36）。

正面

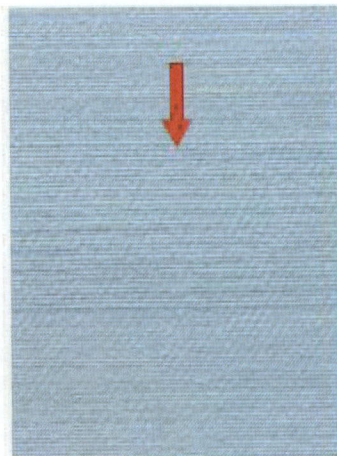

背面

图 4-34　粗节

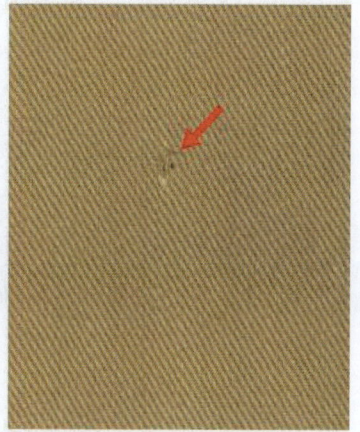

图 4-35　浮经　　　　　　　　　图 4-36　浮纬　　　　　　　　图 4-37　经纱疵点

（7）稀密路：织物上显露出纬纱过稀或过密的横条。

（8）纬缩：纬纱扭结织入布内或起圈现于布面。

（9）经纱疵点：经纱表面的结点织入面料，在布面形成的疵点（图 4-37）。

（10）松经和吊经：制造时，当经纱的张力偏小时织物上形成松经病疵，当经纱张力偏大时，则形成吊经病疵（图 4-38）。

（11）粗经和粗纬：整经、织造时混入了不同细度规格的经纱或纬纱，所造成的布面疵点（图 4-39）。

　　服装面料上的疵点一般通过验布工序来检验，操作工在疵点处做好标记，便于后道铺料裁剪时避开疵点，以保证服装裁片的质量。有时面料进厂后，直接拉到裁剪车间铺料、裁剪，再经过验片工序把存在疵点的裁片挑出。

图 4-38　松经和吊经

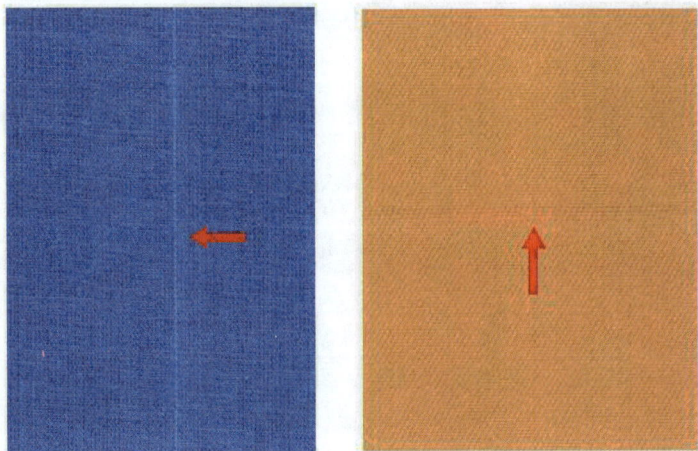

图 4-39 粗经和粗纬

第四节 常规机织物特征介绍及其服装表现

一、棉型织物

棉型织物的整体风格朴实无华，给人以自然、贴切、舒适之感。棉型织物吸湿透气，穿着舒适，染色性好，色泽鲜艳，色谱齐全，能抗虫蛀。不足之处是弹性较差，易霉变。典型的棉型织物有：

1. 府绸

其特点是布面洁净平整，质地细致，手感柔软润滑，穿着舒适。

它是一种细特、高密度的平纹或提花棉织物，是棉织物中的高档产品，具有良好的外观，有丝绸般的风格，故名府绸。府绸的最大特点是织物密度较高，经向密度高于纬向密度近一倍，因此，布面上分布着均匀的菱形状颗粒，粒纹饱满清晰。这也是府绸区别于平布、细纺等平纹织物所特有的颗粒效应，又称"府绸效应"（图 4-40）。也正因为这个原因，府绸面料使用长久后总是纬纱先断裂。

府绸品种较多，有纱府绸、半线府绸和全线府绸；普梳、半精梳和全精梳府绸；普通、条子和提花府绸；漂白、印花和色织府绸；防缩、防雨整理府绸等。

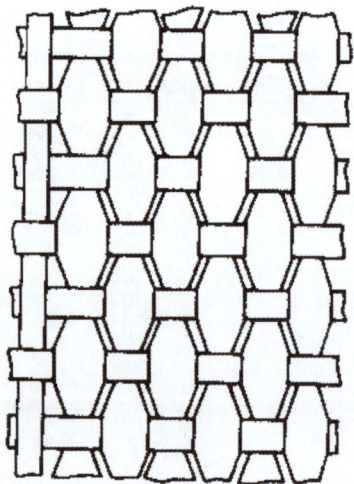

图 4-40 府绸的颗粒效应

用途：府绸穿着舒适，是理想的衬衫、内衣、睡衣、夏装和童装面料，也可用于手帕、床单、被罩等。经丝光、免烫、防缩整理的精梳府绸是高档衬衫面料，柔软、挺括而不易变形。经特殊整理的高密度府绸还用作羽绒服和风雨衣面料（图4-41）。

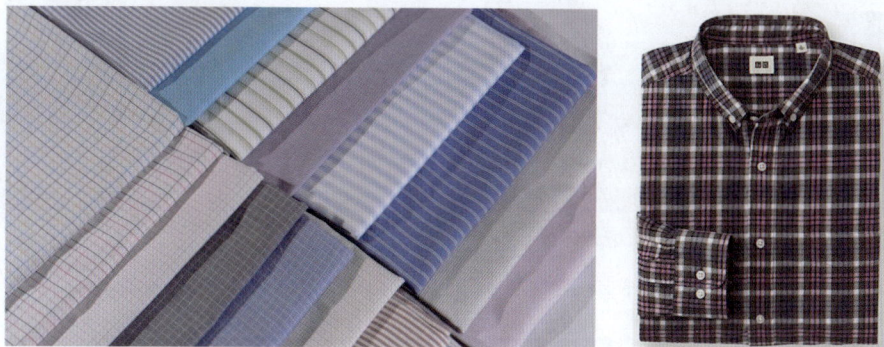

图4-41　府绸及衬衫

2. 卡其

卡其织物一般采用斜纹组织。通常纱卡采用三上一下左斜纹组织，经纬纱均使用单纱。线卡采用二上二下右斜纹组织，经纬纱均使用股线；半线卡采用三上一下右斜纹组织，经纱使用股线，纬纱使用单纱。

卡其织物还可分为单面卡其、双面卡其、人字卡其。单面卡其采用三上一下左斜纹组织，正面有左倾斜向纹路，反面没有。双面卡其采用二上二下加强斜纹组织，织物正反面都有斜向纹路，正面纹路向右倾斜，粗壮饱满；反面纹路向左倾斜，不及正面突出。人字卡其采用变化斜纹组织，斜纹线一半左倾，一半右倾，布面呈现"人"字外观。

卡其织物最大的特点是其表面有细密的斜向纹路，质地坚实饱满，布身紧密硬挺，坚牢耐穿，手感丰满厚实。纱卡其质地较柔软，不宜折裂；线卡其光滑硬挺，光泽较好，但其折边耐磨损能力差，因此制作的服装的袖口、领口、裤口等部位易磨损、折裂（图4-42～图4-45）。

图4-42　纱卡其

图4-43　半线卡其

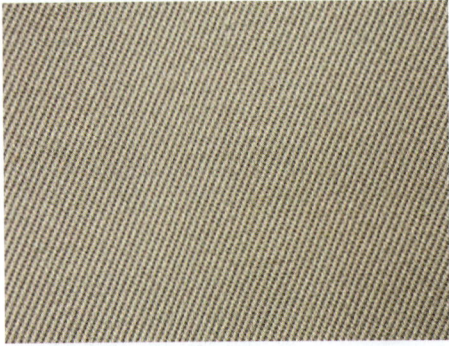

图 4-44　线卡其　　　　　　　　　图 4-45　卡其类服装

用途：男女休闲服，风衣，羽绒服面子等。

3. 牛仔布

又名劳动布或坚固呢，是一种质地紧密、坚牢耐穿的粗斜纹棉织物，织造时经纱用染色纱，纬纱用漂白纱，采用平纹、斜纹、破斜纹、复合斜纹或缎纹组织。布正面色泽深，反面色泽浅。

牛仔布纱号粗，密度高，手感厚实，织纹清晰，坚牢耐磨。经预缩、烧毛、退浆、水洗等整理，牛仔布缩水率减小，既柔软又挺括。牛仔布的后整理种类繁多，有石磨、水磨、磨毛、雪洗、生物酶石洗等，形成的织物风格迥异。

牛仔布一直是牛仔服的首选面料。随着时代的发展，牛仔布正向着多原料、多花色的方向发展。如弹力牛仔布，就是在牛仔布中加入了氨纶；黏胶牛仔布，就是以棉和黏胶纤维混纺纱织造的。由于在牛仔布的设计中加入了各种时尚元素，使得牛仔服的设计也由单一的传统款式演变为丰富多样的时装（图 4-46）。

图 4-46　牛仔服装

4. 灯芯绒

灯芯绒织物表面呈现耸立的绒毛，排列成条状或其他形状，外观圆润似灯芯草。布面绒条圆润，绒毛丰满整齐，手感厚实、柔软，质地坚牢耐磨；布身沿着经纬纱的两个方向有深浅不同的色泽。分为阔条灯芯绒——1英寸内有6条及以下绒条的灯芯绒；粗条灯芯绒——1英寸内有7～8条绒条的灯芯绒；中条灯芯绒——1英寸内有9～14条绒条的灯芯绒；细条灯芯绒——1英寸内有15～19条绒条的灯芯绒；特细条灯芯绒——1英寸内有20条及以上绒条的灯芯绒。

灯芯绒面料的标示：以"W"来表示1英寸内的绒条数。如某细条灯芯绒，每英寸有16条绒条，则用16W来表示该灯芯绒。

灯芯绒采用复杂组织中的起毛组织，以纬起毛组织居多。织制时，地纬和地经交织成底布，用于固结绒毛，绒纬和经纱交织成有规律的浮纬，经割绒、刷毛和染整，即成为耸立灯芯状的绒条。

用途：广泛应用于春秋冬三季的服装，既可做正装，也可做时装。

灯芯绒服装在裁剪时一定要注意倒顺毛，除非特别说明，所有长度方向的裁片一律按同一方向排料，以避免衣服各裁片之间产生不同的色泽（图4-47）。

图4-47 灯芯绒及其服装

5. 泡泡纱

泡泡纱是表面全部或部分呈现凹凸不平泡泡状的薄型棉织物。其原料为纯棉或涤棉的中号或细号纱，采用平纹组织。

泡泡纱外观独特，立体感强，且舒适不贴身，无需熨烫。为保持泡泡耐久不变形，洗涤时水温不宜太热，轻洗轻揉，洗后不能熨烫，切忌猛搓、拧绞。泡泡纱经多次洗涤后，泡泡会退去，服装尺寸也因此而变大（图4-48、图4-49）。

图 4-48　泡泡纱

图 4-49　泡泡纱服装

用途：夏季男装、女装、童装、睡衣裤等。

6. **绉布**

绉布是用普通捻度经纱与高捻度纬纱织成坯布，经染整处理后纬纱收缩，布面形成绉纹效应的棉织物，一般为平纹组织，有素色和印花品种。

绉布质地轻薄，手感挺爽，柔软而富有弹性，不粘身，吸湿透气（图 4-50）。

用途：夏季服装。

图 4-50　绉布

7. 人造棉

人造棉是黏胶短纤维织物，由于它吸湿透气，手感柔软，服用性能类似于棉织物，因此被冠之以"人造棉"。人造棉悬垂性能优良，是制作夏季裙装的理想面料。但该面料的强力较低，成形性较差，耐磨性较差，故只能作为中低档服装的面料（图4-51）。

图4-51　人造棉与短裙

8. 苎麻类织物

苎麻平布是用苎麻纱纺制而成的平纹布。其强力高，刚性大，富有光泽，品质优良，性能较好，挺爽透气，吸湿散湿快，穿着透凉爽滑，出汗不贴身，是夏季衣着的理想衣料。苎麻平布的缺点是弹性差，易起皱，耐磨性差（图4-52）。

苎麻类织物除了纯纺织物之外，还有苎麻与棉混纺织物、苎麻与涤纶混纺织物等。

用途：薄型苎麻类织物主要用于制作夏季服装，中厚型苎麻类织物可制作春秋外衣。

图4-52　苎麻织物与服装

9. 亚麻织物

亚麻织物是用亚麻纱纺制而成的。它具有苎麻布的特点，但比苎麻布松软，具有竹节风格，光泽柔和，以平纹组织为主。亚麻织物不易吸附灰尘，吸湿散热性良好，易洗涤，耐腐蚀（图4-53）。

用途：高档内衣、衬衫、春秋外衣。

图4-53　亚麻织物及服装

10．格布

规格有 $21^s \times 21^s/64 \times 54/58''$ 全棉色织布，平纹组织，厚度适中，风格中性（图4-54）。

用途：春末秋初男女衬衫。

11．绒布

全棉平纹色织物，$21^s \times 21^s/64 \times 54/58''$，织物表面磨毛整理，赋予服装温暖感，亲肤性好，手感柔软（图4-55）。

用途：春秋男女衬衫。

图4-54　格布

图4-55　绒布

二、毛型织物

（一）精纺毛织物

精纺毛织物是用精纺毛纱织成，织品表面光洁，织纹清晰，手感柔软，富有弹性，平整挺括，坚牢耐穿，不易变形，主要用于职业装、正规西服、时装等（图4-56）。

精纺毛织物品种多，各自具有独特的质地。

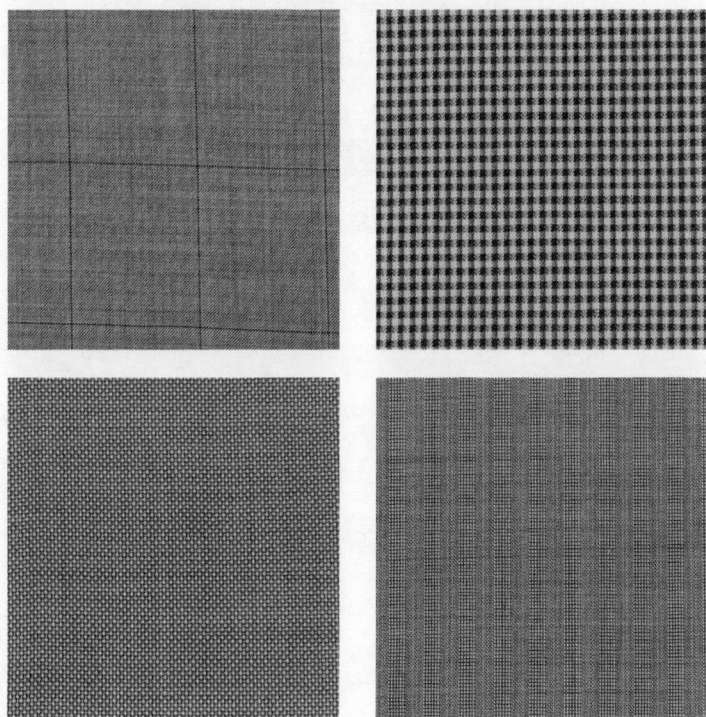

图 4-56　精纺毛织物

典型的精纺毛织物品种有：

1. 华达呢

华达呢又名新华呢、轧别丁，属中厚型斜纹织物，因经密远大于纬密，所以呢面呈63°斜纹纹路，纹路间距较窄，斜纹线陡而平直，手感滑糯而厚实，质地紧密且富有弹性，耐磨性能好，呢面光洁平整，光泽自然柔和，颜色纯正，无陈旧感（图4-57）。

华达呢可以是全毛织物，也可以是化纤织物，如锦/黏华达呢；可以是纯纺织物，也可以是混纺织物，如毛/涤、毛/黏、毛/涤/黏华达呢。华达呢的组织有三种，第一种是 $\frac{2}{2}$ ↗，配置的织物经密为 400～700 根/10cm，纬密为 200～300 根/10cm，为双面华达呢，织物质地较厚实，挺括感强，适用于男式礼服、西装等；第二种是 $\frac{2}{1}\nearrow$，织物正面斜纹纹路清晰，反面纹路模糊，织物质地滑糯柔软，悬垂性较好，是大众化的西装、套装面料，其流行色产品是上乘的女装面料；第三种是缎背斜纹组织，织物正面呈现右斜纹纹路，反面呈现缎纹效应，经浮线较长，密集地排列在一起，织物质地厚重，挺括保暖，但易起毛起球，故不适用于经常摩擦的服装，适合做上衣和夹大衣面料。

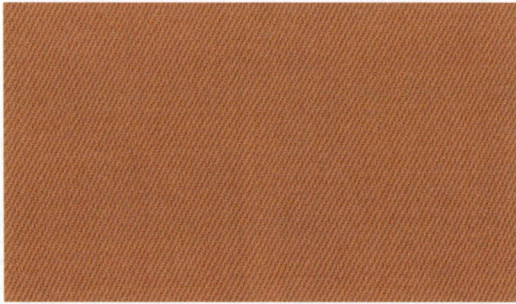

图 4-57 全毛华达呢

2. 哔叽

哔叽为素色的双面斜纹织物，采用 $\frac{2}{2}\nearrow$ 组织，织物的经、纬密度接近，经密为260 ~ 350 根 /10cm，纬密为240 ~ 280 根 /10cm。呢面斜纹角度约45°，纹路较宽，表面平坦，身骨适中，柔而不烂，手感软糯。同华达呢相比，哔叽斜纹线不如华达呢斜纹线粗壮凸出，身骨不如华达呢身骨紧密丰厚。

哔叽品种较多。按原料分：有纯毛哔叽，有毛与化学纤维混纺的毛型混纺哔叽，有纯化纤毛型哔叽。按呢面分：有光面和毛面（绒面）哔叽两种，光面哔叽纹路清晰，光洁平整；毛面哔叽经轻度缩绒，呢面有一层短绒毛，纹路隐掩可见，光泽柔和，无极光，丰糯感强（图 4-58）。

用途：春秋季男女各式服装、制服、军装等。

图 4-58 光面和毛面哔叽

由于华达呢与哔叽织物密度的差异，带来两者外观风格的差异，见表4-3。

表4-3　华达呢与哔叽外观风格比较

项目	华达呢	哔叽
纹路倾斜角	63°左右	45°左右
经纬密度比	0.51～0.57	0.80～0.90
斜纹纹道距离	较窄	较宽
贡子	突出，光洁	平坦

3. 凡立丁

凡立丁又称薄毛呢，是精纺呢绒中的轻薄型面料，属单纱平纹织物。采用的经纬密度较小，为200～280根/10cm，所用纱线细而捻度大。

织物轻薄挺爽、富有弹性、呢面光洁、织纹清晰，光泽自然柔和，多为素色。织物虽稀疏，但不软不烂。品种主要是全毛凡立丁，毛混纺和化纤仿毛产品在最近几年也较流行（图4-59）。

用途：凡立丁透气性良好，适宜制作夏季男女上衣、西裤、裙子等。

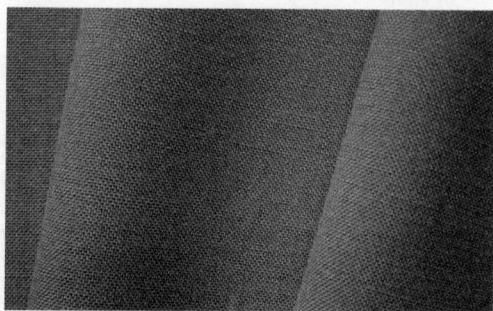

图4-59　凡立丁

4. 派力司

派力司是外观呈夹花细条纹的混色薄型面料，属线经纱纬的半线毛织物，呢面呈散布均匀的白点和纵横交错隐约可见的混色雨丝状细条纹，形成独特的混色夹花风格，这是派力司所独有的风格。其质地细洁、轻薄、爽而平挺，光泽柔和。品种有全毛派力司、毛涤派力司及纯化纤产品（图4-60）。

用途：夏季男女西服套装、两用衬衫、旗袍等。

5. 牙签呢

牙签呢正反两面呈现不同的条纹外观，且呢面条纹凹凸，富有立体感，另外还配用各种彩色嵌线或利用不同捻向纱线排列成隐条。呢面细洁，手感丰厚细腻，色泽以中深色为主。产品以全毛及毛混纺为主，全毛织物光泽柔和，弹性好；混纺产品防缩耐磨，成衣保型性好，挺括不易起皱（图4-61）。

用途：高级男女西服套装、长短大衣、风衣等。

图4-60　派力司

图4-61　牙签呢

6. 驼丝锦

驼丝锦属高档毛织物。采用缎纹变化组织，正面呈不连续的条状斜纹，斜线间凹处狭细，背面似平纹。呢面平整，织纹细致、光泽滋润、手感柔滑、质地紧密，弹性良好（图4-62）。

用途：男女西服套装、礼服等。

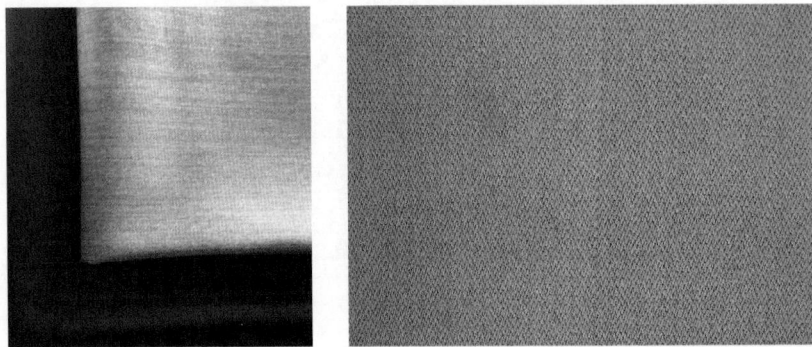

图4-62　驼丝锦

7. 女衣呢

又称女士呢、女色呢，是精纺呢绒中松软轻薄型的女装面料。其组织结构丰富，采用的组织有平纹组织、斜纹组织、绉组织、变化组织、联合组织及提花组织。所用原料范围广，有天然纤维毛、棉、麻、丝和化学纤维涤纶、黏胶纤维、腈纶、锦纶等。女衣呢的呢面风格或光洁平整，或呈绒面、透孔、凹凸，花型有平素、直条、横纹及传统格子。它是和流行元素结合最紧密的面料之一（图4-63）。

用途：各种女式服装。

8. 花呢

随着服装风格的休闲化、轻盈化、生活化，精纺呢绒面料的开发也紧跟潮流，发挥各种纤维的性能优势，采用各种比例的毛混纺纱，结合多种织物组织，设计出许多新品花呢，大大扩充了西服面料的领域。

图4-63 女衣呢

图4-64为花呢面料部分新品，其规格分别为：

（a）95/2×95/2，159g/m²，70/30 羊毛／绢丝混纺纱，$\frac{2}{2}$↗；

（b）95/2×55/1，260g/m²，70/30 羊毛／涤纶混纺纱，$\frac{2}{1}$↗；

（c）100/2×100/2，285g/m²，70/30 羊毛／涤纶混纺纱，五枚缎纹组织；

（d）70/2×60/1，290g/m²，99/1 羊毛／绢丝混纺纱，$\frac{2}{2}$↗；

（e）36/2×36/2，150g/m²，100% 羊毛纯纺纱，$\frac{2}{2}$方平组织；

（f）70/2×50/1，290g/m²，100% 羊毛纯纺纱，$\frac{2}{2}$人字斜纹组织；

（g）70/2×26/1，240g/m²，62/38 羊毛／亚麻混纺纱，$\frac{1}{1}$平纹组织；

（h）70/2×54/1，285g/m²，95/5 羊毛／涤纶混纺纱，$\frac{2}{2}$↗；

（i）98/2×98/2，260g/m²，95/5 羊毛／涤纶混纺纱，$\frac{1}{2}$↗；

（j）90/2×55/1，310g/m²，70/30 羊毛／涤纶混纺纱，五枚经面缎纹＋变化组织；

（k）60/2×60/2，285g/m²，98/2 羊毛／氨纶丝交并纱，$\frac{1}{1}$平纹组织，纬弹；

（l）90/2×60/1，145g/m²，50/50 羊毛／涤纶混纺纱，$\frac{2}{1}$↗＋变化组织；

（m）74/2×74/2，250g/m²，70/30 羊毛／绢丝混纺纱，$\frac{2}{2}$↗；

（n）72/2×50/1，146g/m²，89/5/5/1 羊毛／羊绒／绢丝／涤纶混纺纱，$\frac{2}{1}$↗。

（二）粗纺毛织物

粗纺毛织物采用粗纺毛纱织成，织品一般经过缩绒和起毛处理，故呢身柔软而厚实，质地紧密，呢面丰满，表面有绒毛覆盖，不露或半露底纹，保暖性好，适宜做秋冬装。

典型的粗纺毛织物品种有：

(a)

(b)

(c)

(d)

(e)

(f)

(g)

(h)

(i)

(j)

(k)

(l)

图 4-64

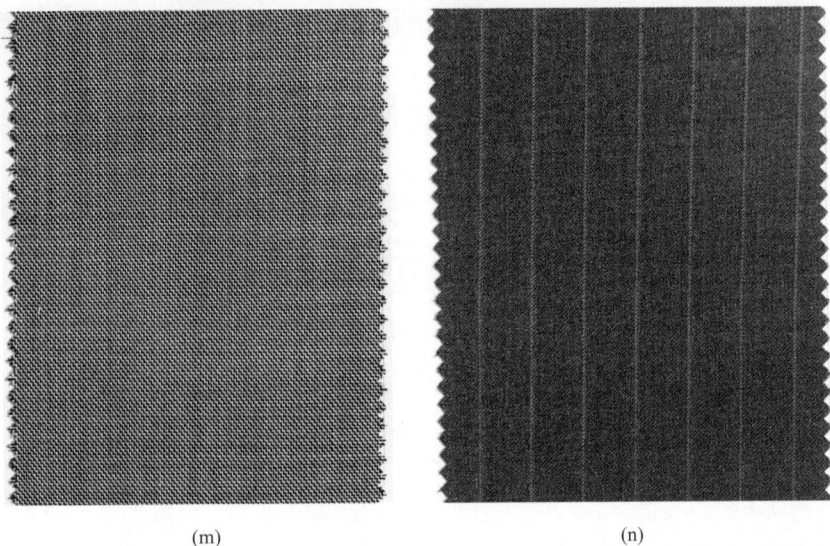

(m)   (n)

图 4-64　花呢

1. 麦尔登呢（Melton）

采用细支羊毛做原料，混以少量精梳短毛或 25% ~ 30% 的黏胶纤维，多以二上二下、二上一下斜纹组织织制。麦尔登呢经过重缩绒整理，质地紧密，身骨结实，手感丰满柔软。呢面有密集的绒毛覆盖，织品看不见底纹，细洁平整不起球，耐磨性能好；富有弹性，抗皱性好；成衣后平挺贴身，保暖性好，穿着舒适（图 4-65）。

用途：适宜制作冬季服装，如长短大衣、制服、军服、西裤等。

图 4-65　麦尔登呢

2. 法兰绒（Flannel）

法兰绒为粗纺呢绒类传统品种之一，是将一部分羊毛先染色后，掺进一定比例的原色羊毛，均匀混合后纺成混色毛纱织制而成，属中高档混色呢绒，夹花的呢面效果是它的独特风格。法兰绒织物采用平纹或斜纹组织，织物表面有绒毛覆盖，半露底纹，丰满细腻，混色均匀，手感柔软而富有弹性，身骨较松软，不及麦尔登呢紧密，保暖性好，穿着舒适（图 4-66）。

用途：春、秋、冬季各式男女服装。

3. 粗花呢（Tweed）

粗花呢用单色纱、混色纱、合股线、花式纱线等和各种花纹组织配合在一起，形成人字、条格、圈圈、点子、小花纹、提花等各种花型，花色新颖，配色协调，保暖性好，适用面广，穿着美观舒适。比起其他呢绒产品，粗花呢最适用于时装产品。

用途：时装、裙装、西装、童装等。

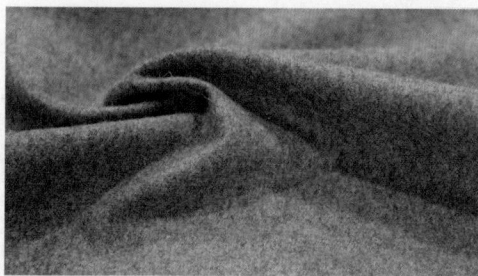

图 4-66　法兰绒

　　粗花呢的传统产品是钢花呢和海力司。钢花呢也称火姆司本，多采用平纹、斜纹组织，织物结构疏松，质地较好（图 4-67）。其表面除一般花纹外，还均匀分布着红、绿、黄、蓝等彩点，似钢花四溅。主要用于制作男女西装、时装，风格经典而独特。海力司所用羊毛品级较低，纱支较粗，结构疏松，采用二上二下斜纹或破斜纹织制，呈人字或格子花型，织物表面具有不上色的白色枪毛，这是海力司所独有的粗犷风格。是传统而时尚的男西装面料和女时装面料。

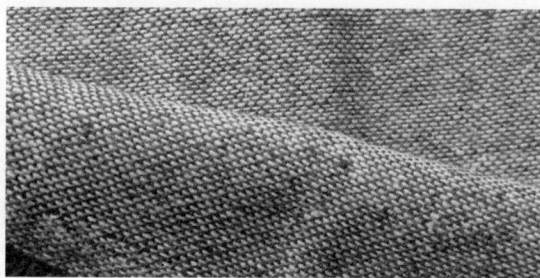

图 4-67　钢花呢

　　现代粗花呢设计结合流行趋势，用色大胆，风格或奔放或活泼，已成为年轻女性时装的热门面料（图 4-68）。

　　4. **大衣呢**（Overcoating）

　　大衣呢织物表面有各种类型的绒毛（如平厚、顺毛、立绒、拷花等），质地丰厚、紧密，防风寒。原料各异，有高、中、低三档。高级大衣呢常采用部分特种毛，如兔毛、羊绒、马海毛等，制成羊绒大衣呢、银枪大衣呢等。大衣呢组织常采用斜纹、纬二重、缎纹组织，其典型品种有平厚大衣呢、立绒大衣呢、顺毛大衣呢、拷花大衣呢和花式大衣呢。

　　（1）平厚大衣呢：采用加强斜纹组织或其他变化组织，经洗呢、缩绒、拉毛、剪毛等工艺整理而成，织物较紧密。呢面有致密的绒毛，平整匀净，不露底纹。手感丰厚而不板硬。

　　（2）立绒大衣呢：采用弹性较好的羊毛，以变化斜纹或五枚纬面缎纹组织织制，经洗呢、

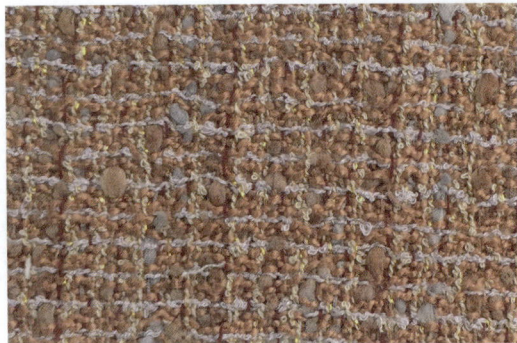

(a) 17×24/58″/350g/m², 47/33/20A/T/R

(b) 28×30/58″/300g/m², 52/45/3T/A/R　　　　　(c) 28×18/58″/410g/m², 97/3T/W

图 4-68　时装花呢

缩绒后反复拉毛、修剪，使织物表面的毛纤维逐步竖立、加密、剪平而成。织物绒面丰满、绒毛密而平齐，手感柔软，弹性好，耐磨，不易起球。

（3）顺毛大衣呢：采用斜纹和纬面缎纹组织，经洗呢、缩绒、拉毛、剪毛等工艺整理，再经拉毛工艺而成。表面绒毛较长，向同一方向倒伏、顺密、均匀、平整，手感轻柔顺滑，膘光足，颇具天然兽皮的风格，主要用于制作女大衣和女式时装（图4-69）。

（4）拷花大衣呢：采用纬二重组织或双层组织。经过反复整理。呢身丰厚保暖，有弹性，耐磨不起球，特别适合用于制作高寒地区和严冬时节的男女大衣（图4-70）。

图 4-69　顺毛大衣呢

图 4-70　拷花大衣呢

（5）花式大衣呢：是大衣呢中变化最多品种。采用平纹、斜纹、小花纹及其他组织。呢面分纹面和绒面两类。适合用于大衣、风衣等。

5. **制服呢**（Uniform cloth）

制服呢是一种较低级的粗纺毛织物，亦称粗制服呢。采用较低品级的羊毛，6 ~ 8公支的粗毛纱，二上二下斜纹或破斜纹组织。呢面可见不明显的底纹，色泽不够匀净，手感粗糙（图4-71）。

用途：秋冬制服、外套、夹克衫等。

6. **海军呢**（Navy cloth）

亦称细制服呢。原料等级及织物品质介于麦尔登呢和制服呢之间，采用10公支粗毛纱，二上二下斜纹组织。呢面基本上被绒毛覆盖，质地紧密，但身骨密实程度不如麦尔登呢，色泽匀净（图4-72）。

图 4-71　制服呢

图 4-72　海军呢大衣

用途：军服、制服、外衣等。

三、丝型织物

对于丝织物来说，它可以分为十四大类，每一类丝织物具有各自的特征，并且每一类丝织物又有多种典型品种。丝型织物为长丝织物。

1. 纱（Gauze）

全部或部分采用绞纱组织，在地纹花纹的局部或全部形成绞纱孔眼的丝织物。绞纱组织是当绞经每改变一次左右位置，仅织入一根纬纱，形成的纱孔为方形。纱类织物透气性好，纱孔清晰、稳定，透明度高，具有轻薄、爽滑、透凉、飘逸的特点。典型品种有涤纶纱、西浣纱、夏夜纱等（图4-73）。

用途：时装、礼服、夏装等。

2. 罗（Leno）

全部或部分采用罗组织的丝织物，外观具有直条或横条形纱孔。罗组织是当绞经每改变一次左右位置，织入三根或三根以上的奇数的纬纱。罗类织物既结构紧密，又有清晰的孔眼，挺括而凉爽透气。典型品种是杭罗（图4-74）。

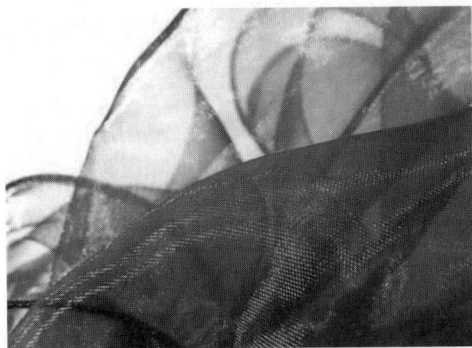

图4-73 绞纱丝织物

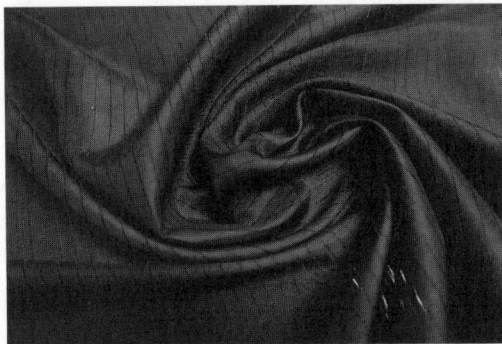

图4-74 杭罗

用途：夏装。

3. 纺（Habutai）

采用平纹组织，经、纬丝一般不加捻，表面平整的丝织物。具体品种有：

（1）洋纺：纯桑蚕丝纺类丝织物。经密较高，经纬线为1/20/22D或1/28/30D，织物重量有21g/m²（5m/m）和27g/m²（5m/m）。属轻薄类织物，质地细腻、平挺（图4-75）。

用途：饰品、衬里。

（2）电力纺：桑蚕丝生织纺类丝织物。经纬线为2/20/22D或4/20/22D，原料可以是真丝或人造丝，一般不加捻。品种有全真丝类、全人造丝类、交织类（图4-76）。

图 4-75　真丝洋纺

图 4-76　电力纺

用途；夏季衣料或里料。重磅电力纺经砂洗整理后较原来厚重，垂感增强，光亮度减弱，可制作夹克衫、风衣等。

（3）雪纺：是极其轻薄、透明、平挺、飘逸的平纹丝织物，经纬密度接近，原料有桑蚕丝、人造丝和合纤长丝（图 4-77）。

用途：礼服、披纱和丝巾。

4. 绉（Crepes）

采用平纹组织或绉组织,运用工艺手段(如经纬纱加强捻、调节织造张力大小等) 和组织

图 4-77　雪纺

结构的作用，使织物表面产生绉纹或者绉缩的效果并富有弹性的丝织物。具体品种有：

（1）双绉：生织绉类桑蚕丝织物。平纹组织，经线为 2 ~ 4/20/22D 蚕丝，纬线常用 2 ~ 5/20/22D 蚕丝，且 2S2Z 强捻丝交替排列。织物外观呈现细微的绉效应，并隐约带有横向条纹，手感柔软，悬垂性好，富有弹性，穿着舒适（图 4-78）。

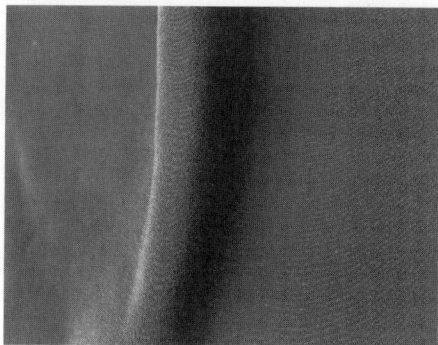

图 4-78　双绉及其短裙

图 4-79 乔其纱

用途：连衣裙、旗袍等。

用途：衬衫、裙子、裤子等。重磅砂洗双绉还是较好的套装、夹克衫和风衣面料。

（2）乔其纱：以平纹为主，经纬均采用 2S2Z 强捻丝交替排列，并配置稀松密度而构成的白织绉类丝织物。质地轻薄透明，有明显的绉效应，手感柔爽而富有弹性，有良好的悬垂性和透气性（图 4-79）。

用途：裙、衫、围巾等。

5. 绫（Twills）

以斜纹或斜纹变化组织为地组织，外观具有明显斜向纹路的丝织物。具体品种有：

（1）真丝斜纹绸：表面有明显的斜向纹路，质地柔糯、滑爽、轻盈，光泽较好（图 4-80）。

图 4-80 真丝斜纹绸

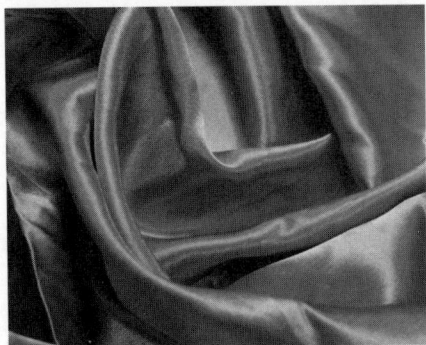

图 4-81 美丽绸

（2）美丽绸：纯黏胶丝织物，$\dfrac{3}{1}\nearrow$，绸面光亮平滑，斜纹纹路清晰，手感稍带硬性（图 4-81）。

用途：中高档服装的里子绸。

（3）羽纱：黏胶丝与棉纱交织的丝织物，$\dfrac{3}{1}$ 斜纹，较美丽绸稀松，绸面较光亮平滑，手感松软。

用途：中、低档服装里子绸。

6. 绢（Taffeta）

以平纹或平纹变化组织为地组织，平整挺括的色织或色织套染的丝织物。具体品种有塔夫绸、天香绢等。塔夫绸采用平纹组织，高紧度，质地平挺紧密，并有丝鸣的熟织丝织物（图4-82）。

用途：高档礼服、衬衫、外衣等。

7. 绡（Sheer silks）

采用平纹或假纱组织，以较小的经纬密度构成稀薄、质地爽挺、透明、孔眼方正清晰的织物。织物轻薄飘逸，呈透明状，凉爽透气。主要品种有东风纱、烂花绡、迎春绡等（图4-83）。东风纱为白织轻薄型真丝绡类织物。质地轻薄透明，手感舒爽。

用途：饰品、夏季裙装。

图4-82 塔夫绸

图4-83 东风纱和烂花绡

8. 缎（Satin silks）

以缎纹组织为地组织的丝织物。主要品种有软缎、素绉缎、库缎、织锦缎、古香缎等。

用途：薄型缎用于衬衫、裙子、饰品等；厚型缎用于外衣、旗袍、袄面等。

（1）素绉缎：纯桑蚕丝织物，缎纹组织，经线为1～2/20/22D；纬线为2～4/20/22D，加强捻，2S2Z间隔排列。织物正面呈现绉效应，反面富有光泽，手感柔软光滑；有良好的弹性及吸湿透气性（图4-84）。

用途：晚礼服、衬衫、裙子。

（2）织锦缎：是蚕丝与黏胶长丝交织的熟织提花绸缎，缎面光亮纯洁，细致紧密，质地平挺厚实，纬花丰满，花纹清晰，瑰丽多彩，鲜艳夺目。织锦缎的组织是在缎纹地组

图4-84 素绉缎

织上起纬浮花，浮花图案采用具有传统民族特色的四季花卉、禽鸟动物和自然景致。纬纱采用甲、乙、丙三组不同色彩，织物表面色彩丰富而多变，背面呈现明显的彩色横条（图4-85）。

用途：高级礼服、袄面等。

（3）古香缎：是蚕丝与黏胶长丝交织的熟织提花绸缎，外观与织锦缎十分相似，密度小于织锦缎，质地稍松软，纬花的丰满感、细致感和色彩层次略逊于织锦缎。图案多为民族风格的山水风景、亭台楼阁、小桥流水等自然景物及花卉古香（图4-86）。

用途：高级礼服、袄面等。

图 4-85　织锦缎

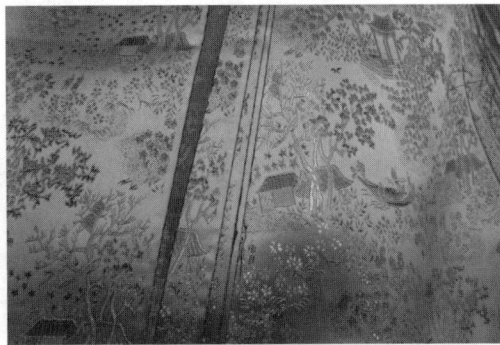

图 4-86　古香缎

（4）素库缎：是蚕丝长丝的熟织缎纹丝绸。织物经专门的"括绸"处理，缎面精致细腻，色光柔和，手感厚实、硬挺，富有弹性。经丝为 2/20/22D 蚕丝色丝，纬丝为 4/28/30D 蚕丝生丝，丝胶经过固化处理，在面料的后整理中不会被炼去（图4-87）。

用途：主销西藏、青海、内蒙古等地，用作民族袍料或服装镶边。

（5）软缎：是我国丝绸的传统产品，采用八枚经面缎纹，多为桑蚕丝与黏胶丝交织而成，缎面色泽鲜艳，明亮细致，手感柔软滑润，背面呈斜纹状（图4-88）。

用途：各类服装，服装镶边、戏装、童装、被面等。

9. 锦（Brocades）

锦的特点是外观五彩缤纷、富丽堂皇，花纹精致古朴，质地较厚实丰满，采用的纹样多为龙、凤、仙鹤和梅、兰、竹、菊以及文字"福、禄、寿、喜""吉祥如意"等民族花纹图案。组织为斜纹、缎纹，经纬无捻或加弱捻。主要品种有蜀锦、云锦、宋锦、壮锦、苗锦、傣锦等。

用途：装饰布、服装、床上用品、礼品等。

（1）宋锦：宋锦是指宋代发展起来的以经线和纬线同时显花的具有宋代艺术风格的织锦。元、明、清三朝以后所形成的以经面斜纹作地，纬面斜纹显花的一种特色的锦，又称宋式锦、仿宋锦。两者统称宋锦（图4-89）。

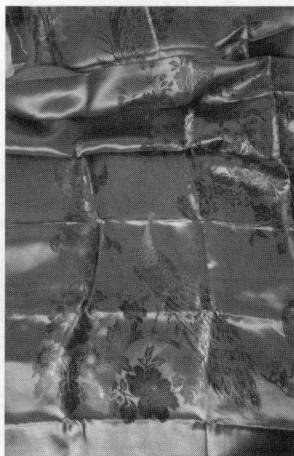

图 4-87　素库缎　　　　　　　　　　　　图 4-88　软缎

宋锦根据其结构的变化、工艺的精粗、用料的优劣、织物的厚薄及使用性能的不同，分为重锦、细锦、匣锦和小锦四类，也可以将重锦、细锦归纳为大锦，即大锦、匣锦和小锦三类，它们各有不同的风格。

用途：礼服、箱包、床上用品等。

图 4-89　宋锦及其用途

（2）云锦：起源于距今1500多年前，织制工艺独特，用传统的提花木机织造，使用"通经断纬"技术，挖花盘织、妆金敷彩，织出逐花异色的效果，即从云锦的不同角度看，所织花色是不同的。

云锦主要有花缎、织金、织锦、妆花四类，尤以织金与妆花两种工艺成就最高。织金即用金箔切割成的金丝线进行织造，妆花的特点是用色多，五彩缤纷（图4-90）。

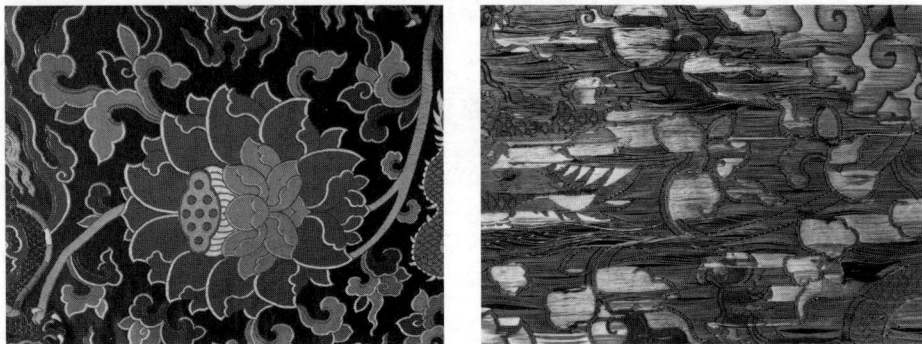

图4-90 云锦正反面

图4-91 蜀锦

（3）蜀锦：汉代至三国蜀郡（今四川成都）所织造的锦，大多以经向彩条为基础起彩，并彩条添花，其图案繁华、织纹精细，配色典雅，独具一格，是一种具有民族特色和地方风格的多彩织锦。蜀锦质地坚韧而丰满，纹样风格秀丽，配色典雅不俗，如唐代蜀锦的图案有格子花、纹莲花、龟甲花、联珠、对禽、对兽等，十分丰富。在唐末，又增加了天下乐、长安竹、方胜、宜男、狮团、八答晕等图案。在宋元时期，发展了纬起花的纬锦，其纹样图案有庆丰年锦、灯花锦、盘球、翠池狮子、云雀以及瑞草云鹤、百花孔雀、宜男百花、如意牡丹等（图4-91）。

10. 葛（Poplin grosgrain）

采用平纹、经重平或急斜纹组织，经细纬粗、经密纬疏，质地厚实，有比较明显的横向条纹的丝织物。典型品种有明华葛、文尚葛。

用途：套装、棉袄等。

11. 绨（Bengaline）

采用平纹组织，长丝作经，棉纱线作纬，质地比较粗厚的丝织物（图4-92）。

用途：被面、外衣等。

12. **绒**（Velvet）

采用起绒组织，形成全部或局部明显绒毛或绒圈的丝织物。主要品种有天鹅绒、乔其绒、立绒、烂花绒等（图4-93）。

图4-92　线绨被面

图4-93　提花立绒裙

用途：礼服、裙子、旗袍、饰品等。

13. **呢**（Crepons）

采用或混用基本组织及变化组织，表面少光泽，质地丰厚似呢的丝织物。主要品种有四维呢、丝棉呢。

用途：外衣、套裙、衬衫等。

14. **绸**（Chou silk）

采用或混用基本组织及变化组织，质地一般较紧密或无其他类特征的丝织物。典型品种有和服绸、绵绸、人丝花绸等。

用途：薄型绸用于衬衫、裙子；中厚型绸用于西服、礼服等。

（1）绵绸：绵绸是由蚕丝䌷丝纱纺制而成的平纹织物。绸面外观不平整，布面散布着大小不匀的疙瘩。绵绸手感厚实，质地坚韧，富有弹性，风格粗犷、自然（图4-94）。

用途：衬衫、裙子、裤子、时装等。

（2）柞丝绸：以柞蚕丝为原料。柞蚕丝呈天然的淡黄色，丝线较粗，但手感柔软，光泽柔和，吸湿性、透气性良好，且湿强力高。其织物比桑

图4-94　绵绸

蚕丝绸厚实，而细洁度、弹性稍差，易起皱，易起水渍印和泛黄（图4-95）。

用途：西服套装、衬衫、连衣裙、便服等。

（3）香云纱：香云纱又名"响云纱"，本名"莨纱"。是以桑蚕丝为原料，在织成纱罗组织织物和平纹丝织物后，用广东特有的植物薯莨的汁水多次浸泡、晾晒精炼的坯绸，使织物粘上一层黄棕色的胶状物质，再用珠江三角洲地区特有的富含多种矿物质的河涌淤泥覆盖，经反复多次晾晒、水洗、发酵，加工而成的一种昂贵的纱绸制品。香云纱具有凉爽宜人、易洗快干、色深耐脏、不沾皮肤、轻薄而不易折皱、手感滑爽而富有身骨的特点，特别适宜夏季穿着（图4-96）。

图4-95 柞丝绸

图4-96 香云纱

本章小结

介绍了机织物的概念和分类，织物组织的概念及三原组织的作图方法，织物的规格指标及标示，织物组织在织物上的表现纹理，由此阐述了常规织物的特征及其服装表现，为设计、生产服装提供理论指导。

思考题

1. 收集一块织物，确定它的经纬向及正反面，并说明理由。

2. 平纹组织是机织物中最常用的一种组织。请你选用五种方法使平纹织物具有不同的表面效果。

3. 下面四种织物都是用40^{s}棉纱织造的，100×70、90×90、110×70、100×80，试判断哪种织物最轻，并说明理由。

4. 如果不考虑其他因素，下列两种织物中哪种织物的生产成本较高？为什么？

（1）织物经密 × 织物纬密：120×80　　（2）织物经密 × 织物纬密：110×90

5. 收集棉型、毛型和丝型织物各一块，阐明其质地、风格特点，并进行相应的服装设计。

第五章 针织物

学习目标:

1. 了解针织工业的发展概况;
2. 掌握纬编针织物的常用物理性能指标;
3. 掌握常见纬编针织物的结构特点;
4. 了解纬编针织物生产过程中的常见疵点及解决方法。

本章重点:

1. 纬编针织物的常用物理性能指标;
2. 常见纬编针织物的结构特点。

针织、机织和非织造是形成织物的三种方法(图5-1)。针织加工由于工艺流程短,原料适应性强,翻改品种快,产品应用范围广,机器占地面积小,噪声小,能源消耗少,成为纺织工业的后起之秀。目前针织工业的生产设备飞速进步,新原料使用广泛,印染后整理新技术大量应用,针织物的产量、品种增加迅速。

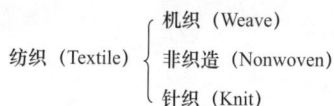

$$
\text{纺织(Textile)}
\begin{cases}
\text{机织(Weave)} \\
\text{非织造(Nonwoven)} \\
\text{针织(Knit)}
\end{cases}
$$

图 5-1 形成织物的三种方法

第一节 针织工业发展概况

针织是利用织针将纱编织成线圈并相互串套而形成针织物的过程。针织工业就是用针织的方法来形成产品的一种工业。根据编织方法的不同,针织生产可分为纬编(Weft knitting)和经编(Warp knitting)两大类。在纬编过程中,纱线顺序地垫放在纬编针织机的工作织针上,形成一个线圈横列,如图5-2所示。而在经编成圈过程中,一组或几组平行排列的纱线于经向喂入经编机的工作针上，如图 5-3 所示。

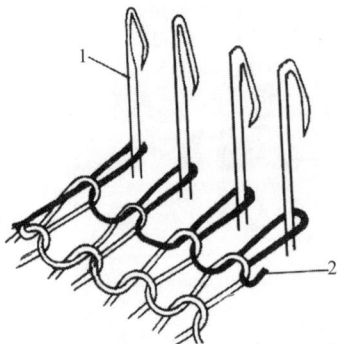

图 5-2　纬编针织图
1—织针　2—纬纱

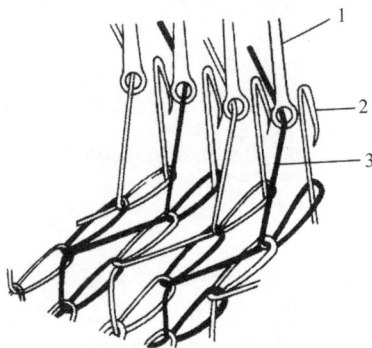

图 5-3　经编针织图
1—导纱针　2—织针　3—经纱

　　针织机也相应地分为纬编针织机和经编针织机两大类。纬编针织机按针床（筒）数量来分，可以分为单针床（筒）针织机和双针床（筒）针织机，也称为单面机和双面机。单面机只能编织单面织物，双面机一般编织双面织物，也可编织单面织物。按针床形式可以分为圆机和横机（也称为扁机或平机），圆机生产坯布，织物的组织结构相对横机要简单，生产效率高，经过裁剪、缝纫等工序可制成服装；横机生产衣片，一般不需要裁剪即可缝制，组织结构变化复杂，一般用于生产较高端的羊毛衫、羊绒衫等。按用针类别可以分为舌针机、钩针机、复合针机，目前多数纬编针织机采用的舌针。经编针织机主要有各种高速经编机、贾卡经编机、花边机、双针床经编机、缝边机等。

　　针织工业发展起步较机织晚，比非织造要早，其发展速度相当迅速。针织生产的一般工业流程为：针织前准备工序——针织工序——染整后处理工序——成缝工序。

一、纬编发展概况

　　现代针织是由早期的手工编织演变而来的。早期的手工编织是用竹制的棒针或骨质棒针、钩针将纱线编结成一个个互相圈套的线圈，最后形成针织物，如图 5-4 所示，手工编织法一直沿用至今。早期手工针织品主要是简单的头巾、围巾、长筒袜、帽子、手套等，后来手工逐渐能编织出较复杂的毛衣等制品了，各种各样精美的手工针织品日益丰富着人们的生活。

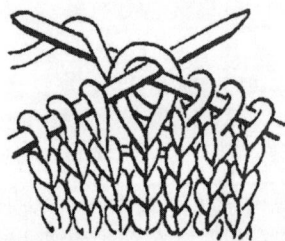

　　世界上第一台针织机是由英国的威廉·李（William Le）于 1589 年发明的，这是一台 8 针 /2.54cm（8 针 /in）的粗钩针手摇袜机，可用毛纱织出粗劣的成形袜片；1598 年他在该机的基础上又研制出了一台很细密的、结构更完美的袜机，机号是 20 针 /2.54cm（20 针 /in），此机速度为 500 线圈 /min，其产量是

图 5-4　针织物的手工编织

当时最灵巧的女工手编织产量的 5 倍。后来慢慢发展成横机和圆机两大系列（图 5-5、图 5-6），采用的织针有钩针、舌针和复合针（槽针）。

　　针织工业是我国纺织加工行业中起步较晚，基础较差的一个行业。中国第一家针织内衣厂 1896 年创建于上海，第一家袜厂 1907 年建立于广州。直到 1949 年，我国针织工业一直发展很慢。1949 年全国主要针织内衣设备不到 1000 台。新中国成立以来，经过半个世纪的努力，我国针织工业有了长足的进步，各种针织设备已超过 10 万台，成为世界上针织生产大国（图 5-7）。

图 5-5　横机（Flat knitting machine）

图 5-6　圆机（Circular knitting machine）

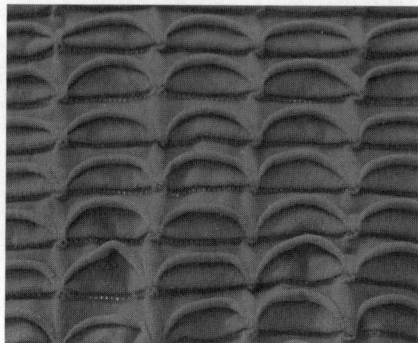

图 5-7　纬编面料

二、经编发展概况

　　经编技术最早出现于 1775 年，由英国人克莱恩（Crane）模仿李氏袜机制成了第一台特利柯脱型经编机，1855 年英国人雷盖特（Redget）又成功地将舌针应用到经编机上，由此迈出了拉舍尔经编机和特利柯脱型经编机发展的第一步。但是经编工业真正的发展是在 1945 年以后，化纤工业的迅速发展，各种变形丝的出现，长丝与低弹丝的应用，为经编工业的发展铺平了道路，提供了广阔的原料市场。

图 5-8　经编机

我国的经编工业起步较晚。20世纪50年代我国试制了 Z301 型经编机，70年代初我国成功设计制造了 Z303 型钩针高速经编机，最近几年，我国经编工业不断吸收国外先进技术，与国外主要经编机械制造公司合作，生产各种类型的具有国际先进水平的经编机，为我国经编工业的提供了先进的设备（图 5-8 ~ 图 5-10）。

尽管经编机与其他针织机相比，发明较晚，应用更迟，但是其织物不论在织造方法、生产速度、编织范围，还是在花色品种、经济效益上都有自己的特点，因而经编工业的发展相当迅速。我国经编工业的现状：高速经编机是经编机的主要机型，主要用来生产薄型织物和弹力织物，具有一定的发展前景；多梳栉拉舍尔经编机以其装备众多的导纱花梳形成复杂的花型而闻名；细针距提花经编产品前景广阔；双针床拉舍尔经编机主要有长绒型和短绒型两种。

图 5-9　经编织造

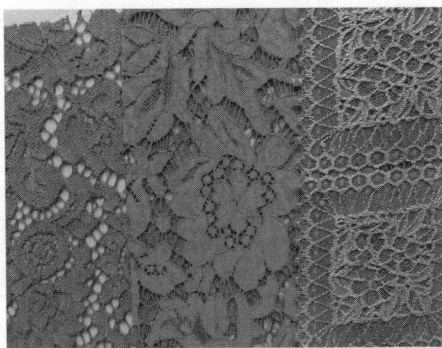

图 5-10　经编面料

三、针织工业的原料及主要产品

针织原料按纤维来源可分为天然纤维（棉、毛、丝、麻）和化学纤维，化学纤维又可分为人造纤维（黏胶）和合成纤维（涤纶、锦纶、腈纶等）；按纤维形态和加工方法可分为短纤维纱（纯纺纱、混纺纱）、长丝（单丝、复丝）和变形丝（弹力变形丝、非弹力变形丝、膨体纱等）。

针织物品种繁多，其产品在各个领域中都得到了广泛的应用，按其用途可分为：

（1）服用针织物。可以用不同机号和类型的针织机织制各种原料的内衣料、外衣料、大衣料和各种成形产品，常见的有袜子、帽子、围巾、羊毛衫、各种内衣内裤等。

（2）装饰织物。各种类型的经编织物在装饰织物上占有很大优势，主要包括窗帘、台布、地毯、蚊帐等。

（3）产业用织物。这是一个广阔的领域，可以用于各种建筑材料、网制品、袋类产品、医疗材料等。

第二节　针织物与机织物的主要区别

在各种制造方法中，机织历史最悠久，在纺织生产中一直占有主导地位。近年来针织却在各个领域中逐渐发展，这是有其必然客观原因的。下面从几个方面对针织物与机织物进行一些比较。

一、针织物与机织物生产方式的比较

1. 针织物及其形成

针织物是利用细小的织针将纱线弯曲成相互圈套的线圈而形成的织物。在纬编针织物中，线圈呈三度弯曲的空间曲线，由图 5-11 中的圈干 1-2-3-4-5 和沉降弧 5-6-7 组成，在线圈横列方向，两个相邻线圈对应点间的距离称圈距，一般以 A 表示；在线圈纵行方向上，两个相邻线圈对应点间的距离称圈高，一般以 B 表示。在经编针织物中，线圈由图 5-12 中的圈干 1-2-3-4-5 和延展线 5-6 组成。线圈的两根延展线在线圈的基部交叉和重叠的为闭口线圈 B。凡线圈穿过上一线圈而到达的一面为它的正面，这时圈柱覆盖在上一线圈的圈弧之上。反之则为线圈的反面，即圈弧覆盖在圈柱之上。

2. 机织物及其形成

从远古到现在，机织一直是利用纱线纵横交错来成布的。机织物中最简单的平纹组织如图 5-13 所示，纵向为经纱，横向为纬纱，经纬纱之间的每一个相交点称为组织点；组织点是机织物的最小结构单元。平纹组织是经纬纱 1 隔 1 地上浮下沉；其他组织如斜纹、缎纹等的成布原理相同，只是经纬纱上浮下沉的数量不同。

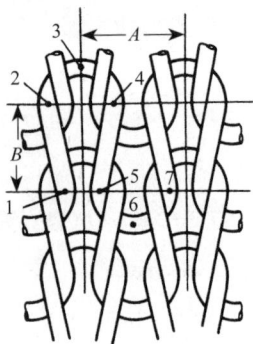

图 5-11　纬编线圈结构图　　图 5-12　经编线圈结构图　　图 5-13　平纹机织物

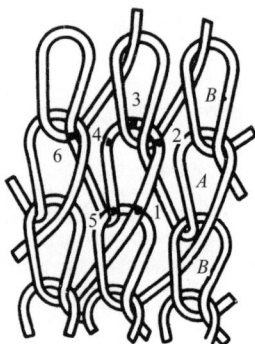

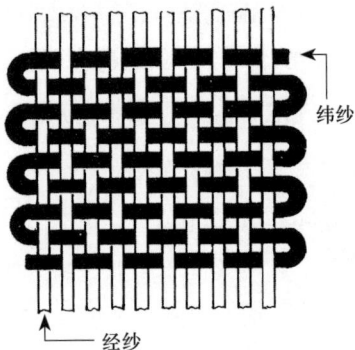

3. 针织生产的特点

与机织物生产方式相比较，针织生产具有许多明显的特点：针织机的产量高；对纱线的损伤小，适应范围广；工艺流程比较短，经济效益比较高；针织机可织制许多成形产品；针织生产的劳动条件比较好，车间噪声小，生产的连续性和自动化程度较高，工人的劳动强度较小。

二、针织物与机织物基本性能的比较

针织物和机织物成布方式不同，各自具有不同的特点。从图 5-11 和图 5-12 所示针织物的线圈结构图上可以看出针织物是由孔状线圈形成的，结构比较松散，因而针织物具有透气性好、膨松、柔软、轻便等特点。当针织物受力时，弯曲的纱线会变直，圈柱和圈弧部段的纱线可以相互转移，因此针织物的延伸性大、弹性好，这是针织物区别于机织物最显著的特点。这一特点使得针织衣物穿着时既合体又能随着人体各部位的运动而自行扩张或收缩，给人体以舒适的感觉。同时针织物还具有抗折皱性好、抗撕裂强力高等特点，并且纬编针织物还具有良好的悬垂性。但是针织物的线圈结构也造成了针织物具有尺寸稳定性差、受力后易于变形、质地不硬挺、容易脱散、易于起毛起球等弱点。

第三节　纬编

一、纬编针织物的主要物理机械性能指标

1. 线圈长度

针织物的线圈长度是指每一个线圈的纱线长度，它由线圈的圈干和延展线组成，一般用 L 来表示，单位是 mm。线圈长度决定了针织物的密度，而且对针织物的脱散性、延伸性、耐磨性、弹性、强力及抗起毛起球和勾丝性等有影响。目前生产中常采用积极式给纱装置，以恒定的速度进行喂纱，使针织物的线圈长度保持恒定以改善针织物质量。

2. 密度

针织物的密度，用以表示一定的纱支条件下的针织物的稀密程度，是指针织物在单位长度内的线圈数。通常用横向密度和纵向密度来表示。

横向密度（横密）是指沿线圈横列方向在规定长度（50mm）内的线圈数。一般用符号 P_A 表示；纵向密度是指延线圈纵行方向在规定长度（50mm）内的线圈数。一般用符号 P_B 表示。

3. 未充满系数

线圈长度与纱线直径之比，公式表示为 $\delta=l/f$，l 值越大，f 值越小，δ 值就越大，表明织物中未被纱线充满的空间就越大，织物越是稀松。

4. 单位面积的干燥重量

单位面积的干燥重量是指每平方米干燥针织物的克重量数（g/m^2），它是考核针织物质量的重要物理指标。

5. 厚度

针织物的厚度取决于它的组织结构、线圈长度和纱线密度等因素，一般以厚度方向上有表示。

6. 脱散性

针织物的脱散性是指当针织物中的纱线断裂或线圈失去串套联系后，线圈与线圈分离的现象。影响因素：织物的组织结构、摩擦系数、未充满系数、抗弯刚度等。

7. 卷边性

某些组织的针织物在自由状态下其布边会发生包卷，这种现象称为卷边。这是由于线圈中弯曲线段所具有的内应力，力图使线段伸直而引起的。影响因素：组织结构、线圈长度、纱线性质、线密度等。

8. 延伸性

针织物在受到外力拉伸时，尺寸变长的特性。影响因素：组织结构、线圈长度、纱线性质、线密度等。

9. 弹性

弹性是指当引起针织物变形的外力去除后，针织物形状恢复的能力。影响因素：组织结构、线圈长度、纱线性质、线密度等。

10. 断裂强力与断裂伸长率

断裂强力：针织物在连续增加负荷后至断裂时能承受的最大负荷，用牛顿（N）表示。断裂伸长率：伸长量与原来长度的比值，用百分比表示。

11. 收缩率

针织物的收缩是指针织物在使用、加工过程中长度和宽度的变化。公式为

$$Y=\frac{H_1-H_2}{H_1} \times 100\%$$

式中：Y——针织物的收缩率；

　　H_1——针织物使用前的尺寸；

　　H_2——针织物使用后的尺寸。

12. 勾丝与起毛起球

针织物在使用过程中碰到尖锐的物体，织物中纤维或纱线就可能会被勾丝。织物在穿着、洗涤中不断经受摩擦，纱线表面的纤维端露出织物，就使织物表面起毛，称为起毛。若相互纠缠起来就会被揉成许多球形小粒，称为起球。

影响因素：原料、纱线结构、针织物组织结构、后整理加工及成品的服用条件等。

二、常见的纬编组织

1. 纬平针组织（Plain stitch）

它是单面纬编针织物中的基本组织，广泛应用于内外衣和袜品生产中。纬平针组织的结构如图5–14 ～图5–17所示，它是由连续的单元线圈向一个方向串套而成。织物正面一般较为光洁，纵横向有着较好的弹性和延伸性，但是也存在脱散性和卷边性，有时还会产生线圈纵行的歪斜，纬平针组织一般在单面纬编针织机上编织。

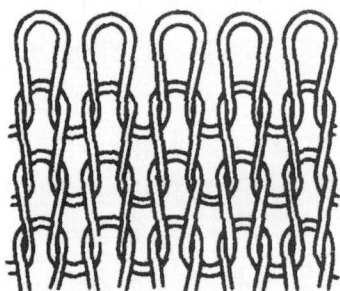

图5–14 纬平针正面

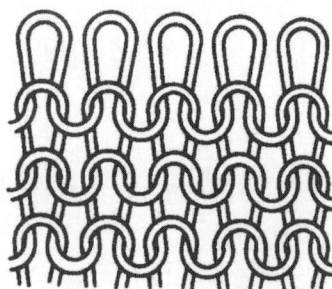

图5–15 纬平针反面

图5–16 纬平针实物正面

图5–17 纬平针实物反面

2. 罗纹组织（Rib stitch）

它是双面纬编针织物的基本组织，是由正面线圈纵行和反面线圈纵行以一定的组合相间配置而成，罗纹组织的种类很多，视正反面线圈纵行数配置的不同而异，通常用数字代表其正反面线圈纵行数的组合，如 1+1、2+2、5+3 罗纹等。罗纹组织具有较大的弹性，并只能逆编织方向脱散，基本没有卷边现象。广泛应用于针织衣物的袖口、领口等部位（图5–18～图5–20）。

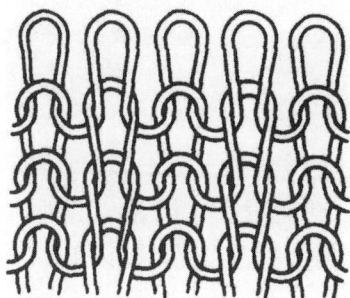
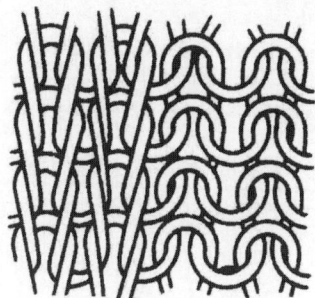

图 5-18　1+1 罗纹　　　　　图 5-19　2+2 罗纹　　　　　图 5-20　1+1 罗纹实物

3. 双反面组织（Purl stitch）

它是由正面线圈横列和反面线圈横列相互交替配置而成，由于弯曲纱线弹性力关系，使织物的两面都由线圈的圈弧突出在表面，圈柱凹陷在里面，因而织物正反面看起来都像纬平针的反面。该组织在纵向拉伸时具有很大的弹性和延伸性（图5-21、图5-22）。

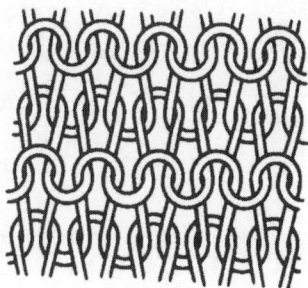
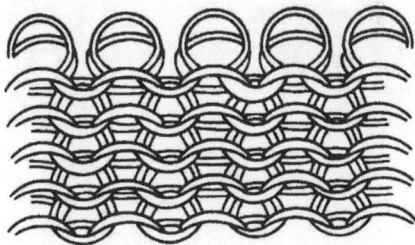

图 5-21　1+1 双反面　　　　　图 5-22　1+1 双反面松弛状态

4. 双罗纹组织（Interlock stitch）

双罗纹组织又称棉毛组织，其坯布称为棉毛布，常用来缝制棉毛衫裤、T恤衫、运动衣裤。它是由两个罗纹组织彼此复合而成的，即在一个罗纹组织的线圈纵行之间配置着另一个罗纹组织的线圈纵行（图5-23、图5-24）。

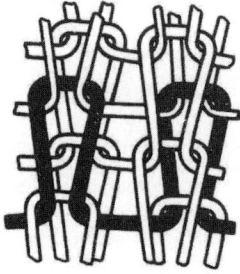

图 5-23　双罗纹组织

图 5-24　双罗纹组织实物

5. 提花组织（Jacquard stitch）

它是将纱线垫放在按花纹要求所选择的某些针上进行编织而形成的一种组织，可分为单面提花组织和双面提花组织，在单面提花组织的正面要出现的纱线则编织成圈，否则就浮线；双面提花组织比较复杂，织物的正面出现工艺所要求的花纹，而反面则可以用多种方法进行编织（图 5-25 ~ 图 5-31）。

6. 集圈组织（Tuck stitch）

集圈组织又称吊目。它是在针织物的某些线圈上，除套有一个封闭的旧线圈外，还有一个或几个未封闭的悬弧。集圈仅在一枚针上形成称为单针集圈；集圈在相邻两枚针上形成的，称为双针集圈；旧线圈仅在一个横列中不进行脱圈，则称为单列集圈；如果连续在

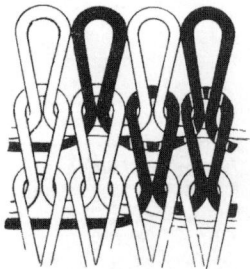

图 5-25　单面提花组织

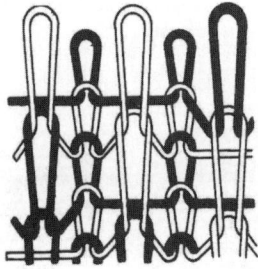

图 5-26　两色双面提花组织

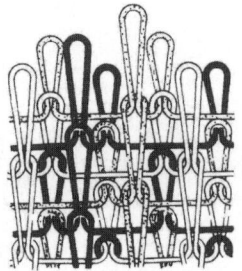

图 5-27　三色双面提花组织

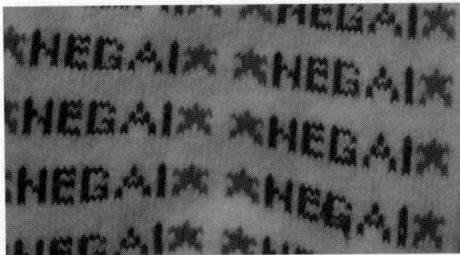

图 5-28　单面提花组织实物正面

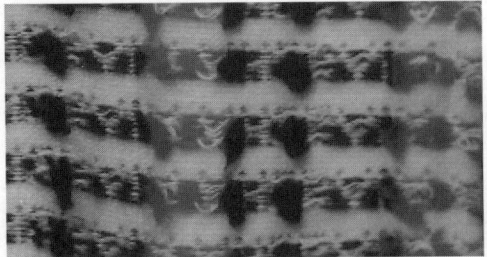

图 5-29　单面提花组织实物反面（浮线已剪去）

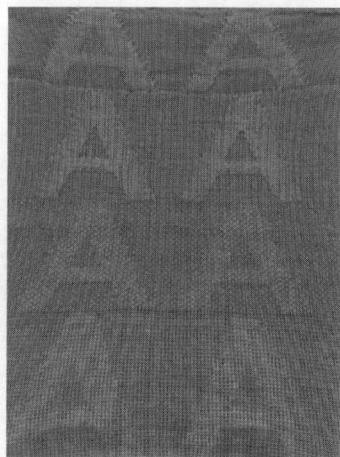

图5-30　四种双面提花组织正面
（弯纱深度、张力等参数均相同，
组织不同）

图5-31　四种双面提花组织反面[拉
网（也称天竺）、纵条纹、芝麻点、
横条纹]

两个横列中不进行脱圈，则称为双列集圈，依次类推。集圈组织可以是单面的或是双面的（图5-32、图5-33）。集圈组织的花色效应繁多，包括色彩、凹凸、起孔、闪色等几类。

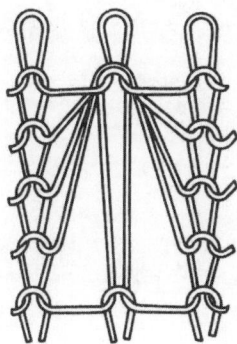

图 5-32　单面三列集圈

图 5-33　双面集圈

7. 纱罗组织（Leno weave）

又称移圈组织。它是在纬编基本组织的基础上，按照花纹要求将某些线圈进行移圈，即从一个纵行转移到另一纵行而形成的。纱罗组织可分为单面和双面两类（图5-34）。利用地组织的种类和移圈方式的不同，即可在针织物表面形成各种花纹图案。图5-35 为单面绞花移圈组织，移圈是在部分针上相互进行的，移圈处的线圈纵行并不中断，这样在织物表面形成扭曲状的花纹纵行（图5-36）。

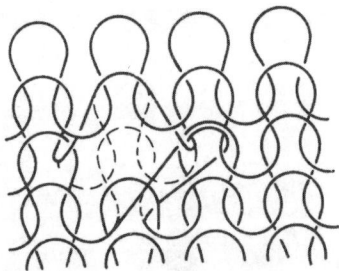

图 5-34 单面纱罗组织

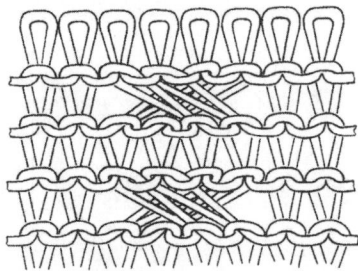

图 5-35 绞花

图 5-36 移圈和绞花

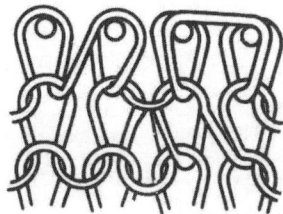

图 5-37 菠萝组织

8. **菠萝组织**（Eyelet stitch）

菠萝组织是新线圈在成圈过程中同时穿过旧线圈的针编弧与沉降弧的纬编组织，如图5-37所示，由于沉降弧的转移，在织物表面形成孔眼，除增加织物的透气性，还可形成花纹。菠萝组织针织物的强力较低，因为织物受到拉伸时，张力主要集中在张紧的菠萝线圈上，因而纱线易断裂产生破洞。

9. **添纱组织**（Plating stitch）

针织物的一部分线圈或全部线圈是由两根或两根以上纱线形成的组织称为添纱组织，如图5-38所示，1是地纱，2是面纱。添纱组织可以使针织物正反面具有不同的色泽与性质，如丝盖棉；使针织物的正面具有花纹；消除针织物线圈歪斜现象（图5-39）。

10. **衬垫组织**（Laging-in stitch）

它是以一根或几根衬垫纱线按一定比例在织物的某些线圈上形成不封闭的悬弧，而在

图 5-38 添纱组织

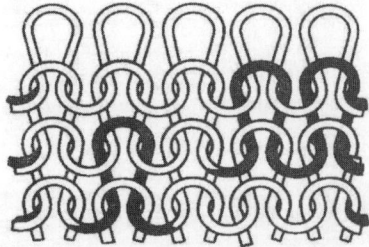

图 5-39 添纱组织

其余的线圈上呈浮线停留在织物反面，如图5-40所示，图中1为地纱，编织成平针组织，作为衬垫组织的组织，2为衬垫纱，在地组织上按一定的规律编织成不封闭的悬弧，从而形成衬垫组织。衬垫组织主要用于绒布生产，在整理过程中进行拉毛，使衬垫纱成为短绒状，增加织物的保暖性。

11. 毛圈组织（Plush）

毛圈组织是由平针线圈和带有拉长沉降弧的毛圈线圈组合而成。一般由两根纱线编织，一根纱线编织地组织，另一根纱线编织带有毛圈的线圈，如图5-41所示。毛圈组织可分为普通毛圈和花色毛圈两类，同时还有单面和双面之分。毛圈组织具有良好的保暖性与吸湿性，产品柔软，厚实。适用于制作毛巾毯、睡衣、浴衣等（图5-42）。

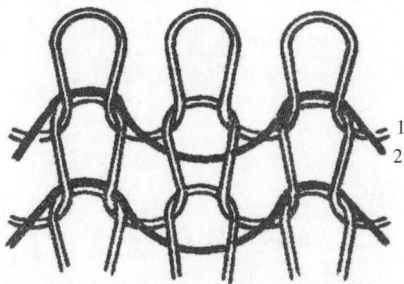

图5-40　衬垫组织

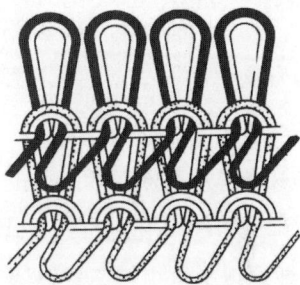

图5-41　毛圈组织

图5-42　毛圈组织实物

12. 长毛绒组织（Pile stitch）

长毛绒组织是在编织过程中用纤维同地纱一起喂入编织成圈的组织。纤维的端头突出在针织物的工艺反面，呈绒毛状，如图5-43、图5-44所示。利用各种不同性质的合成纤维混合后进行编织，外观同天然毛皮相似，因此又有"人造毛皮"之称。特别是采用腈纶制成的人造毛皮，其重量比天然毛皮轻，具有良好的保暖性和耐磨性，且绒毛结构和形状

图 5-43　长毛绒组织实物

图 5-44　长毛绒组织

都与天然毛皮相似，外观逼真。

13. **衬经衬纬组织**（Warp and weft incerted stitch）

衬经衬纬组织是在纬编组织基础上衬入不参加成圈的纬纱和经纱形成的，如图 5-45 所示，A 纱编织平针组织，经纱 B 和纬纱 C 不参加编织。这种针织物具有机织物的外观与特征，纵横向延伸性较小，经纬向的尺寸稳定性都很好，产品手感柔软，穿着比较舒适，透气性好，适合做各种外衣产品以及工业用的各种涂塑管道的骨架等。

14. **波纹组织**（Ripple stitch）

它是在双面纬编组织的基础上由倾斜线圈形成花纹的一种组织，倾斜线圈按各种方式排列在针织物表面，从而可以得到曲折、方格等各种图案，如图 5-46 所示。

15. **复合组织**（Compound stitch）

复合组织是由两种或两种以上的针织物组织复合而成，它可以由不同的组织根据各种组织的特征复合而成我们所要求的组织结构，图 5-47 是由罗纹组织和平纹组织复合而成

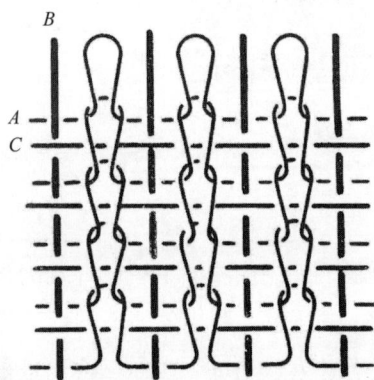

图 5-45　衬经衬纬组织

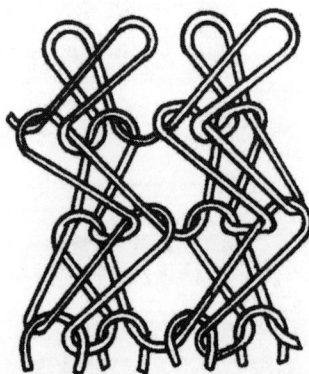

图 5-46　波纹组织

的一种复合组织。此例中由于每列的平针线圈的只数比罗纹少一半，所以复合成的针织物横向延伸性比较小，尺寸稳定性比较好，与罗纹组织和平针组织相比较具有挺括、厚实等优点。

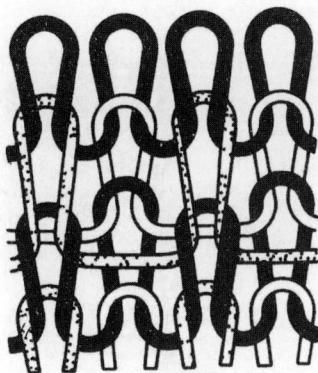

图 5-47　复合组织

第四节　经编

一、常见的经编组织

1. 编链组织

编链组织是由一根纱线始终垫于同一枚针上所形成的线圈纵行，由于各枚织针所编织的编链纵行之间无任何横向联系，因而不能构成一整块织物。根据导纱针不同的垫纱运动，编链可分为开口编链（图 5-48）和闭口编链（图 5-49）。

图 5-48　开口编链　　　图 5-49　闭口编链

2. 经平组织

每根纱线在相邻两枚针上轮流垫纱成圈的经编组织称为经平组织，如图 5-50 所示。这种织物的线圈均呈倾斜状态，而且线圈向着垂直于针织物平面的方向转移，使得坯布两面具有相似的外观，当纵向或横向拉伸织物时，线圈中的纱线发生转移，线圈的倾角会发生改变，使织物有一定的延伸性，当纱线断裂时，线圈会沿纵行在相邻的两纵行上逆编织方向脱散，从而使针织物分裂为两片。

图 5-51 为经平组织的正反面结构图，左图为反面图，延展线压住圈弧；右图为正面图，圈弧压住延展线。

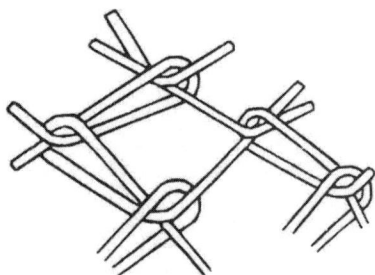

图 5-50　经平组织

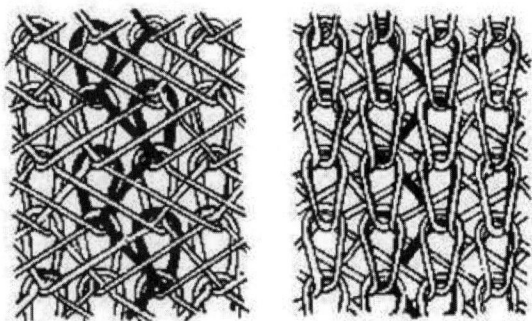

图 5-51　经平组织正反面结构图

在经平组织的基础上，如导纱针在针背作较多针距的横移，可得到变化经平组织，如三针经平组织（又称经绒组织，图 5-52）、四针经平组织（又称经斜组织，图 5-53），变化经平组织的特点是织物的横向延伸性较小。

3. 经缎组织

每根经纱顺序地在三枚或三枚以上的织针上垫纱成圈而形成的组织称为经缎组织，如图 5-54 所示。经缎组织一般在向同一方向进行垫纱时为开口线圈，垫纱转向处为闭口线圈，由于闭口线圈和开口线圈的倾斜程度不同，对光线的反射也不同，因而织物上有横条纹效应。经缎组织织物手感柔软。

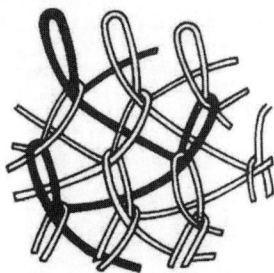

图 5-52　经绒组织图

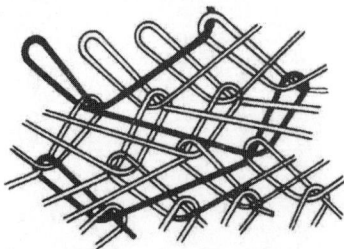

图 5-53　经斜组织图

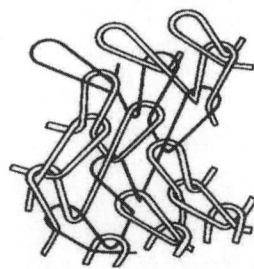

图 5-54　经缎组织

4. 其他组织

以上介绍的是一些单梳栉的基本组织，还有多梳栉组织、双针床组织和花色组织等比较复杂的组织，读者可以自行参考相关书籍。

二、常见经编织机的分类

经编机的种类和型号很多，根据机器的结构特点和用途，经编机常以下列形式分类：

1. 按产品分类

第一类是产业用品类型的经编机，如编织高强织物的多轴向经编机、渔网机、口袋机等；

第二类是装饰用品类型的经编机，如提花经编机、花边机等；

第三类是服用品类型的经编机，可生产各种衬衫、外衣用坯布，此类机型速度快、产量高。

2. 按针床分类

可分为单针床和双针床经编机。

3. 按织针针型分类

可分为钩针、舌针和复合针经编机（主要为槽针）。

4. 按织物的引出方向分类

可分为特利柯脱经编机和拉舍尔经编机。特利柯脱经编机织物引出方向与织针平面大致成直角，为110°～115°的夹角，常用于编织组织结构和花纹较简单的织物，一般梳栉较少，针距较细，车速快，针型正由原来的钩针逐步改为槽针。拉舍尔经编机织物引出方向与织针平面大致成平行状态，约为140°～170°的夹角，常用于编织组织结构和花纹较复杂的织物，针距较粗，车速较低，大多采用舌针，目前部分机型也向槽针发展。

第五节　常规针织物特征及其用途

一、常见纬编针织物及其用途

（一）纬平针织物

纬平针织物因其纵横方向弹性、回弹性良好，故常用来设计制作套头衫、紧身衫。原料适应性广，纱线粗细均适宜，一年四季均可穿着（图5-55）。

（二）罗纹织物

罗纹织物弹性、回弹性优异，常用于服装的收口部位，也可以单独制成紧身服，尽显女性的婀娜身姿（图5-56）。

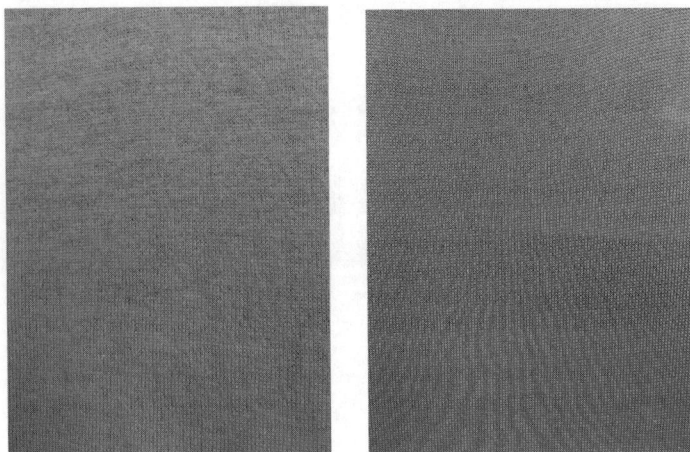

2/48N_m100% 羊绒纬平针织物　　　　1/32N_m55/45 黏胶 / 天丝纬平针织物

图 5-55　纬平针织物

图 5-56　8˚/3 棉线罗纹织物

（三）其他纬编针织物

1. 不同纤维制成的纬编针织物

利用各种纤维纯纺或混纺，采用相应的纬编组织，可以织制出不同手感、不同厚薄、不同风格的纬编针织物，适应服装的不同风格（图 5-57）。

2. 不同花型的纬编针织物

各种花型配以绣花、镶珠片等工艺手段，赋予针织物时尚感，适用于针织时装的设计（图 5-58）。

3. 纬编长毛绒针织物

纬编长毛绒针织物，手感柔软、饱满、温暖，表面剪花或压花或织入金银线，立体感强，适用于秋冬季居室服装（图 5-59）。

(a) 1/30N_m80/20 黏胶 / 锦纶 12g/m^2

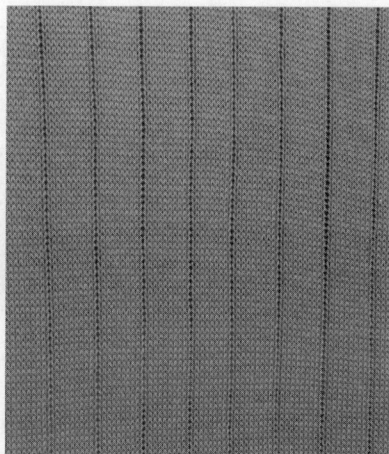

(b) 3/54N_m70/30 竹 / 棉 12g/m^2

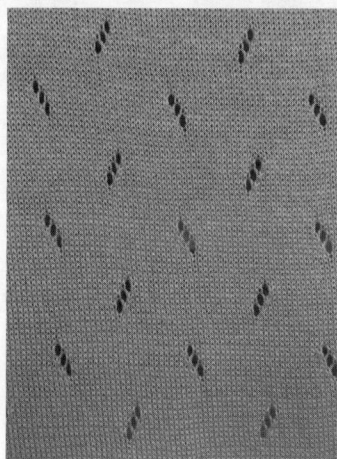

(c) 2/32N_m100 羊毛

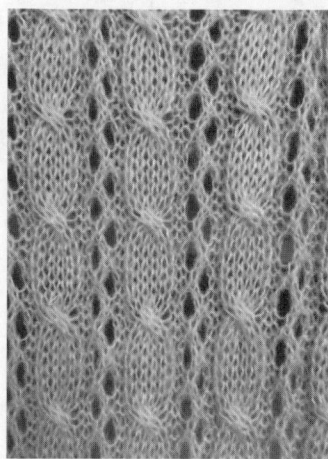

(d) 1/6.6N_m55/30/15 苎麻 / 腈纶 / 马海毛

图 5-57　多种原料的混纺纱纬编针织物

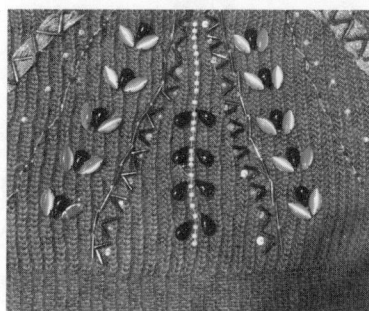

图 5-58

图 5-58　各种花型的纬编针织物

图 5-59　纬编长毛绒针织物

二、常见经编针织物及其用途

经编织物常以涤纶、锦纶、维纶、丙纶等合纤长丝为原料，也有用棉、毛、丝、麻、化纤及其混纺纱作为原料织制的。

特点：纵向尺寸稳定性好，织物挺括，脱散性小，不会卷边，透气性好；但其横向延伸性、弹性和柔软性不如纬编针织物。

常见的经编织物有：

1. 涤纶经编织物

布面平挺，色泽鲜艳，有厚型和薄型之分。薄型的主要用作衬衫、裙子面料；中厚型、厚型的则可作男女棉衣、风衣、上装、套装、长裤等面料。

2. 经编起绒织物

主要用作冬季男女大衣、风衣、上衣、西裤等面料，织物悬垂性好，易洗、快干、免烫，但在使用中静电积聚，易吸附灰尘（图 5-60）。

图 5-60　经编起绒针织物

3. 经编网眼织物

经编网眼织物的质地轻薄，弹性和透气性好，手感滑爽柔挺，主要用作夏令男女衬衫、时装面料（图 5-61、图 5-62）。

图 5-61　经编网眼针织物

图 5-62　经编网眼针织时装

4.　经编丝绒织物

表面绒毛浓密耸立，手感厚实、丰满、柔软，富有弹性，保暖性好，主要用作冬令服装、童装面料。

5.　经编毛圈织物

这种织物手感丰满厚实、布身坚牢厚实，弹性、吸湿性、保暖性良好，毛圈结构稳定，具有良好的服用性能，主要作运动服、翻领 T 恤衫、睡衣裤、童装等面料。

第六节　纬编针织物的常见疵点

虽然纱线在进入织厂前都已经经过翻纱，重新卷绕到新的筒子，减少了纱线的粗细节、粗纱、黄白纱、深浅纱情况，但由于在生产过程中的一些人为因素或机器本身的原因会产生各种各样的疵点，这样不仅会影响针织物的质量，还会造成纱线和人力的浪费，增加了生产成本，降低了利润。为此，就常见的几种疵点的产生原因和消除方法做以分析，据此尽量避免疵布的产生。由疵点产生的原因大体可分为三类：原料性疵点、张力疵点、针叶纱嘴疵点。

一、原料性疵点

1. 粗纱

在棉纺梳毛过程中，由于机械问题使棉条各段直径大小不匀，从而使一些纱线的直径较粗，在织入布面后形成的横向疵点（图 5-63）。

产生原因：棉纱的产地、性能存在着差异；机械存在故障。

消除方法：原料尽量使用同一产地、同一时期采用的原料；消除机械故障（如齿轮磨损、罗拉偏心），以减少工人操作失误；在络纱过程中，应使用电子清纱器来代替机械式清纱器，以便减少使用机械式清纱器所存在的缺陷，如刮毛和损伤纤维的弊病。

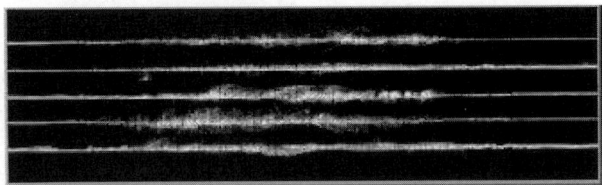

图 5-63　粗纱

表现形式：在布面出现横向与其他纱线相比直径较粗的纱线。

常见布类：可见于任何布类。

2. 黄白纱

在生产过程中，由于原料之间的色泽、光泽有一定的差异而在布面形成的黄、白交替现象。

产生原因：棉纺配棉中接配的原料色泽差异大，部分棉纱由于贮存的时间长而变黄。

消除方法：在棉纺配棉过程中主要使用同一产地或相近产地、同一时期性质差异小的接配原棉；备好充足的原棉以免调换较多的成分；棉纱不宜存放较长的时间，要做到需要多少纱线就要适当多备一定的存货量。

表现形式：在白炽灯下，布面能够较明显地出现黄色与白色交替的现象。

常见布类：可见于任何布类。

3. 霉纱

由于受潮不能保持干燥状态而引起的纱线变质。

产生原因：湿度太大、空气不畅通所引起的纱线变质。

消除方法：要保持通风良好，同时又要保持一定的温湿度，使室内干燥；存放时间不宜过长。

表现形式：在布面出现霉点、霉斑。

常见布类：可见于任何布类。

4. 深浅色

在色织中，由于纱线在染色时受染不均匀出现在布面横向的深浅交替出现的条纹。

产生原因：染色时纱线染色不匀；纱线本身染色不匀而产生的。

消除方法：减少纱线的着色性差异；尽量使用同一缸号同一批染色的纱线。

表现形式：在白炽灯下，布面会明显地出现颜色深浅不同。

常见布类：可见于任何布类。

5. 细节

指直径为原纱的 1/2、长度为 2～3cm 的纱线在织入布面后形成的一小段横向疵点。

产生原因：粗纱机的前罗拉至锭翼下端粗纱段由于张力过大而伸长产生的。

消除方法：在粗纱机的传动路线中，安装一只电磁离合器或采用慢速启停装置来控制细节的产生。

表现形式：在布面会出现 2～3cm 的下凹。

常见布类：可见于任何布类。

6. 粗节：

指直径为原纱的 1～2 倍，长度为 2～3cm 的纱线，在织入布面后会形成的一小段横向的疵点（图 5-64）。

产生原因：在细纱机上，从前罗拉出来的细纱断头后，接头不良；飞花、短绒附入其中。

消除方法：在络纱机上，要使用电子清纱器，以便尽量减少粗节的产生；在棉纺过程中，要注意车间通风、除尘系统设施。

表现形式：在布面出现 2～3cm 的较粗的纱线。

常见布类：可见于任何布类。

图 5-64　粗节

7. 飞花

在生产过程中，在车间的浮游纤维进入纱嘴或黏附在纱线上而织入布面的棉絮（图 5-65）。

产生原因：原料差；吹机时没吹干净；车间通风除尘实施不完善。

消除方法：提高对纱线质量的把关；做好吹机工作，尽量把机吹干净；改善车间的通风除尘设施。

表现形式：在布面会直接出现线圈上含有浮游纤维或出现类似于粗节的疵点。

常见布类：可见于任何布类，以排间色织布类居多。

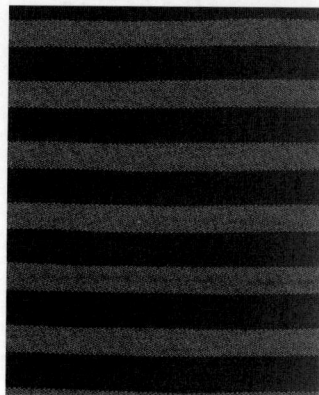

图 5-65　飞花

二、张力疵点

1. 断纱

在生产过程中，纱线发生断头，断纱自停装置未能及时停机或失灵，使织机继续运转导致在布面出现横向的破裂的口子（图 5-66）。

产生原因：在调试机器时，给纱张力太大；机速太快而引起的张力太大；输送辘仔运转不良引起的；飞花堵塞住了纱嘴，使纱线不能进入编织区。

消除方法：要求给纱线张力均匀一致；机速要严格控制在规定要求之内，不宜过大或过小，技术工要每天检查每台机的速度；经常性地检查断纱自停装置和辘仔的运转情况，纱道及纱嘴，吹净机台。

表现形式：在白炽灯照耀下氨纶布是透明的，用手往断纱两边一拉，会出现横向破裂口子；在其他布类上，是在布面出现横向的破口。

常见布类：可见于任何布类。

2. 断氨纶

又称断拉架，在一些氨纶布的生产过程中，氨纶断头、断纱自停装置未能及时停机或失灵，而织机继续运转导致在布面出现的横向向内凹的条纹（图 5-67）。

产生原因：同断纱。

消除方法：同断纱。

表现形式：在布的正面出现向内凹的横向条纹。

常见布类：可见于氨纶布。

图 5-66 断纱

图 5-67 断氨纶

3. 起横

在布的正面出现隐约的横向条纹（图 5-68）。

产生原因：喂纱张力不均匀，针筒同心度不正；混纱支、纱批，混缸，花纱，黄白纱等；纱通道不顺畅造成松紧纱；储纱器送纱轮坏了；粗细纱等。

消除方法：重新调机校正；换纱；检查送纱路径；修理或更换部件；换纱等。

表现形式：在布的正面出现隐约的横向条纹。

图 5-68　起横

常见布类：可见于任何布类。

三、针叶纱嘴疵点

1. 针叶路

在生产过程中，由于织机内的织针、针叶出现问题而导致成圈线圈不同，出现在布面的竖条纹现象（图 5-69）。

产生原因：变了形的针或针舌开关不正常所引起的；坑槽与坑槽间距离不等；针叶中飞花积聚多。

消除方法：经常性地对针进行检查；把针上的飞花油污清除干净；要经常性对针叶位进行清理，保持顺畅干净。

表现形式：布面线圈与线圈间的缝隙变大。

常见布类：双位衣较常见。

图 5-69　针叶、纱嘴疵

2. 烂针

在生产过程中，由于织针、针叶的问题而导致纱线没有按要求成圈或成圈出现异常情况，在布面形成一段浮线而非正常线圈（图 5-70）。

产生原因：棉纱中的粗节织造中的飞花或调试不正确而导致舌针受损。

消除方法：严格对纱线质量的把关；在机器上安装粗节自停装置；在机器的调试方面

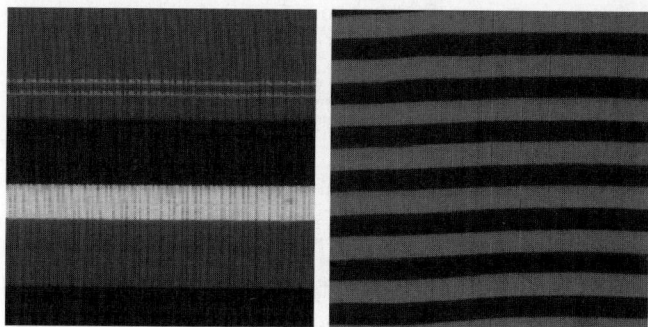

图 5-70　烂针

要做到认真、仔细，机台保养良好，减少飞花落到纱线上。

表现形式：在布面竖向出现的浮线，类似于抽针缝。

常见布类：可见于任何布类。

3. **爆孔**

在生产过程中，由于机械、原料的问题而令纱线在成圈过程中断裂，在布面形成的破洞（图 5-71）。

产生原因：针头受到原料疵点的磨损；原料太干燥，受纱扭、纱长的影响；一些纱线上张弱的部分，在编织时被织针拉断了。

消除方法：经常性检查织针；提高对纱线的质量把关；在机器上安装解扭器，使纱线不易扭结在一起；及时做好吹机工作，把机器吹干净。

表现形式：在布面由横向出现的破洞。

常见布类：可见于任何布类，以色织布居多。

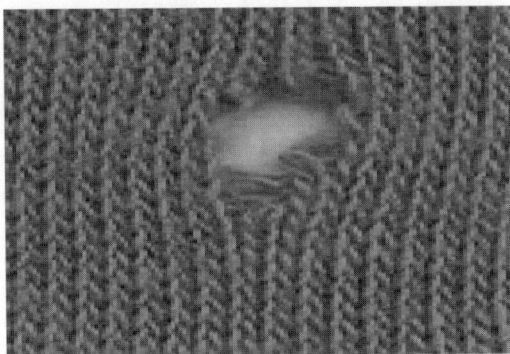

图 5-71 爆孔

4. **漏针**

在生产过程中，纱线未按要求成圈，未勾取应该进行织造的纱线，使线圈失去联系，而形成的竖向破洞（图 5-72）。

产生原因：针舌没有按要求闭合或打开；机速太快；纱嘴位置不正。

消除方法：要经常性检查针，对破针及时进行换针；机速要恰当，不宜过快；经常检查纱嘴，要注意纱嘴有无摆放准确位置。

表现形式：在布面竖向出现的小破洞；在双面布上，它只在一面有竖向的破洞。

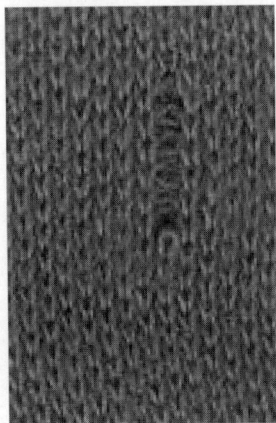

图 5-72 漏针

常见布类：可见于任何布类，以双面布居多。

5．油针

在生产过程中，由于织针针头受到油渍的污染，令在其上进行成圈过程的纱线沾污到油，在布面形成黄色或黑色的竖条纹油斑。

产生原因：针床或针叶受到油渍的污染；加油量过多溢出而令针头受到污染；输油管道出现问题。

消除方法：加油要恰当，不宜过多；经常性检查输油管道。

表现形式：在布面竖向连续出现发黄、发黑的直条油斑。

常见布类：可见于任何布类。

四、常见疵点的比较

（1）粗纱与粗节的区别：两者都是比正常纱线粗，粗纱是一大段的纱线有问题，而粗节是只有几厘米存在问题。

（2）黄白纱与深浅色的区别：黄白纱是原料有问题（如原料产地、产绵时间的不同），而深浅色是由染色不均所引起的。

（3）烂针与抽针缝的区别：抽针缝在布边，为了以后便于开幅；而烂针是在布的任何地方。

（4）断纱与断氨纶的区别：两者都是向内凹的，但是氨纶布在白炽灯照耀下是透明的，用手往断纱两边一拉，会出现横向破裂口子，而断纱同样在白炽灯照耀下，是不透明的。

本章小结

介绍了针织和针织物的概念，针织物与机织物的结构、性能比较；详细阐述了纬编针织物的基本组织及应用，简述了经编针织物的基本组织；介绍了针织物的性能指标，并简要分析了针织物的常见疵点及形成原因。

思考题

1．世界上生产针织机械的主要厂商有哪些？其主要产品有什么特点？

2．除了本章节介绍的织物组织外，针织产品还有哪些组织？有何特征？有何应用？

3．针织物的主要性能有哪些？它们对服装设计、生产会产生哪些影响？

第六章　织物染整

学习目标：

1. 了解染整用水的要求和硬水的软化方法，掌握表面活性剂在染整加工中的作用；

2. 掌握棉织物、麻织物、丝织物、毛织物的前处理主要内容、方法及效果评定，了解前处理工艺；

3. 掌握常见纺织纤维及织物的染色方法，理解染色原理；

4. 掌握常见纺织纤维织物的直接印花工艺，了解其他印花工艺；

5. 掌握棉织物和毛织物的常规整理内容及方法，了解丝织物和合成纤维织物的整理内容；

6. 了解纺织纤维及织物在染整加工过程中的质量疵病。

本章重点：

1. 纺织纤维的前处理内容及效果评定；

2. 纤维素纤维织物的活性染料染色方法、蛋白质纤维织物的染色方法和常见合成纤维织物的染色方法；

3. 常见织物的直接印花工艺；

4. 纤维素纤维织物和羊毛织物的常规整理。

第一节　染整用水及表面活性剂

纺织品染整加工主要是通过化学方法用各种机械设备对纺织品进行处理的过程。从染整加工和一般服用性能方面的要求来说，纺织品应有良好的润湿性，柔软的手感和洁白的色泽。

印染厂在染整加工中用水量很大，从退浆、煮练、漂白、丝光到染色、印花、整理以及锅炉供汽都要耗用大量的水。粗略估计，平均每生产1000m印染布耗水20t左右，其中煮练用水占一半以上。水质的好坏直接影响产品质量、锅炉使用效率和染化料、助剂的消耗用量。

印染厂主要使用的天然水有河水、井水和自来水。天然水中含有不同的悬浮液和水溶性杂质，如泥沙、动植物的残骸。悬浮液可以通过静置、澄清或过滤等方法去除。水溶性杂质主要是能溶于水的钙、镁的硫酸盐、氯化物及酸式碳酸盐等。含有较多水溶性杂质的水称为硬水。水溶性杂质含量的多少一般用硬度表示。

一、水的硬度

水的硬度（Hardness）通常以100万份水中钙、镁盐含量换算成碳酸钙的份数来表示，单位为ppm（毫克/升）。根据水的硬度数值，水可分为硬水和软水，具体区分标准见表6–1。

表6–1　硬水和软水区分标准表

水质	以CaCO₃含量计（mg·L⁻¹）	以总固体含量计（mg·L⁻¹）
极软水	0～15	—
软水	15～50	<100
中软水	—	100～200
略硬水	50～100	—
硬水	100～200	200～500
极硬水	>200	—

硬水用于染整加工会造成不良后果。染整加工时，硬水遇到肥皂会生成不溶性钙皂、镁皂沉积在织物上，不仅浪费肥皂，还会形成斑渍沾污织物，影响织物的手感和光泽。硬水中的钙镁离子不仅会影响织物的白度，还可能在漂白时起催化作用，引起纤维的脆损。漂洗时色度和纯净度差的水，易使漂后的织物发黄。染色时采用硬水可能使某些染料、助剂发生沉淀，造成色泽鲜艳度和牢度下降并导致染色不匀、色斑，同时浪费染化料。此外，锅炉使用硬水容易产生隐患。

在染整厂一般用于前处理、染色、印花后水洗的水总硬度应小于180ppm，配制化学药剂应使用总硬度小于18ppm的软水。若水质达不到要求，可以采取软化法来除掉水中钙镁盐。

二、硬水的软化

（一）化学软化法

化学软化法又称软水剂法。它是在水中加入石灰、纯碱、磷酸三钠或六偏磷酸钠、乙二胺四乙酸钠等化学药品的软化法。这些化学药品与水中的钙、镁离子作用或生成不溶性沉淀，使之从水中去除或形成稳定的可溶性络合物而达到软化水的目的。

（二）离子交换法

采用离子交换剂除去水中的钙、镁离子的软化法。常用的离子交换剂有磺化煤和离子交换树脂。磺化煤耐酸、耐碱，价格低廉，但不耐热，机械强度低，交换能力差，再生剂耗量大，已经被交换能力强、机械强度、耐热度高的离子交换树脂代替。

三、表面活性剂

（一）表面活性剂的作用

印染加工几乎都是在水溶液中进行，由于水具有较大的表面张力，使水溶液不能迅速良好地润湿并渗透纤维，不利于印染加工的进行。所以，通常在水中加入一种能够明显降低水的表面张力的物质，这种物质称为表面活性剂（Surfactant）。它们的分子中都含有亲水基（如羧基、磺酸基、硫酸酯基、醚键等）和疏水基（如长链烃基）。表面活性剂在染整加工中应用十分广泛，一般具有润湿、渗透、乳化、分散、增溶、洗涤、起泡和消泡作用。

（1）润湿作用：是指表面活性剂能使水滴在织物表面展开的作用。这种作用发生在物体的表面。

（2）渗透作用：是指表面活性剂使水滴在织物表面展开并向内部渗透，把空气取代出去的作用。这种作用发生在物体的内部。

（3）乳化作用：是指将一种液体以极细小的液滴均匀分散在另一种与其互不相溶的液体中所形成的分散体系的作用。

（4）分散作用：是将一种固体物质的微小粒子均匀地分散在液体中所形成的分散体系的作用。

（5）增溶作用：一些非极性的碳氢化合物如苯、矿物油等在水中的溶解度是非常小的，但却可以溶解在表面活性剂的胶束中，形成类似于透明的真溶液。这种作用就是增溶作用。

（6）洗涤作用：一是降低污垢与织物表面的结合力，具有使污垢脱离织物表面的作用；二是具有防止污垢再沉积的作用。

（7）起泡和消泡作用：起泡可以增强洗涤剂的携污能力，减少再沾污现象，对洗涤起到一定的辅助作用。在一些新型染整加工技术中也需要稳定的泡沫存在。在一般染整加工中，如染液、色浆中的泡沫会造成染色和印花疵病，需要消泡剂破坏或抑制泡沫。

（二）表面活性剂的种类

如果按表面活性剂的亲水基在水中是否离解来分类的话，表面活性剂可分为离子型表面活性剂和非离子型表面活性剂，离子型表面活性剂按离解的离子种类又可分为阴离子型表面活性剂、阳离子型表面活性剂和两性离子型表面活性剂。

1. 离子型表面活性剂

（1）阴离子表面活性剂：指在溶液中离解后，亲水基团带有负电荷的一类表面活性剂。如肥皂、烷基磺酸钠、分散剂NNO、太古油等。它是应用历史最久、使用量最大、价格最低廉的表面活性剂，具有极好的去污、乳化、分散、增溶等作用。在染整加工中主要用作洗涤剂及润湿剂、渗透剂、乳化剂和分散剂等。

（2）阳离子表面活性剂：指在溶液中离解后，亲水基团带有正电荷的一类表面活性剂，主要有伯铵盐、仲铵盐、叔铵盐、季铵盐等。它洗涤能力不强，价格较贵，一般不用作洗涤剂。在染整加工中常用作柔软剂、匀染剂、固色剂、防水剂、抗静电剂、杀菌防霉剂等，如有匀染剂1227、防水剂PF等。

（3）两性表面活性剂：是指在溶液中离解后，亲水基团既有负电荷又有正电荷的一类表面活性剂。价格较贵，一般很少使用，如抗静电剂BS—12。

2. 非离子表面活性剂

是指在水溶液中不能离解，亲水基团不带电荷，靠整个分子中的极性部分和非极性部分来显示其表面活性的一类表面活性剂。它的配伍性好，又有好的润湿、渗透、乳化、增溶和低泡性能。如：平平加O、渗透剂JFC。

第二节 纺织品前处理

纺织品所含的杂质一般有两大类，一类为天然杂质，如棉花、麻纤维上的蜡状物质、含氮物质、果胶物质、色素和矿物质等，羊毛纤维上的羊脂、羊汗等；另一类为纺织加工过程中所上的浆料、油剂和沾染的污物等。这些杂质会使织物色泽欠白，手感粗糙，而且吸水性差，所以在染色式印花之前需对纺织品进行前处理。前处理主要是去除杂质，提高纺织品的服用性能，并有利于后续加工的进行。由于织物品种较多，如棉、蚕丝、羊毛、麻以及化学纤维等制成的各种纺织品，它们性质各异，而且各工厂的生产条件不相同，因此纺织品前处理时采用的工艺和设备不尽相同，加工的方式也有差别。下面主要介绍棉、麻、羊毛、丝、合成纤维织物的前处理。

一、棉织物的前处理

棉织物上的天然杂质有棉籽壳、蜡状物质、含氮物质、果胶物质、色素、矿物质和浆料等。蜡状物质若去除过多，会影响棉织物的手感，其他杂质的绝大部分则必须在前处理过程中去除。前处理一般通过退浆、煮练、漂白三个主要过程来完成。退浆过程主要是去除浆料以及部分蜡状物质、含氮物质、果胶物质等。煮练过程可以去除部分蜡状物质、含氮物质、果胶物质、棉籽壳和部分色素。漂白过程主要去除色素以及剩余的其他物质。棉织物前处理的主要工序一般为：坯布准备→烧毛→退浆→煮练→漂白→开幅、轧水、烘燥→（丝光）。

前处理产品的质量主要用纤维素纤维的铜氨溶液的流速、吸水性（毛细管效应）和白度等指标来衡量。

（一）原布准备

由于加工量大，一般抽查10%左右原布进行练漂前的检查。检查内容包括织物的规格和疵病两项。前者是指布的长度、幅度、重量、经纬纱支数、密度和强力等；后者指纺疵、织疵、各种斑渍及破损等。检查过后发现病疵及时加以修理及处理或品种调整等。

检查后，将原布进行分批、分箱，并在布头上打印，标明品种、加工工艺、批号、箱号、发布日期和翻布人代号等，便于管理。因为连续加工，所以必须将原布加以缝接。缝接方法有假缝式和环缝式两种。前者较为坚牢，但布头重叠卷染时易造成横档疵病；后者布头平整但不牢。

（二）烧毛（Singeing）

纱线纺成后，虽然经过加捻并合，仍然有很多松散的纤维末端露出纱线表面，在织物表面上形成长短不一的绒毛。所以棉织物在前处理之前都需要经过烧毛来除掉织物表面绒毛，使布面光洁美观，并防止在染色、印花时因绒毛的存在而产生染色不匀及印花疵病。

织物烧毛是将织物平幅迅速地通过火焰或擦过赤热的金属表面，这时布面上存在的绒毛很快升温，并发生燃烧，而布身比较紧密，升温较慢，在未升到着火点时，已离开了火焰或赤热的金属表面，从而达到既烧去了绒毛又不使织物损坏的目的。烧毛还必须均匀，否则经染色、印花后便呈现色泽不匀。烧毛设备主要有气体烧毛机、铜板烧毛机和圆筒烧毛机，目前以气体烧毛机为主。烧毛时，织物通过刷毛箱、烧毛口、灭火装置。

烧毛质量评定方法是将已烧毛的织物折叠，迎着光线观察凸边处绒毛分布情况，根据下列情况评级：

1级：原坯未经烧毛

2级：长毛较少

3级：长毛基本没有

4级：仅有短毛，且较整齐

5级：烧毛净

一般烧毛质量应达到3~4级，稀薄织物达到3级即可。

（三）退浆（Desizing）

退浆是用化学处理方法去除原布上的浆料和部分天然杂质，以利于以后的煮练和漂白加工。

以纱为经线的织物在织造前都必须经过上浆处理，以提高经纱的强力、耐磨性及光滑程度，从而减少经纱断头，保证织布顺利进行。但坯布上的浆料对印染加工不利，因为浆料存在会沾污染整工作液，耗费染化料，甚至会阻碍染化料与纤维的接触，影响产品的印染质量。因此织物在染整加工前必须要经过退浆处理来除掉浆料。

经纱上浆用的浆料有天然和化学合成两大类。棉一般采用淀粉或变性淀粉浆。织物所含浆料一般为布重的4%～5%，而纱卡其不上浆或上浆率在1%以下。根据原布的含杂和退浆要求，可采用不同方法退浆，如酶退浆、碱退浆、氧化剂退浆、酸退浆等。退浆过程必须进行充分的水洗。

1. 酶退浆

酶是一种高效、高度专一的催化剂，它是某些动植物或微生物所分泌的一种蛋白质，对某种物质的分解有特定的催化作用。对淀粉具有催化作用的酶称为淀粉酶，它对淀粉的水解有高效催化作用，可用于淀粉或变性淀粉的退浆。不同淀粉酶退浆条件pH、温度不同。如BF～7658退浆工艺：2000倍淀粉酶1～2g/L，食盐5g/L，pH6～7，温度55～60℃，浸轧后保温堆置2～4h或堆置20min后，在100～120℃汽蒸5min，最后水洗。

特点：此退浆法所需时间较短，去浆完全，作用条件温和，不需要高温高压，不易损伤纤维，但去杂较少，对棉籽壳不起分解作用，对化学浆不起退浆作用。

2. 碱退浆

在热碱的作用下，淀粉和化学浆都会发生强烈溶胀，然后用热水洗去。含氮物质和果胶物质等天然杂质经碱作用也发生部分分解和去除，减轻了精练的负担。

棉织物退浆工艺：在烧毛的灭火槽中浸轧2～4g/L烧碱溶液（60～70℃），接着再在浓度为4～10g/L、温度为70～80℃的碱液里浸轧，然后通过自动堆布器堆入保温保湿的积布池中，堆置6～12h，最后水洗。

特点：可利用丝光或煮练后废碱液，所以成本低，适用于各种浆料，去杂多，对棉籽壳分解作用大，但堆置时间长，对浆料不起降解作用，所以在水洗槽中水液黏度大，容易沾污织物。

3. 氧化剂退浆

在强氧化剂如过酸盐、过氧化氢、亚溴酸钠等都有使各种浆料大分子断裂降解的作用，从而使浆料容易从织物上洗除。过氧化氢是使用最广的退浆剂。退浆时过氧化氢在碱性条件下会分解形成具有高氧化作用的过氧化氢负离子，从而具有漂白作用，使用过程中需要加入稳定剂如硅酸钠、螯合剂等。

过氧化氢退浆工艺：浸轧退浆液（100% NaOH 4～6g/L，35% H_2O_2 8～10mL/L，渗透剂2～4mL/L，稳定剂3g/L，轧余率90～95%，室温）→汽蒸（100～102℃，10min）→水洗。

特点：退浆速度快，效率高，织物白度增加，退浆后织物手感柔软。缺点是氧化剂的强氧化性对纤维素也有氧化作用，使得纤维素发生降解，强力下降。

4. 酸退浆

在适宜的条件下，稀硫酸能使淀粉等浆料发生一定程度的水解并转化成水溶性较高的产物，易于洗除，但纤维素在酸性条件下也会发生水解断裂，强力下降。因此酸退浆很少单独使用，常与酶退浆或碱退浆联合使用。

工艺：将经过碱或酶退浆并充分水洗、脱水后的湿棉布，再在稀硫酸溶液（4~6g/L，40~50℃）中浸轧，堆置45~60min，最后充分水洗。

特点：具有良好的退浆作用，能使棉籽壳膨化，提高织物白度，因此特别适用于含杂较多的棉织物，但使用时应注意酸的浓度、温度、作用时间等不能太剧烈。

退浆效果衡量指标为退浆率。

（四）煮练（Scouring）

煮练的目的是在高温浓碱液中去除退浆之后织物上残留的蜡状物质、果胶物质、含氮物质及部分油剂，使织物具有一定的吸水性，便于印染过程中染料的吸附和扩散。

煮练的主要用剂是烧碱，它能使棉纤维上的脂肪酸皂化，皂化后的产物具有良好的乳化能力，能使不易皂化的蜡质等杂质乳化，并能使含氮物质和果胶物质分别水解成可溶性物质而去除。

煮练助剂是表面活性剂、硅酸钠和亚硫酸氢钠等。表面活性剂能降低表面张力，起润湿、净洗和乳化作用，使煮练液易于润湿织物，有利于杂质的去除，并提高净洗效果。硅酸钠能吸附煮练液中的铁质及其他杂质，提高织物吸水能力和白度。亚硫酸氢钠可以提高棉布的白度，并且可以防止在高温煮练产生氧化纤维素。

煮练效果衡量指标为毛细管效应（Capillary effect）。毛细管效应是将织物一端垂直浸在水中，测量30min后水上升的高度。一般织物的毛细管效应要求每30min达到8~10cm。

（五）漂白（Bleaching）

漂白的目的是为了去除煮练之后纤维上的天然色素，赋予织物必要的和稳定的白度，而纤维本身不受损伤。一般有以下几种漂白方法：

1. 次氯酸钠漂白

成本较低，设备简单，但对退浆煮练的要求高。另外，次氯酸钠中的有效氯会对环境造成污染，目前使用次氯酸钠漂白工艺不多。

2. H_2O_2漂白

适合于平幅汽蒸，漂白后的织物手感、白度最好，且无公害，是目前棉织物漂白的主要方法。

工艺：室温浸轧漂液（100% H_2O_2 3~6 g/L，稳定剂NC~604 4g/L，精练剂NC~6021g/L，pH10~11，带液率100%）→汽蒸（95~100℃，45~60min）→水洗。

3. 亚氯酸钠漂白

去杂效果最好，对纤维损伤最小，适用于高档棉织物的漂白加工，但成本高，而且释放出来的ClO_2气体有毒，需要有良好的防护措施。

衡量漂白效果的指标是白度（Whiteness），不同织物对白度要求不一样。白度达不到要求则需要进行复漂或者增白。

（六）开幅、轧水、烘燥

经过练漂加工后的绳状织物必须恢复到原来的平幅状态，才能进行后续加工。绳状织物扩展成平幅状态的工序叫开幅，在开幅机上进行；开幅后轧水能较大程度地消除前工序绳状加工带来的折皱，使布面平整，在流水冲击下会进一步去除杂质；织物经过轧水后，还含有一定量的水分，这些水分只能通过烘燥去除。这三个工序简称开轧烘。如果前序加工是平幅进行，则只需要轧水、烘燥。

（七）丝光（Mercerization）

丝光是指棉织物在一定张力作用下经浓碱溶液处理，以获得稳定的尺寸、耐久的光泽及提高对染料的吸附能力的加工过程。丝光有原布丝光、漂后丝光、漂前丝光、染后丝光、湿布丝光等。

工艺：

室温浸轧180~280g/L的烧碱溶液（补充300~350g/L），保持带浓碱时间50~60s，并使经纬向都受到一定的张力。然后在张力条件下冲洗去烧碱，直到每千克干织物上的带碱量小于70g后，才可以放松纬向张力并继续洗去织物上的烧碱，使丝光后落布幅宽达到成品幅宽的上限，织物pH为7~8。

衡量丝光效果的指标是钡值，钡值是相对地表示丝光纤维的化学能力的效果，它是丝光纤维与未丝光纤维对氢氧化钡的吸收数量比值。一般丝光后棉织物的钡值为130~150。决定丝光效果的主要因素有碱浓度、温度、作用时间以及对织物所施加的张力。

二、苎麻纤维织物前处理

苎麻（China grass）是麻类纤维中品质最好的一种。苎麻收割后，从麻茎上剥取麻皮，再从麻皮上刮去青皮，得到苎麻的韧皮，经晒干后成为苎麻纺织厂的原麻。原麻上含有大量杂质，其中以多糖胶状物为主，含胶量一般在20%以上，必须使含胶量降到2%左右才能进行纺织。除掉胶质的过程称之为脱胶，脱胶的过程中苎麻的单纤维相互分离。织成织物后，视含杂情况和产品要求进行不同程度的前处理。前处理工序基本同棉织物。

（一）烧毛

一般采用接触式圆筒烧毛机烧毛。温度1350℃，二正二反，车速80~100m/min。

（二）退煮

纯麻稀薄织物，退煮可以合一。厚重织物可以采用先退浆（根据上的浆料选择合适的退浆方法）后煮练工艺。煮练液处方为：烧碱5~18g/L，纯碱5g/L左右，时间2~5h。

（三）漂白

采用氯漂或氧漂。绳状：次氯酸钠（有效氯含量1.8g/L），然后堆置1h，再用过氧化氢（双氧水）进行脱氯处理。

（四）丝光

烧碱150~180g/L。丝光后落布pH应接近中性。

三、羊毛纤维织物前处理

从羊身上剪下来的原毛含有40%~50%的杂质，杂质可分为天然杂质和附加杂质两类。天然杂质包括羊脂、羊汗；附加杂质主要为植物性杂质、尘土等。羊毛必须经过前处理才能进行纺织加工，前处理主要包括洗毛、炭化和漂白。

（一）洗毛

原毛在纺织前先要洗毛以去除羊脂、羊汗以及尘土杂质。洗毛一般采用皂碱法、合成洗涤剂加纯碱和溶剂法等。羊毛中含有的酰胺键不耐碱，温度较高时会发生水解，而且二硫键与盐式键断裂，严重损伤纤维，在染整加工过程中必须要十分注意。

洗毛质量的好坏，是用羊毛的含脂率衡量的，一般要求含脂率1.2%左右，使羊毛的手感柔软丰满，并有利于梳毛和纺织过程的进行。

（二）炭化（Carbonization）

经过洗毛和洗呢以后，大部分天然杂质已去除了，但还存在植物性杂质如枝叶、草籽等碎片，有损羊毛外观，加工亦易造成染疵，特别是染深色时尤为明显，所以必须经过炭化处理以去除。炭化是利用植物性杂质和羊毛纤维对无机酸有不同的稳定性原理，高温时植物性杂质的主要成分纤维素遇到酸脱水炭化，炭化后的杂质焦脆易碎，在机械作用下可从羊毛纤维中分离，从而除掉杂质。方式有散毛炭化、毛条炭化、匹炭化等。工序都是浸水（室温，20~30min）、浸轧酸液（H_2SO_4 32~55g/L室温15~20min）、脱酸、烘干（60~80℃）、焙烘（100~110℃）、轧炭、中和水洗（纯碱1%~2%）、烘干。所用酸一般为硫酸。

（三）漂白

羊毛织物洗练之后都比较洁白，一般不用经过漂白。对于白度要求较高的织物如白色女式呢、凡立丁、华达呢及绒线等需加以漂白。最常用H_2O_2进行漂白。含氯的氧化剂由于对羊毛有氯损作用，损伤羊毛，所以不能用于漂白羊毛。

工艺：过氧化氢（30%）10g/L，过氧化氢分解酶4mL/L，稳定剂8g/L，pH为5.5，浴比1∶20，室温浸渍60min。

四、蚕丝织物前处理

蚕丝中含有大量杂质，其中的天然杂质主要是纤维本身所含有的丝胶、油蜡、无机物、色素等，附加杂质主要是在织绸时加入的浆料、为识别捻向所加的着色染料和操作过程中的沾上的油污等。这些杂质不仅影响蚕丝的优良品质，而且影响染整加工。蚕丝织物的前处理主要是精练和漂白。精练的目的主要是去除丝胶，同时附着在丝胶上的杂质也一并除去，因此，蚕丝的精练也叫脱胶。

（一）精练（Degumming）

蚕丝由丝胶（Sericin）和丝素（Fibroin）两部分组成。丝胶和丝素的分子结构存在很大差异，使得两者对水、化学品及蛋白质水解酶等的作用有明显不同。丝胶可溶于水，对化学品、蛋白质水解酶较敏感，而丝素则不溶于水，对化学品、蛋白质水解酶显示一定的稳定性。利用这一特性，可在一定的工艺条件下将丝胶脱去而不损伤丝素。

脱胶常见的方法有皂—碱法、合成洗涤剂—碱法及酶脱胶法。这里主要介绍皂—碱法工艺。

皂—碱法工艺流程为预处理、初练、复练、后处理。

预处理：纯碱0.5~1.5g/L，浴比（1∶40）~（1∶50），80~85℃，45~60min。

初练：肥皂7~9g/L，硅酸钠 1~2g/L，纯碱0.3~0.6g/L，保险粉0.3~0.4g/L，浴比（1∶40）~（1∶50），温度98~100℃，80~100min。

复练：肥皂用量为初练的一半，其他助剂用量同初练，浸渍60min。

后处理：采用逐步降温水洗，脱水烘干。

（二）漂白

经过脱胶以后，一般织物不需要经过漂白处理，但对白度要求高的织物需漂白，漂白用过氧化氢，次氯酸钠不能用来漂白丝织物。

工艺流程：30%过氧化氢 2~4g/L，硅酸钠 1~2g/L，平平加O 0.2~0.3g/L，浴比（1∶20）~（1∶30），pH8~8.5，温度70℃，60~120min。

五、化学纤维及其混纺织物的前处理

化学纤维在制造过程中已经经过洗涤去杂甚至漂白，但在织造过程中要上浆且可能沾上油污，因此仍需要进行一定程度的前处理。为了改善织物的服用性能，常和其他纤维进行混纺。这里简单介绍几种常见的化学纤维及其混纺织物。

（一）再生纤维素纤维织物前处理

黏胶纤维的织物前处理加工工序与棉织物基本相同，加工过程中采用松式设备，不能采用过分剧烈的工艺条件。

Lyocell纤维织物的前处理工艺为：烧毛（二正二反，70～80m/min）→碱氧→浴法退浆（100%烧碱 20 g/L，100% 过氧化氢 7g/L，表面活性剂GJ 10g/L，精练剂22 6～10g/L，40℃浸轧，堆置16～18h）→原纤化（润滑剂 2～4g/L，碳酸钠 2～5g/L，95～105℃，60～100min）→纤维素酶处理（根据所选择的酶不同工艺有所不同）。

Modal纤维织物工艺和黏胶纤维织物工艺基本相同，丝光采用半丝光，即烧碱浓度为110～120g/L。

竹纤维织物和黏胶纤维织物基本相同，纯竹纤维织物一般不需要丝光。

（二）大豆蛋白纤维织物前处理

大豆蛋白纤维织物布面杂质少，所上浆料主要是以淀粉为主的混合浆料。前处理工艺为：

烧毛（1100℃，一正一反，车速120m/min）→退浆（淀粉酶2g/L，pH6～6.5，60～70℃堆置40min）→漂白（过氧化氢8g/L，硅酸钠3g/L，80℃，45min）。

（三）合成纤维织物的前处理

合成纤维织物前处理主要在于去除油污和浆料。

纯涤织物可以3～5g/L肥皂，1g/L纯碱和0.3 g/L的硅酸钠进行退浆煮练，100℃处理60min，然后水洗即可。如需漂白可选用过氧化氢和亚氯酸钠。

（四）混纺和交织织物的前处理

混纺和交织织物的前处理工艺和条件应根据混纺织物的各种纤维的含杂情况、性能、混纺比等情况的不同而不同，在保证去杂的同时，又不损伤任何一种纤维。这里主要介绍涤棉混纺和交织织物的前处理。

涤棉织物的前处理一般包括：烧毛、退浆、煮练、漂白、丝光和热定型。

1. 烧毛

采用气体烧毛机，一正一反烧毛，高温快速。

2. 退浆

涤棉混纺织物上的浆料是以聚乙烯醇为主的混合浆料，因此可选用热碱退浆或氧化剂退浆。

热碱退浆工艺为：浸轧80℃的含烧碱5~10g/L的溶液，堆置或汽蒸30~60min，然后水洗至pH为7~8。

3. 煮练

浸轧煮练液（烧碱8~10g/L、渗透剂2~5g/L）→汽蒸（95~100℃、60min）→水洗。若涤棉织物中棉比例高，则烧碱用量也应适当增加。

4. 漂白

工艺与棉织物基本相同。漂白剂含量应稍微低些。

5. 丝光

涤纶不耐碱，所以丝光时碱液浓度要低些，温度也要低点。

6. 热定型

热定型温度180~210℃，时间15~60s。

第三节 纺织品染色

一、染色的基本知识

（一）光与色的基础知识

日光是由不同波长的色光组成的，通过三棱镜可将阳光分解为红、橙、黄、绿、蓝、靛、紫七种不同颜色的光，称为可见光。可见光的波长范围为380~780nm。比可见光的波长还短的光有紫外线、X射线、γ射线，比可见光的波长还长的光有红外线、无线短波、无线电长波。阳光中含有很多对互为补色的光。所谓互为补色的光是指某两种波长的光混合后能得到白色光的光线，如黄与蓝为互补色。

染料具有某种颜色，是因为它们能够选择吸收阳光中的一定波长的光线，而反射出被吸收光线的补色光。例如，蓝色物体是因为该物体较多地吸收了黄光而反射出蓝光。

各种物质对阳光的吸收、反射能力是不同的。物体若能全部反射阳光，完全没有透过或吸收光线，这个物体为白色；如果光线能够全部透过某物体，这个物体呈现无色透明状；如果可见光被全部吸收，则该物体是黑色的；如果各波段可见光被均匀吸收一部分时则该物体呈灰色。染料混合的效果与光不同，不同颜色的染料混合起来不是得到白色染料而是黑色染料，这种拼色后得到黑色染料的颜色称为互补色。

在印染加工中，为了获得一定的色调（Hue），常需用两种以上的染料进行拼染，通常称为拼染和配色。品红、黄、青三色为拼色的三原色。用不同的原色拼合，可得红、绿、蓝三色，称为二次色。用不同的二次色拼合，或以一种原色和黑色或灰色拼合，则所得颜色称为三次色。它们的关系表示如图6-1所示：

原色	品红	黄	青	品红	黄
二次色		红	绿	蓝	红
三次色		黄灰	青灰	紫灰	

图6-1 各颜色的关系

（二）染料（Dye）的概述

染料是指能使纤维或其他基质染色的有色有机化合物。但并非所有的有色有机化合物都可作为染料，染料对所染的纤维要有亲和力，并且有一定的染色牢度。染料可用于棉、毛、丝、麻及化学纤维等织物的染色，但不同的纤维所用的染料也有所不同。纺织纤维的染色，主要用水作为染色介质，所用的染料大多能溶于水，或通过一定的化学处理转变为可溶于水的衍生物，或通过分散剂的分散作用制成稳定的悬浮液，然后进行染色。

1. 染料的分类

染料的分类方法有两种，一种是按应用分类法来分，用于纺织品染色的染料主要有以下几种：直接染料（Direct dyes）、活性染料（Reactive dyes）、还原染料（Vat dyes）、可溶性还原染料（Solubilised vat dyes）、硫化染料（Sulfur dyes）、不溶性偶氮染料（Insoluble azo dyes）、酸性染料（Acid dyes）、酸性媒染染料（Acid mordant dyes）、酸性含媒染料（Premetalized acid dyes）、阳离子染料（Cationic dyes）、分散染料（Disperse dyes）等；另一种按化学分类方法，可分为偶氮染料（Azo dyes）、蒽醌染料（Anthraquinone dyes）、靛族类染料（Indigoid dyes）、三芳甲烷染料（Triarylmethane dyes）等。

各类纤维各有其特性，应采用相应的染料进行染色。纤维素纤维织物可用直接染料、活性染料、还原染料、可溶性还原染料、硫化染料、不溶性偶氮染料等进行染色。蛋白质纤维织物和锦纶织物可用酸性染料、酸性媒染染料、酸性含媒染料等染料染色；腈纶织物可用阳离子染料染色；涤纶织物用分散染料染色。

2. 染料的命名

染料的品种很多，每一个染料根据其化学结构都有一个化学名称。国产的商品染料采用三段命名法命名：第一段为冠首，表示染料的应用类别；第二段是色称，表示染料染色后呈现的色泽名称；第三段为字尾，用数字、字母表示染料的色光、染色性能、状态、用途、纯度等。如酸性红3B，其中"酸性"是冠首，表示酸性染料；"红"是色称，说明染料在纤维上染色后所呈现的色泽是红色的；"3B"是字尾，"B"说明染料的色光是蓝的，"3B"比"B"更蓝，这是个蓝光较大的红色染料。

在染料的名称中往往有百分数，如50%、100%，它表示染料的强度或力份。它是将标准染料的力份定为100%，与标准品在相同条件下染色，若染得色泽深浅相同时所需的染料量为标准品染料量的0.5倍，则力份为200%；若是2倍，则力份为50%。

3. **染色牢度**（Fastness）

染色产品的色泽应鲜艳、均匀，同时必须具有良好的染色牢度。染色牢度是衡量染色产品质量的重要指标之一。染色牢度是指染色产品在使用过程中或染色以后的加工及服用过程中，在各种外界因素的作用下，能保持其原来色泽的能力。保持原来色泽的能力低，则容易褪色，则染色牢度低；反之染色牢度高。染色牢度种类有许多，主要有耐晒牢度、耐气候牢度、耐洗牢度、耐汗渍牢度、耐摩擦牢度、耐升华牢度、耐熨烫牢度、耐漂牢度、耐酸牢度、耐碱牢度等。除耐晒牢度为8级外，其他牢度都为5级九档，1级表示牢度最差，5级最好，各种试验方法均可参见国家标准。

染料在某一纤维上的染色牢度，主要决定于它的化学结构，另外染料在纤维上的状态、染料与纤维的结合情况、染色方法和工艺条件等对染色牢度都有很大的影响。染色产品的用途不同，对染色牢度的要求也不同。

（三）染色基本理论

1. **染料在溶液中的状态**

染料按溶解度的大小，可分为水溶性染料和难溶性染料。水溶性染料一般含有水溶性基团，染料以离子状态存在，而染料离子之间与分子之间会发生不同程度的聚集形成染料聚集体，使染料具有胶体性质，在染液中，染料离子、分子和其聚集体之间存在着动态平衡关系。难溶性染料在水中的溶解度很小，如分散染料、还原染料等染料在水中主要以分散状态存在，即以悬浮液状态存在，在染液中，一部分染料以细小的晶体状态悬浮在染液里，一部分溶解在分散剂的胶束中，小部分染料成溶解状态，这三种状态保持一定的动态平衡。

2. **上染过程**

所谓上染，就是染料从染液（或介质）中向纤维转移，并使纤维染透的过程。染料上染纤维的过程大致可分为以下三个阶段：

（1）吸附阶段：染料从染液向纤维表面扩散，并上染纤维表面。

（2）扩散过程：吸附在纤维表面的染料向纤维内部扩散。

（3）固着过程：染料固着在纤维内部。

染料的吸附是由于染料与纤维之间具有吸引力（范德华力、氢键和库仑力）。范德华力、氢键和库仑力在染料的上染过程中往往同时存在，但每种力在上染过程中所起作用的大小在不同染料对不同纤维的染色中各不相同。染料的上染性能一般用直接性（Substantivity）或亲和力（Affinity）表示。直接性可用上染百分率（Percentage of exhaustion）表示。上染百分率指上染在纤维上的染料量与原染液中所加染料量的百分比值，上染百分率高的染料称之为直接性高。亲和力是染料对纤维上染的一个特性，决定于纤维和染料的性质。染料的吸附是可逆过程，即吸附和解吸同时进行，直至吸附速率和解吸速率相等，吸附达到平衡。染料在纤维上的吸附是否均匀对最终染色是否均匀有很大影响。

染料在纤维上吸附后，开始向纤维内部做不规则运动，称为扩散，这种扩散是固态扩散，速率很慢。对于扩散理论人们提出了两种模型：孔道模型和自由体积模型。孔道模型适用于染料在亲水性纤维和玻璃化温度以下染色的疏水性纤维中的扩散。自由体积模型适用于在水中溶胀很小的疏水性纤维。染料的扩散和吸附一样也是可逆过程，染色进行到一定时间后，吸附和扩散都会达到平衡，此时即染色平衡，纤维上的染料量不再增加，达到染色平衡时的上染百分率称为平衡上染百分率，它是在规定条件下所能达到的最高上染百分率。上染百分率达到平衡上染百分率一半时所需的染色时间称为半染时间（Half-dyeing time）。半染时间短表示染料的染色速率快，染色拼色时，应选用半染时间相近的染料。

染料在纤维中的固着是上染的最后阶段，这一阶段对染色牢度的影响很大。染料与纤维主要通过范德华力、氢键、离子键合共价键结合，结合越牢固则染色牢度越好。

3. 染色方法

按纺织品的形态不同，主要有散纤维染色、纱线染色、织物染色三种。散纤维染色多用于混纺织物、交织物和厚密织物所用的纤维；纱线染色主要用于纱线制品和色织物或针织物所用纱线的染色；织物染色是被染物为机织物或针织物，可以是纯纺织物或混纺织物。除上述方法外还有原液着色、成衣染色等。

根据把染料施加于被染物和使染料固着在纤维中的方式不同，染色方法可分为浸染（Exhaust dyeing）和轧染（Pad dyeing）两种。浸染是将纺织品浸渍在染液中，经一定时间使染料上染纤维并固着在纤维中的染色方法。适合于散纤维、纱线、针织物、真丝织物、丝绒织物、稀薄织物、网状织物等不能经受张力或压轧的被染物的染色；轧染是将织物在染液中浸渍后，将染液挤入纺织品的组织空隙中，同时将织物上多余的染液挤除，使染液均匀地分布在织物上，再经过汽蒸或焙烘等后处理使染料上染纤维的过程，浸轧过程必须防止染料的转移而导致染色不匀。轧染一般适合于机织物、丝束和纱线的染色，不能经受张力或压轧的织物不宜用轧染。

4. 染色设备

染色设备是染色的必要手段。对染色设备的要求主要是在染色过程中要使纺织品能染匀透，并且使纺织品损伤要小，除此，还要求染色设备能适应纺织发展高效、高速、连续化、自动化、低能耗、低废水排放、多品种小批量等需求。

染色设备种类很多，按照纺织品形态分类，染色设备可分为织物染色机、纱线染色机、散纤维染色机；按染色时压力和温度情况分类，染色设备分常温常压染色机和高温高压染色机；此外，还可按操作是间歇还是连续、织物是平幅还是绳状分类。

二、纤维素纤维织物染色

（一）直接染料（Direct dyes）染纤维素纤维织物

1. 直接染料的基础知识

直接染料能溶于水，分子中大都具有磺酸基、羧酸等可溶性基团，能直接上染于纤维素纤维。直接染料的色谱齐全，染色方法简单，价格便宜。染色后的织物水洗牢度不高，需要用固色剂进行固色，提高水洗牢度。日晒牢度随品种不同分为2~7级。在棉织物的染色中，直接染料主要用于纱线、针织品和需耐日晒而对湿处理牢度要求较低的装饰织物，如窗帘、汽车座套等。

2. 分类

根据直接染料染色性能不同可以分为三大类：

（1）匀染性染料：移染性能良好，可通过移染而获得均匀的染色效果。如直接冻黄G。

（2）盐效应染料：移染性较差，染浴中需加食盐，增强染料的上染，控制上染过程，使染色均匀。如直接湖蓝5B。

（3）温度效应染料：匀染性很差，染浴中不需加入食盐就可能达到较高的上染百分率。温度对它们的上染影响较大，提高温度，其上染速率加快。这类染料可通过控制升温速度而获得均匀的染色效果，如直接黄棕3G。

拼色时应选用同一类染料染色。

3. 染色原理

直接染料分子结构呈线型，具有平面性，染料和分子间的范德华力较大，同时染料分子结构上具有氨基、羟基、偶氮基、酰氨基等。直接染料与纤维素纤维中的羟基形成氢键，与蛋白质纤维中的羟基、氨基等形成氢键，使染料对纤维有直接性。盐和温度对不同的直接染料上染影响不同。染料分子中含磺酸基数目越多，加入电解质后的促染作用就越大。对于温度效应染料，盐的作用不明显。温度对不同染料上染性能的影响不同。在常规染色时间内，得到最高上染百分率的温度称为最高上染温度，根据最高上染温度不同，生产上把直接染料分为低温染料（最高上染温度70℃以下）、中温染料（最高上染温度70~80℃）和高温染料（最高上染温度90~100℃）。

4. 染色方法

直接染料用于棉织物的染色，可用浸染、卷染、轧染和轧卷染色。大多采用卷染方式进行染色。浴比为1：（2~3），染色温度根据染料性能而定，染色时间为60min，染液中一般含有染料、纯碱、食盐或者元明粉。为避免前后色差，染料分两次加入，染色前加60%，第一道末加40%，盐在第三、第四道末分批加入。

直接染料染黏胶纤维织物时，染色方法和工艺流程基本上与棉织物相同，但由于黏胶纤维具有皮芯结构，所以黏胶纤维织物的染色温度比棉织物高，染色时间也较长。

直接染料在蛋白质上的应用主要是染蚕丝以弥补酸性染料的色谱不足。染色在中性或弱酸性条件下进行，一般用松式绳状染色机，40℃左右开始染色，逐渐升温到90～95℃，保温染60min，然后水洗、固色。

5. 直接染料在织物上的后处理

一般直接染料的染色牢度不高，尤其是湿处理牢度不高，采用以下处理方法：

（1）金属盐后处理：对于具有水杨酸结构的直接染料，用金属盐处理之后，能提高染料水洗牢度和日晒牢度。但织物的色泽会变暗，甚至色泽剧烈改变，一般用于深浓色品种，常用的金属盐是铜盐如硫酸铜、醋酸铜等。

固色工艺：硫酸铜　　　　　　　　　0.5%～2.5%（o.w.f）

　　　　　30%醋酸　　　　　　　　2%～3%（o.w.f）

　　　　　温度　　　　　　　　　　50～60℃

　　　　　时间　　　　　　　　　　15～30min

　　　　　浴比　　　　　　　　　　（1：10）～（1：15）

（2）阳离子固色剂后处理：阳离子固色剂中的阳离子与染料中阴离子结合生成不溶性物质，牢固地固着在纤维上，降低染料的水溶性，从而提高染料的染色牢度。这种方法操作简单，适合各种直接染料，而且固色后织物颜色没有显著变化。

固色工艺：固色剂Y或M　　　　　　0.8%～1.2%（o.w.f）

　　　　　30%醋酸　　　　　　　　0.6%～1%（o.w.f）

　　　　　温度　　　　　　　　　　50～65℃

　　　　　固色时间　　　　　　　　20～30min

　　　　　浴比　　　　　　　　　　（1：10）～（1：15）

（3）反应型固色剂：反应型固色剂也称为阳离子交联固色剂，分子中既有能与纤维结合的活性基团，又有能与染料阴离子结合的阳离子基团，将染料通过固色剂与纤维形成共价键结合，固色剂自身之间也能进行交联反应，因而可使染色织物获得较高的染色牢度。

（二）活性染料（Reactive dyes）染纤维素纤维织物

1. 活性染料的基础知识

活性染料的结构可以用通式W—D—B—R来表示，其中W—水溶性基团，D—发色体或母体染料，B—活性基与发色体的联接基，R—活性基团。

具有一个或两个可与纤维反应形成共价键结合的活性基，是活性染料的主要结构特点。从分子通式可知，活性染料是水溶性染料，分子中的活性基团可以在弱碱性条件下与纤维素分子上的羧基发生共价键结合。如果洗去浮色，染后织物的皂洗牢度和摩擦牢度都很高。活性染料的日晒牢度一般也较佳，而且色泽鲜艳，色谱齐全，得色均匀，使用方便，成本低廉，主要用于棉和丝的染色。

活性染料除了能与纤维发生反应外，在水中会发生水解反应，生成水解染料，失去和纤维反应的能力，因而降低利用率。活性染料染品的耐氯漂洗牢度较差，日晒牢度低的也只有3级。

2. 根据活性染料分子上的活性基团分类

（1）二氯均三嗪活性染料（X型）：它的活性基团是二氯均三嗪，基团上有两个氯原子，染料的化学性质活泼，反应能力较强，能在室温条件下，在碱性介质中与纤维素纤维反应。但染液稳定性差，在室温上染可以减少染料的水解损失。

（2）一氯均三嗪（K型）：活性基团是一氯均三嗪，活性基团只有一个氯原子。此类活性染料化学活泼性较低，必须在较高温度下与纤维素纤维发生反应，染液也比较稳定，在常温下染料的水解损失较少。

（3）乙烯砜型活性染料（KN型）：活性基团为β-羟基乙砜硫酸酯，化学活泼性介于X型与K型之间，宜在温度60℃左右，较弱的碱性介质中染色。

（4）卤代嘧啶型活性染料（F型）：活性基团为卤代嘧啶基。

（5）双活性基：染料分子中有两个活性基团。

3. 活性染料染色原理

活性染料染纤维素纤维主要依靠氢键与范德华力上染，由于活性染料母体结构一般比较简单且含有一定数量的水溶性基团，大多数活性染料对纤维素纤维的亲和力低，匀染性好，上染百分率不高，一般需要加入中性电解质食盐或者元明粉进行促染，分子中含有磺酸基越多，中性电解质的促染作用越大。

活性染料与纤维素纤维发生共价键结合，有两种反应类型即亲核取代反应和亲核加成反应。亲核取代反应主要是卤代均三嗪或其他含氮杂环类活性基团的活性染料与纤维素纤维发生的反应。亲核加成反应主要是KN型活性染料在碱性条件下与纤维素纤维发生的反应。

在活性染料固色的同时，染料要发生水解反应，在正常染色条件下，固色反应总是优于水解反应，即染料与纤维的反应速率远大于染料与水的反应速率。

4. 活性染料染色方法及工艺

活性染料染色有浸染、卷染、轧染及冷堆染色。不同类型的活性染料适用于不同的染色方法。

浸染宜选用亲和力较高的活性染料如M型、B型等双活性基染料。浸染方法有一浴一步法、一浴二步法和二浴法。一浴一步法是将染料、促染剂及碱剂等在染色开始的时候一起加入染浴。一浴二步法是先将织物在中性浴中上染，并加电解质促染，再加入碱剂进行固色。二浴法是先将织物在中性浴中上染，并加电解质促染，然后再在另一不含染料的碱性浴中固色处理。

一浴二步法工艺：染色→固色→水洗→皂煮→水洗→烘干。

卷染与浸染基本相似，主要流程及主要工艺条件如下：

卷染（4~8道）→固色（4~8道）→冷水洗（2道）→热水洗（2道）→皂洗→热水洗（2道）→冷水洗→脱水→烘干。

轧染宜选用亲和力较低的染料染色。分一浴法和二浴法。一浴法是将染料和碱剂放在同一染浴中，织物浸轧染液后通过汽蒸或焙烘固色。二浴法是指染料和碱剂分浴，织物先浸轧染料溶液，再浸轧含碱剂的溶液，然后汽蒸固色。一浴法适合反应性较强的活性染料，二浴法适用于反应性较弱的活性染料。

工艺流程：

一浴法：浸轧染液→烘干→固色（汽蒸或焙烘）→水洗→皂洗→水洗→烘干。

二浴法：浸轧染液→烘干→浸轧固色液→汽蒸→水洗→皂洗→水洗→烘干。

冷轧堆染色法是织物在浸轧含有染料和碱剂的染液后，立即打卷，并用塑料薄膜包好，不停缓慢转动下堆放一定时间，使染料完成扩散和固着，最后进行水洗后处理。此法适用于反应性强、直接性低、扩散速率快的染料，如X型活性染料。

工艺流程：浸轧染液→打卷堆置→后处理。

以上染色方法中碱剂一般为碳酸钠、碳酸氢钠、磷酸三钠、硅酸钠、氢氧化钠等。根据染料类型，反应性弱的活性染料可采用碱性较强的碳酸钠或磷酸三钠，反应性强的活性染料可选用碱性较弱的碳酸氢钠。

（三）还原染料（Vat dyes）染纤维素纤维织物

还原染料不溶于水，是在碱性较强的还原溶液中生成隐色体而溶解后才能染色的染料。还原染料各项性能都比较优良，而且色谱齐全，但其价格高，某些黄、橙色等色泽有光敏脆损现象。所谓光敏脆损现象是指织物在经过某些还原染料染色后，经由日光照射而引起纤维发生光化学解聚反应生成氧化纤维，使织物的机械强度下降而发生脆损，这时还原染料颜色不发生变化，所以还原染料的使用受到一定限制。主要适合于纤维素纤维织物、维纶织物的染色。

1. 还原染料的染色过程

还原染料染色一般需要经过染料的还原溶解、隐色体的上染、隐色体的氧化和氧化后的处理四个过程。

（1）染料的还原溶解：染料的还原溶解是在碱剂（一般为氢氧化钠）中，借助还原剂保险粉将还原染料还原成隐色体钠盐。还原有两种方法，即干缸法和全浴法。干缸法是将染料在少液量中加入保险粉、烧碱进行还原溶解，溶解后再倒入盛有少量保险粉、烧碱的染浴中配成染液，特别适用于还原速度慢的还原染料。全浴法是将染料直接放在染槽中进行还原，适用于还原速度快的还原染料。

（2）隐色体的上染：还原染料的隐色体对纤维素纤维的上染与阴离子染料相似，染色时可以用中性电解质促染。还原染料隐色体的上染速率和上染百分率较高，特别是初染速率很高，匀染性差。

（3）隐色体的氧化：还原染料的隐色体上染到纤维以后，必须经过氧化恢复为不溶于水的还原染料，氧化速率快的可以通过空气氧化，氧化速率慢的可以用氧化剂如过氧化氢、过硼酸钠等氧化。

（4）后处理：还原染料隐色体被氧化后应进行水洗、皂煮处理。

2. 还原染料的染色方法及工艺

（1）隐色体染色法（浸染和卷染），在隐色体染色中，应根据染料的还原性能和上染性能，选择适当的烧碱、食盐用量及染色温度，根据上染条件不同分为甲、乙、丙三种方法。

甲法：染浴中烧碱浓度较高，不加盐促染，染色温度55~60℃。

乙法：烧碱用量中等，染色温度45~50℃，染中浅色时可加盐促染，元明粉用量10~15g/L。

丙法：烧碱用量较少，染色时需加较多的盐促染，元明粉用量为15~25g/L，染色温度20~30℃。

染色结束后进行水洗氧化，难以氧化的用氧化剂氧化，工艺条件为：过氧化氢0.6~1g/L，30~50℃，10~15min或过硼酸钠2~4g/L，30~50℃，10~15min。

（2）悬浮体轧染法（Pigmentation），工艺流程为：浸轧染料悬浮体→烘干→浸轧还原液→汽蒸（102~105℃，50~60s）→水洗→氧化（过氧化氢0.6~1g/L，40~50℃）→皂煮→水洗→烘干。

（四）硫化染料（Sulfur dyes）染纤维素纤维织物

硫化染料是一种含硫的染料，不溶于水，应先用硫化钠将染料还原成可溶性的隐色体，硫化染料的隐色体对纤维素纤维具有亲和力，上染纤维后再经氧化，在纤维上形成原来不溶于水的染料而固着在纤维上。染色一般需要经过染料的还原溶解、隐色体的上染、隐色体的氧化和氧化后的处理四个过程。硫化染料成本低廉，一般用于染中低档产品。

三、蛋白质纤维织物染色

蛋白质纤维可以采用酸性染料、酸性媒染染料、酸性含媒染料以及活性染料来进行染色。

（一）酸性染料（Acid dyes）染蛋白质纤维织物

1. 酸性染料的基础知识

酸性染料色泽鲜艳，分子中含有酸性基团，如磺酸基、羧基等，易溶于水，在水中电离成染料阴离子。酸性染料和直接染料相比，分子结构比较简单，分子中缺少较长的共轭系统，与纤维素纤维缺少直接性，一般不能用于纤维素纤维的染色，常用于蛋白质纤维和聚酰胺纤维染色。

根据染料的化学结构、染色性能、染色工艺条件的不同，酸性染料可分为强酸性染料、弱酸性染料和中性浴酸性染料，三种染料比较见表6-2：

表6-2　酸性染料的染色性能比较

项目	强酸性染料	弱酸性染料	中性浴酸性染料
分子结构	较简单	较复杂	较复杂
溶解度	大	较小	较小
颜色鲜艳度	好	较差	较差
匀染性	好	中	较差
湿处理牢度	较差	较好	较好
染浴pH	2～4	4～6	6～7
染色用酸	硫酸	醋酸	硫酸铵或醋酸

强酸性染料因匀染性好而又称匀染性酸性染料，弱酸性染料和中性浴酸性染料能耐羊毛缩绒处理又称为耐缩绒酸性染料。酸性染料在蚕丝上的水洗牢度一般不如在羊毛上好。蚕丝的染色主要采用耐缩绒酸性染料。

2. 染色原理

蛋白质纤维中含有氨基和羧基，在水中氨基和羧基发生离解而形成两性离子：$+H_3N$—W—COO^-，当溶液在某一pH时，纤维中电离的氨基和羧基数目相等，纤维不带电荷，这一pH称为该纤维的等电点。羊毛的等电点pH为4.2～4.8。当溶液pH小于等电点，纤维中的氨基比羧基多，纤维带正电荷；反之纤维带负电荷。

强酸性染料结构简单，分子量较小，其范德华力和氢键力较小，染料与纤维的结合主要是离子键结合。强酸性染料最佳染色pH为2～4，染液中加入盐，起缓染作用。

弱酸性染料的分子结构比较复杂，染料与纤维之间有较大的范德华力和氢键力。若在强酸性条件下染色，染色速率过快，容易造成染色不匀。所以弱酸性染料一般在pH4～6的条件下染色。在染色过程中，不同的pH染料与纤维结合力不同。染料上染纤维后，染料与纤维通过离子键、范德华力、氢键结合在一起，结合较牢固，湿处理牢度较好。

中性浴酸性染料分子量更大，染料与纤维间有较大的范德华力和氢键力，染料对羊毛的染色是在中性条件下进行，纤维带有较多的负电荷，染料阴离子通过范德华力和氢键力上染纤维。染液中加入盐，可提高染料的上染速率和上染百分率，起促染作用。染料与纤维的结合主要是依靠范德华力和氢键力，结合较牢固，湿处理牢度好。

3. 染色方法

强酸性染料染羊毛时，染液中含有染料、元明粉、硫酸。染料的用量根据颜色的深浅而定，元明粉5%～10%（o.w.f），硫酸2%～4%（o.w.f），调节染浴pH2～4，染深色硫酸用量应高些，以获得较高的上染百分率。染色浴比1:20～1:30）。染色时，被染物于30～50℃入染，用30min，升温至沸，再沸染45～60min，然后水洗。

弱酸性染料染羊毛时，染液一般含有染料、渗透剂、醋酸。渗透剂有利纤维的润湿、膨化及染料的扩散，并有缓染和匀染作用。弱酸性染料在60℃以下时，对羊毛的上染速率很低，其始染温度较高，一般为50℃。染色时，用30min升温至沸，再沸染色45～60min，然后水洗。

中性浴酸性染料染羊毛时，染液中含有染料、元明粉、硫酸铵。元明粉起促染作用，用量5%～10%（o.w.f），在染色一段时间后加入。硫酸铵调节pH，用量2%～5%（o.w.f）。染色时，始染温度为40℃，用0.5～1h升温至95℃，保温染色60～90min，然后水洗。

（二）酸性媒介染料（Acid mordant dyes）染蛋白质纤维织物

酸性媒介染料染色时，若不经媒染剂处理，湿处理牢度很差。经媒染处理后，在染料、纤维、金属离子之间生成络合物，从而使被染物具有良好的湿处理牢度，能经得起煮呢和缩绒加工，耐晒牢度很高。酸性媒介染料色谱较全，价格便宜，匀染性好，是羊毛染色的重要染料，常用于羊毛的中、深色染色。酸性媒介染料染色的色泽一般比酸性染料深暗。常用的媒染剂是重铬酸钾和重铬酸钠，染色后废水中含有铬离子，对环境有污染。

酸性媒介染料染色时，媒染剂处理一般在pH为3～4的溶液中进行，pH太低，容易造成媒染不匀，同时纤维会受氧化损伤。

酸性媒介染料染色方法有预媒染法、后媒染法和同浴媒染法。在生产中主要采用后媒染法。后媒染法是先将被染物在染料、98%醋酸0.5～2%、元明粉10%的染浴中染色，始染温度50℃，45min内升温至沸，染0.5h。

弱酸性（pH4～6）条件下，先染色再用媒染剂进行媒染处理。染色后若染液中染料较多，可补加适量醋酸再沸染0.5h，待染料吸尽后，调整染浴温度至60～70℃。加重铬酸盐0.25～2.5%，升温至沸，染30～60min，然后水洗脱水烘干。

（三）金属络合染料（Premetalized acid dyes）染蛋白质纤维织物

酸性媒介染料的染色虽然染色牢度好，但需要经过染色和媒染两个步骤才能完成。为了简化染色手续，制成了金属络合染料（又称金属染料）。在这类染料分子上，已经含有络合金属，染色方法与酸性染料相似，操作简单。根据染料和金属的络合状态，金属络合染料可分为1:1和1:2型两类。

1. 1:1型金属络合染料

这是由一个染料分子和一个铬原子络合而成的染料。这类染料易溶于水，对羊毛纤维有较强的亲和力，匀染性较差，必须在多量硫酸的染浴中染色，才能得到均匀的色泽。因此此染料又称为酸性络合染料。

染色时，染液中含有染料、硫酸、元明粉或匀染剂等。染液pH对染色影响很大，在pH为3~4时，染料的上染百分率最高，但易产生染色不匀，在pH为1.5~2时，匀染性好但易损伤纤维，所以可在pH为2.2~2.4的染液中染色，这时上染百分率高，对纤维损伤也小。染色时，始染温度在50℃左右，以1℃/min升温速率升温至沸，沸染60~90min，逐渐降温至40℃，加碱中和处理20~30min。水洗烘干。

2. 1:2型金属络合染料

这是由一个铬原子和两个染料分子络合而成的染料。由于分子量大，染料对纤维有较大的氢键和范德华力，其扩散性能差，为避免染色不匀，适于在中性或微酸性浴中染色，所以又称中性络合染料或中性染料。染色时，用醋酸铵或者硫酸铵调节pH，为防止染色不匀，可加入非离子型匀染剂，同时应合理控制升温速率。始染温度40~50℃，逐渐升温至沸，染30~60min，然后降温水洗。

四、腈纶染色

腈纶主要采用阳离子染料染色。

1. 阳离子染料（Cationic dyes）的基础知识

阳离子染料是一种色泽浓艳的水溶性染料，在水溶液中电离为阳离子，通过电荷引力，使在染液中带阴离子的纤维染色，主要应用于含酸性基团腈纶的染色。

2. 阳离子染料的染色方法

（1）浸染：阳离子染料用稀醋酸调成均匀浆状，再加入一定量的醋酸和醋酸钠组成的缓冲溶液，以保持染浴的pH为4.5左右，阳离子的缓染剂的用量为0~2%。硫酸钠的用量为0~10%（相对染物重）。染色时从50~60℃始染，加热升温至70℃，缓慢升至沸。沸染45~60min，然后冷却至50℃，进行水洗等后处理。

（2）轧染：工艺流程是浸轧→汽蒸（100~103℃，10~15min）→水洗。浸轧液中有染料、助溶剂、促染剂、酸或强酸弱碱盐等，在浸轧液中还加入少量易于洗涤的非离子糊料，以防止染料的泳移。

3. 影响阳离子染料染色的因素

阳离子染料对腈纶的亲和力大，染色时由于吸附快而扩散慢，容易产生染色不匀现象，而且一旦产生染色不匀，很难通过延长染色时间的方法纠正。为得到均匀的染色结果，应适当降低上染速率。可通过改变以下因素调整上染速率。

（1）温度：温度是控制匀染的重要因素。一般染色温度达到纤维的玻璃化温度，应缓慢升温，每2~4min升温1℃，也可以在85~90℃时保温一段时间后再继续升温至沸。

（2）染浴pH：腈纶不耐碱，染色的最佳pH为3~4.5，染深色时可稍高一些，染浅色时可低一些。pH一般用醋酸调节。

（3）电解质：在染浴中加入电解质，如元明粉、食盐等，可降低阳离子染料的上染速率，具有缓染作用。

（4）缓染剂：在阳离子染色时常加入缓染剂以降低上染速率，得到匀染效果。常用的缓染剂有阳离子缓染剂和阴离子缓染济。

五、涤纶染色

1. 分散染料（Disperse dyes）的基础知识

（1）概述：分散染料是一类分子较小，结构上不带水溶性基团的非离子型染料。这类染料难溶于水，染色时借助于分散剂的作用，染料以细小的颗粒状态均匀分散在染液中，因此称为分散染料。它色谱齐全、品种繁多、遮盖性能好、用途广。主要用于涤纶的染色。

（2）分类：分散染料按化学结构分，主要有偶氮类、蒽醌型两大类。前者生产简单，后者色泽鲜艳，遮盖性及匀染性较好，在染色条件下对还原和水解反应较稳定，具有较高的耐晒、耐酸碱、耐皂洗等牢度，但升华牢度较差。

按上染性能和升华牢度不同，国产染料一般分为高温型、中温型、低温型。高温型分散染料的分子较大，移染性能较差，扩散性能较差，染料的升华牢度较高；低温型分散染料的分子较小，扩散性能和移染性能较好，但升华牢度较低。中温型分散染料介于两者之间。

（3）性能：分散染料的染液是悬浮液，染料以细小的微粒分散悬浮在染液中。分散染料染液的稳定性的高低与染色质量有很大的关系，染液中的染料若发生聚集或絮凝，染色时易造成染色不匀，甚至产生疵点。染液的稳定性与多种因素有关。一般染料颗粒直径要求在 $0.5 \sim 2\,\mu m$，而且大小均匀。为保证染液稳定性，商品染料中加入了大量的阴离子分散剂。染液的温度升高，染料颗粒碰撞、聚集的机会增加，染液的分散稳定性降低。染液中存在电解质，也会使染液的分散稳定性降低，因此配制的染液水的硬度不宜过高。

分散染料的结构不同，对酸碱的稳定性不同。不同pH的染液常会导致不同的染色结果，影响得色深浅，严重时会产生色变。在弱酸性介质中，分散染料处于最稳定状态。在碱性介质中，有些分散染料在高温条件下易发生水解，有些染料易发生离子化，使染料的水溶性增加，染料的上染百分率降低。

分散染料分子结构简单，分子极性较小，染料分子之间以及染料分子与纤维分子之间的作用力较小，在高温的情况下，染料会发生升华，导致染色产品退色。由于涤纶染色需要在高温条件下进行，所以要求分散染料有一定的升华牢度。分散染料的升华牢度与染料分子的大小、分子极性的大小有关。染料分子越大，分子极性越大，升华牢度越高。分散染料升华牢度还与纤维上染料的浓度有关，浓度越高，升华牢度越低。因此染深色时要选用升华牢度高的染料。

2. 涤纶的染色性能

涤纶是强疏水性纤维，它的无定型区结构紧密，大分子链取向度较高，在纤维表面有结构紧密的表皮层，因此采用结构简单、分子量低的分散染料染色。

分散染料对涤纶具有亲和力，染液中的染料分子可被纤维吸附，但由于涤纶大分子间排列紧密，在常温下染料分子难以进入纤维内部。涤纶是热塑性纤维，当纤维加热到玻璃化温度以上时，纤维大分子链运动加剧，分子间的空隙变大，染料分子可进入纤维内部，上染速率显著提高。因此涤纶的染色温度应该高于其玻璃化温度。一般在高温高压或热熔条件下染色。

3. 染色方法

（1）高温高压染色法：高温高压染色法一般在130℃左右、以水为溶剂的染液中进行，并采用密闭的高压设备。

涤纶的高温高压染色可分为三个阶段：

初染阶段：从染色开始到染液升温到达临界温度T1。在这一阶段，染料上染速率较小，约有20%的染料上染纤维。

吸收阶段：在T1～T2的温度范围内，染料上染速率随温度的提高而迅速提高。在这一阶段，约有80%的染料上染到纤维上，这一阶段对匀染影响较大，是染液升温控制的最重要阶段，应缓慢升温，每分钟1～2℃。

终了阶段：染色渐趋平衡，继续加热至最高温度，最后保温透染。

具体工艺：染液中加入染料、分散剂，用少量的醋酸、磷酸二氢钠等弱酸调节，pH为5～6，50～60℃入染，逐渐升温，在130℃下保温40～60min，然后降温水洗，必要的时候需在染后进行还原清洗。

（2）热熔染色法（Thermosol process）：热熔染色法是轧染加工，通过浸轧的方式使染料附着在纤维表面，烘干后在干热条件下对织物进行热熔处理而且热熔时间较短。因此染色温度一般在170～220℃。

热熔染色法的工艺流程：浸轧→预烘→热熔→后处理。染液中一般含有染料、抗泳移剂、润湿剂。热熔时间一般为1～2min。

热熔染色法为连续化加工，生产效率高，适合大批量生产，但染料的利用率比高温高压染色法低，特别是深浓色时，染料的升华牢度要求较高。热熔染色法织物受张力较大，主要用于机织物染色，与高温高压染色法相比，热熔染色法染色的织物色泽鲜艳度和手感稍差。

第四节　纺织品印花

一、印花（Printing）概述

（一）印花定义

纺织品印花是将各种染料或颜料调制成印花色浆，局部施加在纺织品上，使之获得各色的花纹图案的加工过程。印花过程包括图案设计、花筒雕刻、色浆调制、印制花纹、后处理（蒸化和水洗）等工序。印花色浆一般由染料或颜料、糊料、助溶剂、吸湿剂和其他助剂等组成。

（二）印花与染色异同点

两者都是染料在纤维上发生染着的过程，染料上染纤维的着色、固色原理及染色牢度是相同的，但印花是局部着色，为了防止染液的渗化，保证花纹的清晰精细，必须采用色浆印制。浴比较小，所以印花时尽可能选择溶解度大的染料，或加大助溶剂的用量。由于色浆中糊料的存在，染料对纤维的上染过程比染色时复杂，一般染料印花后采用蒸化或其他固色方法来促进染料的上染，最后印花织物要进行充分的水洗和皂洗，以去除糊料及浮色，改善手感，提高色泽鲜艳度和牢度，保证白地洁白。纺织品印花主要是织物印花，其中多数是纤维素纤维织物、真丝织物、化纤及混纺织物、针织物印花。纱线、毛条也有印花，纱线印花可织出特殊风格的花纹，毛条印花可织造成具有闪色的混色织物。

（三）印花方法

1. 按工艺分类

（1）直接印花（Direct printing）：是将印花色浆直接印在白地织物或浅色织物上（色浆不与地色染料反应），获得各色花纹图案的印花方法。其特点是印花工序简单，适用于各类染料。广泛应用于各类织物的印花。

（2）拔染印花（Discharge printing）：在织物上先进行染色后进行印花的加工方法。印花色浆中含有一种能破坏地色染料发色基团而使之消色的化学物质（拔染剂），印花后经适当的后处理，使印花之处地色染料破坏，最后从织物上洗去，印花处成为白色花纹称为拔白印花；如果在含拔染剂的印花色浆中，还含有一种不被拔染剂所破坏的染料，在破坏地色染料的同时，色浆中的染料上染，从而使印花处获得有色花纹的称为色拔印花。拔染印花能获得地色丰满、轮廓清晰、花纹细致、色彩鲜艳的效果，但地色染料的选择受一定限制，而且印花周期长，成本高。

（3）防染印花（Reserve printing）：是先印花后染色的加工方法。印花色浆中含有能破坏或阻止地色染料上染的化学物质（防染剂），印花处地色染料不能上染织物。防染印花所得的花纹一般不及拔染印花精细，但适用于防染印花的地色染料品种较拔染印花多。

（4）防印（浆）印花（Color resist over printing）：是在印花机上通过罩印地色进行的防染或拔染印花方法。

以上的印花工艺应根据印花效果、染料性质、花型特征及加工成本进行选择。

图6-2为拔染印花产品。

2. 按设备分类

（1）滚筒印花：特点是印制的花纹轮廓清晰，地色丰满，生产效率高，成本低，适

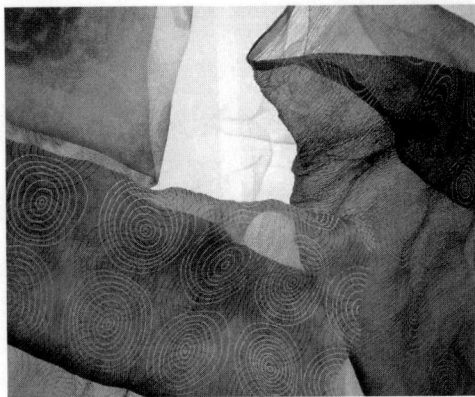

图6-2　拔染印花

合于大批量生产。但色泽不如筛网印花浓艳，而且操作强度高，机械张力大，不适合轻薄及易变形织物如丝织物和针织物的印花，同时受花筒个数和花筒圆周长的影响，印花的套色数和图案大小受限制，其利用率近几年呈下降趋势。

（2）筛网印花：筛网印花的特点是对单元花样大小及套色数限制较少，花纹色泽浓艳，印花时织物承受张力小。因此，特别适合于易变形的针织物及化纤织物的印花。但生产效率比较低，适宜于小批量、多品种的生产。

根据筛网的形状可分为平网印花和圆网印花。平网印花是平板形的，印花机有三种类型，即手工平网印花机（台板印花机）、半自动平网印花机和全自动平网印花机，这三种设备的基本机构都是由台板、筛网和刮浆刀组成，只是机械化、自动化程度不同而已。

（3）转移印花（Transfer printing）：转移印花是改变了传统印花概念的印花方法。先用印刷的方法将花纹用染料制成的油墨印到纸上制成转移印花纸，然后将转移印花纸上的正面与被印织物的正面紧粘，进入转移印花机，在一定条件下，使转移印花纸上的染料转移到织物上。转移印花的图案花型逼真，加工过程简单，特别是干法转移印花无需蒸化、水洗等后处理，节能无污染，但是在染料的使用上有一定的局限性。

（4）其他印花方法：除上述常用的印花方法外，还有一些用于生产特殊印花产品及新型印花方法，如喷墨印花、多色淋染印花、静电植绒印花等。

二、印花原糊（Stock paste）

印花原糊是具有一定黏度的亲水性分散体系，是染料、助剂溶解或分散的介质，并且作为载递剂把染料、化学品等传递到织物上，防止花纹渗化（Bleeding），当染料固色以后，将原糊从织物上洗除。印花色浆（Color paste）的印花性能很大程度上取决于原糊的性质，所以原糊直接影响印花产品的质量。制备原糊的原料为糊料（Thickeners），用作印花的糊料在物理性能、化学性能和印制性能方面都有一定的要求。

在物理性能方面，糊料所制得的色浆必须有一定的流变性，以适应各种印花方法、不同织物的特性和不同花纹的需要。流变性（Rheological property）是色浆在不同应力作用下的流动变形特性，色浆的流变性能可以通过不同切应力作用下黏度（Viscosity）的变化来测定。糊料要有适当的润湿吸湿能力和良好的抱水性能，这对染料的上染和花纹轮廓关系密切。糊料应与染料和助剂有较好的相容性，即对染料、助剂有较好的溶解和分散性能。糊料对织物还应有一定的黏着力，特别是印制疏水性纤维织物，黏着力低的糊料形成的色膜易脱落。在化学性能方面，糊料应较稳定，不易与染料、助剂起化学反应，贮存时不易腐败变质。在印制性能方面，糊料成糊率要高，所配的色浆应有良好的印花均匀性、适当的印透性和较高的给色量。糊料的易洗涤性要好，否则将影响成品的手感。

糊料按其来源可分为：淀粉及其衍生物、海藻酸钠、羟乙基皂荚胶、纤维素衍生物、天然龙胶、乳化糊、合成糊料等。淀粉糊煮糊方便，成糊率高，给色量高，印制花纹轮廓清晰，蒸化时无渗化，但渗透性差，印制大面积花纹均匀性不好，洗涤性差，主要用于不溶性偶氮染料、可溶性还原染料的印花原糊。海藻酸钠糊印制的花纹均匀，轮廓清晰，印透性和吸湿性良好，易于洗涤，但给色量较低，是活性染料印花的最好糊料。合成龙胶制糊方便，耐酸不耐碱，遇碱黏度增大，成糊率高，印透性、均匀性良好，易于洗涤，但给色量低，不用作活性染料印花原糊，常用于不溶性偶氮染料的印花。乳化糊含固量低，刮浆容易，润湿和渗透性好，得色鲜艳，手感柔软，但黏着力低，单独作一般染料印花的糊料渗化严重，主要用于涂料印花，也可与其他亲水性糊料拼混制成半乳化糊。合成增糊剂具有高度的触变性能，印制轮廓清晰，线条精细，表观给色量高，是筛网印花的理想原糊，但吸湿性强，汽蒸固色时易渗化，印制疏水性的轻薄、平滑的合成纤织物效果较好。印花糊料应根据印花方法、织物品种、花型特征及染料的发色条件而加以选择，在生产中常将不同的糊料拼混使用，以取长补短。

三、涂料印花（Pigment padding）

涂料印花指借助于适当的高分子化合物（黏合剂），将涂料（即颜料）黏附于织物表面，经适当处理后，在织物上形成一层具有弹性的、耐磨的、透明的树脂薄膜，从而将颜料机械地固着于纤维制品的印花方法。适用于各种纤维织物和混纺织物。具有操作方便、工艺简单、色谱齐全、拼色容易、花纹轮廓清晰的优点，但产品的摩擦和刷洗牢度不好，手感也欠佳。

涂料印花色浆中一般含有涂料、黏合剂、乳化糊或合成增稠剂、交联剂或其他助剂。

印花工艺流程：印花→烘干→汽蒸（102~104℃，4~6min）或焙烘（110~140℃，3~5min）。

四、纤维素纤维织物印花

纤维素纤维织物可以印花的方法有很多，这里简单介绍常用的几种。

（一）直接印花

1. 活性染料印花

活性染料印花应选用直接性小、亲和力低、有良好的扩散性能的染料。印花工艺按色浆中是否含有碱剂分为一相法印花和两相法印花。一相法印花适用于反应性低的染料如K型活性染料；两相法印花适应于反应性高的染料，尤其适用于KN型活性染料。

一相法印花工艺：以小苏打、纯碱法为例。

色浆处方（%）：

活性染料	1.5 ~ 10
尿素	3 ~ 15
防染盐S	1
海藻酸钠糊	30 ~ 40
小苏打（或纯碱）	1 ~ 3（1 ~ 2.5）
加水合成	100

工艺流程：印花→烘干→汽蒸（100 ~ 102℃，7 ~ 10min）→冷流水冲洗→温水洗（60 ~ 70℃）→热水洗（90℃以上）→热水洗→冷水洗→烘干。

二相法印花工艺：以轧碱短蒸法为例。

工艺流程：印花→烘干→轧碱→短蒸（120 ~ 130℃，30s）→水洗→皂洗→水洗→烘干。

色浆组成：染料、水、尿素、防染盐S、海藻酸钠与甲基纤维素糊（1:1）、HAc。

轧碱组成：氢氧化钠、碳酸钠、碳酸钾、氯化钠、水玻璃、淀粉糊。

2. 可溶性还原染料直接印花

可溶性还原染料价格昂贵，各项性能优良，常用来印制牢度要求高的浅色花纹。

工艺流程：印花→烘干→（汽蒸）→轧酸显色（硫酸）→透风（20 ~ 30s）→水洗→皂洗→水洗→烘干。

印花色浆中含有染料、助溶剂（如尿素）、纯碱、原糊（小麦淀粉—龙胶混合糊）、亚硝酸钠。

（二）防染印花

防染印花是通过在防染印花色浆中加防染剂而达到对地色染料局部防染的。可分为物理防染和化学剂防染。物理防染剂有蜡、油脂、树脂、浆料和颜料等。这些物质在纤维和地色染料间可形成一层物理性的阻隔，从而达到防染目的。化学防染剂是利用酸、碱、氧化剂、还原剂等能破坏或抑制染色体系中的化学物质，使其不能发挥有利于染色进行的作用，须根据地色染料发色条件加以选择。

活性染料地色的防染印花是在印花色浆中加入酸性物质作防染剂，中和地色轧染液中的碱剂，抑制染料和纤维的键合，从而达到防染目的，常用的防染剂为硫酸铵。色防可以选用涂料、不溶性偶氮染料等。

（三）拔染印花

现代拔染印花以还原法为主，拔染剂一般是还原剂，如雕白粉、氯化亚锡、二氧化硫脲等。拔染印花用的地色染料主要是偶氮结构的染料。

五、蛋白质纤维织物印花

（一）丝织物印花

丝织物印花一般以弱酸性染料直接印花为主。

（1）工艺流程：印花→烘干→汽蒸（100~102℃，10~40min）→水洗→固色→水洗→退浆→水洗→脱水→烘干。

（2）色浆组成：染料、尿素、硫代双乙醇、原糊、氯酸钠、硫酸铵、水。

（二）毛织物印花

选用酸性染料直接印花。

（1）印花工艺流程：毛坯布前处理→印花→烘干→汽蒸→洗涤→水洗→冷水洗→脱水→烘干。

（2）印花色浆处方：

耐缩绒性酸性染料	g
水	200g
原糊	710~660g
古立辛A	30~50g
酒石酸铵	30~50g
	1kg

（3）汽蒸工艺条件：由于羊毛表面的鳞片对染液的渗透起阻碍作用，所以毛织物印花后汽蒸温度较高，汽蒸时间较长，汽蒸的工艺条件需根据织物的厚度和紧度、色浆的润湿性能、印花色泽的深浅程度等因素而定。一般汽蒸箱用饱和蒸汽，其含水率以5%~15%为宜，蒸汽温度为102~110℃，汽蒸30~40min，可获得较为满意的汽蒸效果。

（4）洗涤：汽蒸后的印花毛织物，需经过洗涤去除织物上的糊料、化学药品和浮色，以恢复毛织物的手感，提高染色牢度。洗涤一般用净洗剂，再用热水、冷水，直至洗净为止。

六、合成纤维及其混纺织物印花

（一）涤纶织物印花

选用中温或者高温型的分散染料。

（1）工艺流程：印花→烘干→固色→后处理。

（2）色浆处方（%）：

原糊	40~60
防染盐S	1

分散染料	X
六偏磷酸钠	0.3
表面活性剂	适量
加水合成	100

原糊可以选用小麦淀粉糊或者海藻酸钠糊。

（3）固色：固色有三种方法即高温高压蒸化法、热熔法、常压高温连续蒸化法。高温高压蒸化法是在125～130℃的高压汽蒸箱内，蒸化约30min，适合易变形织物，间歇式生产，适合小批量加工。热熔法是在165～200℃干热固色1～1.5min，不适合于针织物及弹力纤维织物，适合大批量加工。常压高温连续蒸化法是在175～180℃的常压过热蒸汽中蒸化6～10min，此法适用的染料比热熔法多。

（二）腈纶织物印花

常选用阳离子染料进行直接印花。

（1）工艺流程：印花→烘干→汽蒸（103～105℃，20～30min）→水洗→皂洗→水洗→烘干。

（2）色浆处方（%）：

阳离子染料	X
异丙醇	3
98%醋酸	2～3
原糊	40～60
间苯二酚	3～5
酒石酸	3～5
氯酸钠（1:2）	2～3

原糊可采用白糊精和羟乙基淀粉糊的相拼混或合成龙胶糊。

（三）涤棉混纺纤维织物印花

涤棉混纺织物直接印花可以选用单一染料或混合染料两种印花工艺。单一染料应用最多的是涂料印花，混合染料印花工艺主要是分散/活性染料同浆印花。具体工艺不再详细介绍。

七、特殊印花

（一）印花泡泡纱

印花泡泡纱是通过印花的方法将织物局部进行化学处理，使之收缩，未收缩处形成凹凸的泡泡，可分为印碱法和印树脂法。印碱法是利用棉在氢氧化钠溶液中发生剧烈收缩的原理，印花处棉剧烈收缩，而未印花处无碱的棉纤维只能随之卷缩成凹凸不平的泡泡。印树脂法是将棉织物上先印防水剂，使印花处产生拒水性，然后将织物浸轧烧碱溶液，透风，印有防水剂处，烧碱液不能进入，而未印花处棉纤维在碱液作用下收缩，产生泡泡。

（二）烂花印花（Burn-out printing）

用某种化学品调成印花色浆，印制由两种纤维组成的织物，经过处理，使其中一种纤维破坏，另一种纤维保留，从而形成了透明、有凹凸感的印花织物产品。图6-3为烂花印花产品。

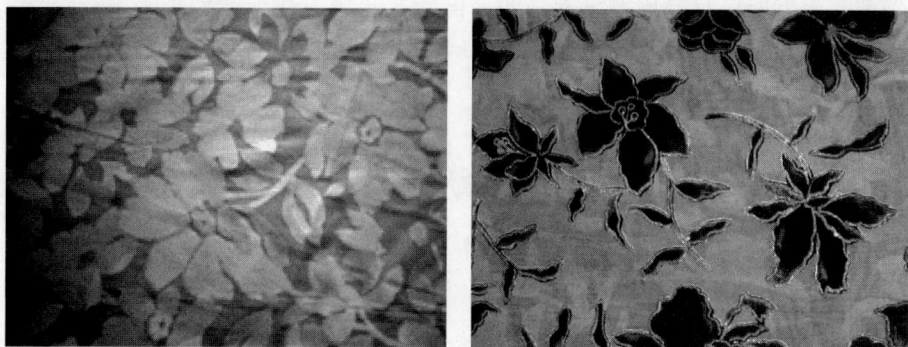

图6-3 烂花印花产品

（三）发泡印花

发泡印花是采用发泡剂与树脂乳液混合，印花后用高温处理时，发泡剂分解产生大量气体，将树脂层膨胀，产生立体花纹效应（图6-4）。

图6-4 发泡印花产品

（四）金银粉印花

金银粉印花包括金粉印花和银粉印花，是将铜锌合金粉与涂料印花黏合剂等助剂混合调配成金银粉印花浆，通过黏合剂将金银粉黏着在织物上，使织物呈现光彩夺目的印花图案效果（图6-5、图6-6）。

图6-5　金粉印花产品

图6-6　银粉印花产品

第五节　纺织品整理

一、整理（Finishing）概述

纺织品整理是指通过物理、化学或物理和化学联合的方法，采用一定的机械设备，改善纺织品的外观和内在品质，提高其服用性能或赋予其某种特殊功能的加工过程。

按照整理效果的分类可分为暂时性整理、半耐久性整理和耐久性整理。按照整理方法分为物理机械方法、化学方法、物理机械和化学结合方法。按照纺织品整理的目的可分为常规整理和特种整理。常规整理又称为一般整理，通常把使织物门幅宽度整齐划一、尺寸和形态稳定的定型和预缩整理、外观整理、手感整理等划分为常规整理；特种整理主要是赋予织物某种特殊性能的整理加工方式，主要包括防护性功能整理、舒适性功能整理、抗生物功能整理等。本节主要介绍常规整理。

二、棉织物整理

棉织物整理主要有定型整理（Stabilized finish）、外观整理和手感整理等，另外为了克服棉织物易起皱等缺点需要进行树脂整理（Resin finishing）。

（一）定型整理

定型整理是指对织物的形状、尺寸、稳定性进行整理的方法，即消除织物中积存着的应力和应变，使织物内的纤维能处于较适当的自然排列状态，从而减少织物的变形因素。棉织物整理可以采用丝光、定幅、机械预缩及树脂整理。丝光见本章第二节。

1. 拉幅整理（Stenter finishing）

拉幅整理主要是消除内应力（Internal stress）、纠正纬斜（Skew weft），使布边整齐、幅宽达到规定要求。它是利用棉织物在湿热条件下的可塑性（Plasticity），在湿、热和外力作用下，将织物的幅宽缓缓拉至规定尺寸，调整纬纱在织物中的状态，提高织物的尺寸稳定性。

织物拉幅整理在拉幅机上进行。

工艺流程：给湿→（预烘）→上布铗或上针板→烘燥→冷却→落布。

2. 机械预缩整理（Compressive shrinkage finishing）

棉织物在织造和染整加工之后，具有潜在收缩性。织物在松弛状态下落水或者洗涤后，会发生收缩，这种现象称为缩水。为了减少织物的缩水现象，需要对织物进行防缩整理。预缩整理将含湿织物紧贴在可压缩的弹性物质如橡胶毯上，织物不能滑移并随着橡胶毯发生形变，使织物纬纱密度增加、经向收缩，达到一定的预缩效果。

机械预缩整理一般在三辊橡胶毯式预缩机上进行。

工艺流程：

进布→给湿（10～20%）→（小布铗拉幅或堆置）→预缩→（呢毯烘干）。

（二）外观整理

1. 轧光整理（Calendering finishing）、电光整理（Electrifying finishing）和轧纹整理（Embossing finishing）

轧光整理、电光整理和轧纹整理是美化织物外观的整理，主要使织物的光泽增加及在织物表面产生凹凸花纹。

轧光整理是利用棉纤维在湿热条件下的可塑性，通过水分、温度、机械压力的作用，把织物中的纱线压平，竖立的纤维绒毛压伏在织物的表面，使得织物表面的纤维呈现平行排列，降低了对光线的漫反射程度，从而提高织物表面光泽的整理方法。轧光整理在轧光机上进行，轧光机主要是由辊筒和加压装置等组成，辊筒一般有2～7个，分为软辊筒和硬辊筒，软、硬辊筒交替排列，软辊筒也可连续排列。轧光前，织物一般先给湿或浸轧整理液，然后进行拉幅烘干。轧光时，织物环绕经过轧光机各辊筒，在辊筒之间受到湿、热及压力的作用，使织物烫平，获得光泽，同时手感也有改善。轧光整理效果与织物含湿率、轧辊温度、辊筒间的压力和轧点数等因素有关。

电光整理是利用刻有细、密平行斜线的钢辊与软辊组成的轧点，使织物表面产生局部光泽的整理方法。

轧纹整理和轧光整理、电光整理相似，都是利用纤维在湿热条件下的可塑性，并利用刻有花纹的轧辊轧压织物，使其表面产生凹凸花纹效应和局部光泽效果。

2. 增白整理（Whitening finishing）

增白整理分上蓝增白整理和荧光增白整理两种。上蓝增白是针对本身带有黄褐色的织物，是因为织物能吸收反射光中的蓝色光使得反射光中的黄光偏重，因此可以加入一些能吸收黄光的蓝、紫色染料和涂料，将织物着色，实际上是亮度提高了，黄褐色变成了苍白色。荧光增白是在紫外线的激发下，能发出肉眼能看得见的蓝紫色荧光，与织物本身发射出来的偏重的黄色光混合成白色。目前使用较多的是荧光增白整理。

（三）手感整理（Feeling finishing）

手感整理分为柔软整理（Softening finishing）和硬挺整理（Hard finishing）。

柔软整理有机械整理和化学整理两种方法。机械整理在有张力的情况下，通过机械的方法使织物进行多次揉曲、屈弯，破坏织物的刚性，从而改善织物的手感。化学整理是用柔软剂对织物进行加工处理，使柔软剂以一定的形式附着于织物，提高织物的柔软性。化学整理方法效果好。

柔软剂的种类很多，如表面活性剂、反应性柔软剂及有机硅等。工艺流程为浸轧整理液→预烘→焙烘。

硬挺整理是利用一种能成膜的高分子物（浆料），制成浆液黏附在织物或纱线的表面，经干燥后，使织物获得硬挺、平滑、厚实、丰满手感的整理方法。整理用浆液组成因整理效果要求的不同而不同。硬挺整理中除浆料外，还有填充剂、防腐剂、着色剂及增白剂等。浆料有天然浆料和合成浆料，单纯使用天然浆料做浆料整理，效果不耐洗涤，为了获得好的硬挺效果，可选用合成浆料。填充剂一般有滑石粉、膨润土和高岭土。天然浆料易受微生物作用而腐败变质，可加入防腐剂如苯酚、甲醛等。

（四）树脂整理

棉、黏胶纤维及其混纺织物具有许多优良特性，但也存在着弹性差、易变形、易折皱等缺点。树脂整理就是利用树脂来改变纤维及织物的物理和化学性能，提高织物防缩、防皱性能的加工过程。树脂整理主要以防皱为目的，故也称为防皱整理。树脂整理包括防缩防皱整理、免烫"洗可穿"整理、耐久压烫整理（P.P整理）三个阶段。

（1）树脂整理工艺流程：浸轧工作液→预烘、拉幅烘干→焙烘（140～150℃，3～5min）→后处理。

（2）树脂整理液组成：树脂整理液包括树脂整理剂、催化剂、添加剂等。树脂整理剂能够与纤维素分子中的羟基结合形成共价键，或者沉积在纤维分子之间，从而限制了大分子链间的相对滑动，提高织物的防皱性能，同时也能获得防缩效果。整理剂分甲醛类和无甲醛类。甲醛类整理剂主要是含N–羟甲基酰胺类结构的树脂，目前使用多的是二羟甲基二羟基乙烯脲树脂（简称2D树脂）。甲醛类整理剂存在甲醛释放问题，所以，低甲醛整理剂和无甲醛整理剂应运而生。无甲醛类的整理剂目前使用多的主要有多元羧酸类的整理剂如丁烷四羧酸、水溶性聚氨酯、反应性有机硅等。催化剂以无机金属盐为主，目前使用较多的有氯化镁、硫酸铵、氯化铵、磷酸二氢铵等。添加剂主要是为了改善树脂整理品的手感、外观和物理机械性能，弥补树脂整理后所带来的缺憾，常用的添加剂有渗透剂、柔软剂和热塑性树脂。

三、毛织物整理

毛织物的整理，主要是通过对羊毛的鳞片层的作用而进行缩呢加工；利用羊毛角质的定型特性对羊毛织物进行煮呢等定型处理；也可针对其容易受到虫蛀的问题，进行防蛀整理等。毛织物分为精纺毛织物和粗纺毛织物。这两类织物在组织结构、呢面状态、风格手感以及用途等方面有不同的要求，因而加工方法有所不同。精纺毛织物的整理主要有煮呢、洗呢、拉幅、干燥、刷毛和剪毛、蒸呢等。粗纺毛织物的整理有缩呢、洗呢、拉幅、干燥、起毛、刷毛和剪毛、蒸呢等。

毛织物整理通常分为湿整理和干整理两大类。

（一）毛织物的湿整理

1. 坯布准备

主要是尽早发现坯布上的疵点，以便及时纠正，为提高产品质量打下良好基础。同时对织物进行编号，便于管理，以保证染整加工的顺利进行。

2. 烧毛

气体烧毛机烧毛。

3. 洗呢

洗呢主要是洗除纺纱时加入的和毛油、织造时经纱上的浆料及织物在织造过程中沾上的污垢。

洗呢常用的洗涤剂有肥皂、净洗剂等阴离子和非离子型净洗剂。浴比一般为（1:5）~（1:8），精纺洗呢时间45~90min，粗纺为30~60min，然后用温水冲洗5~6次，每次10~15min。

4. 煮呢（Boiling）

煮呢是用羊毛纤维的定型作用，借助于湿、热和机械作用，消除内应力，使呢面平整，尺寸稳定，外观挺括，手感柔软且富有弹性，充分体现精纺毛织物的风格特点。煮呢是精纺毛织物整理的重要工序。

工艺：温度：白坯90~95℃，色坯80~85℃，染后复煮<80℃。

pH：白坯6.5~7.5，色坯5.5~6.5。

时间：45~60min。

压力和张力：大张力和压力适用于薄型、平纹产品；小张力和压力适用于中厚型产品。

煮呢后冷却方式：骤冷方式适用于薄型织物，织物挺括、滑爽、弹性足；自然冷却方式适用于中厚型织物，织物柔软、丰满；渐冷方式介于两者之间。

5. 缩呢（Felting）

缩呢的目的是为了使毛织物质地紧密，厚度增加，弹性及强力获得提高，保暖性增强，手感柔软丰满。一般粗纺毛织物都要经过缩呢加工。

缩呢是借助于羊毛纤维的鳞片层结构（能产生定向摩擦效应）、羊毛纤维优良的弹性、卷曲性能以及鳞片层的胶化性质，通过缩呢剂溶液和机械的挤压、揉搓作用，使羊毛纤维互相缠结，产生毡化现象，从而使织物紧密、厚实、富于弹性，充分体现粗纺毛织物的风格特点。

缩呢剂一般为肥皂、合成洗涤剂。缩呢pH应小于4或者为9~9.5。温度一般为35~40℃，时间则根据呢面效果而定。

6. 烘呢拉幅

烘呢温度对织物的质量有很大关系，温度高，手感差；温度低，手感柔软但所需时间长。一般粗纺毛织物的烘呢温度为85~95℃，精纺毛织物的烘呢温度为70~90℃。

（二）毛织物的干整理

1. 干起毛

用钢针或刺果从织物表面拉出一层绒毛的加工过程叫起毛，起毛后织物手感丰满，而且保暖性能增强。

起毛时按织物干、湿状态不同，可分为干起毛、湿起毛和水起毛。干起毛在钢丝起毛机上进行，起出的绒毛多而短，呢面粗糙，适宜于制服呢、绒面花呢、毛毯等起毛整理。湿起毛起出的绒毛较长，织物手感柔软，适宜于长毛呢绒等织物的起毛整理。水起毛易拉出长毛，起出的绒毛呈波浪卷曲形，适宜于提花毛毯等织物的起毛整理。

2. 刷毛和剪毛

毛织物在剪毛前后，均需经过刷毛。剪毛前刷毛去除织物表面的杂物，以利于剪毛。剪毛后刷毛是去除织物表面剪下的纤维及毛屑，使呢面清洁。

精纺毛织物剪毛是使织纹清晰，呢面洁净，增进光泽；粗纺毛织物剪毛是使呢面平整，绒毛平齐，减少起球，增进外观美感。

剪毛次数根据呢面风格而定。

3. 蒸呢（Blowing）

蒸呢和煮呢的原理基本相同，但处理方式不同。蒸呢是利用羊毛在湿热条件下的定型作用，将织物汽蒸一定时间后，使织物尺寸形状稳定，呢面平整，光泽自然，手感柔软而富有弹性。

4. 热压和电压

热压和电压常用于精纺毛织物的整理，两者都是借助于湿热及压力，使织物平整而具有适当的光泽，类似于棉织物的轧光。

（三）特种整理

毛织物在洗涤过程中，除了内应力松弛等因素而发生的收缩现象外，还会因羊毛的弹性特点和羊毛鳞片层结构引起的定向摩擦效应（Directional friction effect）而引起毡缩

（Felt）。所以，羊毛防毡缩可以采用适当破坏羊毛鳞片层和用聚合物（树脂）来沉积于纤维表面两种方法。前者也称为"减法"防毡缩处理，后者称为"加法"防毡缩处理。

四、蚕丝织物整理

蚕丝织物具有光泽悦目、手感柔软滑爽等独特风格，但易缩水、湿弹性低、易起皱、色牢度差。蚕丝织物整理一般可分为：烘干、定幅、机械预缩、蒸绸、机械柔软处理、轧光、手感整理、增重整理和树脂整理。这里主要介绍增重整理（Weighting finishing）。

增重整理主要是弥补丝在脱胶中的重量损失，同时可使织物变得挺括，悬垂性增加，手感较丰满。通常的方法是锡盐增重、单宁增重和树脂增重。锡盐增重是用氯化亚锡溶液，处理后水洗，然后用磷酸氢二钠溶液处理，再水洗，若增重不够，可重复处理多次，一般增重率可达25%～30%，达到要求后，再用硅酸钠处理，最后皂洗。

五、合成纤维织物热定型整理

合成纤维织物热定型整理，是指将织物在适当的张力下加热到所需温度，并在此温度下加热一定时间，然后迅速冷却的加工过程的。合成纤维定型温度一般为160～220℃，时间15～60s。

第六节 染整新技术

一、小浴比、低给液染色技术

染色过程中若能在保证产品质量的前提下尽可能地降低浴比，则可以达到提高染料利用率、节水节能、减少废水排放的目的，这就促进了小浴比、低给液染色技术的发展。近年来许多小浴比、低给液新型染色加工设备相继投入工业化应用，其浴比最小可达到1:2，减少废水排放达30%～50%，节约大量的水、电、能耗及染化药剂。目前低给液染色技术主要以喷雾、泡沫及单面给液方法为主，降低给液率，从而可减少废水发生量。

二、超临界CO_2流体染色技术

超临界CO_2流体染色技术作为另一种无水染色方法，成为近二十多年研究的热点。超临界CO_2流体代替传统染浴中的水作为染色介质，与有机溶剂相比，无毒、阻燃、廉价、无残留、使用安全、不会污染环境。所以超临界CO_2流体染色技术被认为是一种极具发展前景的染色技术，彻底消除了印染废水的产生，简化了染色工艺，降低了能耗，提高了生产效率和染料利用率。

超临界CO_2流体染色技术首先成功地应用在合成纤维上，如涤纶、锦纶等，因为超临界CO_2流体对非极性的分散染料具有较好的溶解能力。为了克服该技术在天然纤维应用中

的困难，大量研究表明，通过纤维预处理，如浸渍溶胀剂和交联剂或通过导入疏水性基团永久性地改变纤维表面，在超临界CO_2流体中染色介质中加入共溶剂、使用活性分散染料或者在超临界CO_2流体中运用反胶束体系等方法来提高染色性能，取得较好的效果。

三、超声波染整技术

超声波是人们听觉无法感知的振动波，其频率为 18kHz ~ 10MHz，超声波有纵波和横波，在传播时需要具有弹性的介质，在固体中纵波和横波都能传递，而在气体和液体中只能传递纵波。超声波在传递时方向性好，穿透力强，在传播的时候会产生机械效应、热效应和空化效应。

在前处理过程中，利用超声波的机械效应、热效应以及空化效应所引起的乳化、分散、净洗等作用，可以节约能源，可以加速浆料的膨化和脱离，减少纤维损伤，提高退浆率；还可以使黏附在纤维上的污物和油垢表面张力降低，在各个表面上和底处起着清洁作用，同时空化作用使污物和油垢得以乳化，协助清除油垢和污物，在漂白中超声波的空化作用可以使纤维内部的比表面积加大，增大与化学试剂的比表面接触，加快反应速率，同时有助于破坏发色体系，从而起到消色的作用。

超声波的辅助染色也有明显的改善，可以减少加工时间，降低能耗和污染。

四、等离子体技术

等离子体是指全部或者部分电离的气体，气态物质在光、电、热等作用下产生不同程度的分子和电子的分离，形成大量的带电粒子和中性粒子体系，含有离子、电子、自由基、激发态分子和原子。它是一种区别于物质三态（固态、气态、液态）的另一种奇特的物质聚集态，即通常所说的物质"第四态"，这种聚集态中的负电荷总数和正电荷总数在数值上是相等的，宏观上呈现出电中性，因而又称为等离子体。一般将等离子体分为高温等离子体和低温等离子体，前者又称为平衡等离子体，后者称为非平衡等离子体。在纺织染整加工中主要应用低温等离子体，低温等离子体的产生通常采用电晕放电和辉光放电两种。

近年来低温等离子体技术作为一种简便、快速、生态、清洁的染整加工技术，在各种纤维的改性中得到广泛的应用。利用低温等离子体对纤维表面进行刻蚀处理，使织物表面粗糙化，减少对光的表面反射，提高织物的表观色深；利用低温等离子体的高反应性，可在纤维的表面引进亲水基团和对染料具有亲和力的基团；利用低温等离子体的高活性，使纤维表面活化，产生自由基，从而引发单体在纤维表面接枝聚合，使纤维表面的亲水性、渗透性等发生改变，以利于染整加工。

五、微胶囊染料染色和印花技术

微胶囊技术是近几十年来迅速发展的新技术，可用作微胶囊染料和涂料的染色和印花、微胶囊整理剂的功能整理等。其更多的用途正不断被开发研究。利用微胶囊技术可以实现非水系染色，如静电染色等，从而可以减小废水处理的负担。

微胶囊染料染色和印花技术是指以染料或涂料为芯材，以天然或合成高分子物为壁材，采用相分离法和界面聚合等方法制备成微胶囊染料，借助电场力、磁场力或常规方法进行染色或印花，通过染料转移向纤维吸附扩散，水洗后完成染色或印花过程。绝大多数染料和涂料都可制成微胶囊，其染整加工过程废水排放量小，主要为染色和印花后水洗、皂洗废水，污染相对较小。目前，微胶囊技术在染整加工中的应用正不断扩大，除了微胶囊染色和印花之外，在阻燃、拒水、柔软、抗菌、抗静电、芳香整理等功能整理方面亦有较大的发展。

六、转移印花技术

该印花技术最早于20世纪20年代末问世，50年代末用于工业化生产，至今已成为一种较为成熟的印花技术，主要是合成纤维的分散染料气相热转移印花，即通过高温使染料升华成气相，先在涤纶表面凝聚，再向纤维内部扩散，冷却后沉积在涤纶的纤维之中，不需固着和水洗。其加工过程基本无废水排放，但印花纸耗量大，且处理困难。

除分散染料气相热转移印花外，其他转移印花技术还包括熔融转移印花、湿转移印花和黏合剂剥离转移印花等。较为著名的"Cotton Art-2000"棉织物活性染料湿转移印花技术，可用于棉织物、羊毛织物和丝绸，其印制花纹精细，技术关键在于印花色浆和印花纸的制造。印花时有90%以上的染料被固着，且水洗容易，废水排放量大为减少。

七、喷射印花技术

纺织品喷射印花技术始于20世纪70年代，是在喷墨印刷技术的基础上发展起来的，至今仅用于地毯和立绒装饰布的印花。受印花用染料的限制，该项技术尚难以推广应用。

喷射印花是使印花色浆直接喷射到纺织品上的一种不接触式印花技术，其工艺较为简单，印花过程的主要控制因素是所需要的印花速度和印花轮廓清晰度。由于纺织品喷射印花所需要的喷射频率高、液滴大，用于纸张印刷的喷墨系统虽可达到喷射频率的要求，但液滴小，难以满足纺织品印花所需要的给浆量。此外，纺织品喷射印花所使用的染料应不含水不溶物，需经严格的提纯。所以诸多的因素限制了其发展速度，大多数技术尚处于小试或中试阶段。

纺织品喷射印花技术具有设计灵活、不受图案颜色套数限制、不需制网、效率高等特点。其基本加工工艺流程为：织物半成品→印前处理→喷射印花→烘干→固色→水洗→烘干。虽然目前喷射印花技术印制速度低、成本高等问题的存在阻碍了它的发展，但随着CAD技术的不断进步，该技术在纺织品印花中的应用将会越来越广泛。

八、电化学染色技术

近年来，德国Krantz公司推出了电化学染色机。采用还原、硫化等染料染色时，可以不用烧碱、保险粉等化学药剂，而是通过电化学方式，将染浴介质回用，使染料还原。该技术可节省80%的化学药剂，可实现无水排放。

九、生物酶处理技术

生物酶是具有催化功能的蛋白质，有高效性、专一性、低反应条件和环保性等特性。目前生物酶在印染中的应用主要在前处理，用来去除纤维上的杂质；还可用于后整理，对纤维的表面进行改性。生物酶处理技术主要优点是整理效果永久；对环境的污染低。生物酶处理技术在染色中的应用还不是很成熟，还处在研发阶段，但是其具有很好应用前景。

十、泡沫整理技术

泡沫整理技术是以空气代替水作为载体，将整理剂、染料或涂料、化学药剂的工作液制成一定发泡比的泡沫，在施泡装置系统压力、织物毛细效应及泡沫润湿能力作用下，迅速破裂排液并均匀地施加到织物上。目前较成熟的泡沫工艺有泡沫整理、泡沫印花、泡沫染色等。泡沫染整加工具有通用性、加工柔性、节水、节能、节约化学药剂，以及生产率提升等优点，同时对环境的污染小。国内外都在对泡沫染整加工技术进行研究。近年来，国外泡沫染整加工技术发展很快，而国内近年来由于清洁生产、节能减排的呼声越来越高，染整行业正陷于高耗水、高耗能、高污染的发展瓶颈，而泡沫染整加工无疑能突破这一瓶颈。

十一、生态染色技术

（一）纯天然植物染色技术

纯天然植物染色技术采用了纯天然的植物染料、生物染料及一部分天然矿物染料，在染色加工过程中，不使用化学合成助剂，是一种最安全，最环保的染色工艺技术，尤其对有机棉这样的生态纤维染色有极好的效果，保证了纺织品的有机性。

（二）仿生染色技术

模仿生物中色素的结构、分布和功能，进行仿生染色，是一种新的生态染色途径。

仿生染色首先是开发仿生染料，人们根据天然色素的构成，人工合成具有生物色素功能的染料，如酞菁颜料或染料，其基本发色体系和叶绿素很相似，和血红素也相近；又如动物黑色素的基本结构和某些靛类染料及其中间体的基本结构很接近。在天然色素基础上，开发新的生态染料，其染色原理就是利用一些增溶染色助剂，不仅改善了染料在溶液中的溶解和分解性能，还改善了染料在纤维表面及纤维内的吸附和分布，从而大大提高了染料的上染速度、上染率和染色牢度，甚至使原本很难上染的纤维也能够染色。基于这个原理，增溶染色助剂改善了分散染料染氨纶、锦纶和蚕丝的染色性能。由于所用助剂是对人类、环境无害的，而其原理和生物色素的分布很相似，所以称仿生染色。

第七节　印染产品的主要疵病

一、前处理织物的主要疵病

前处理织物的疵病根据其产生原因可以分为两种情况，即为织造疵病和练漂加工过程造成的疵病。只有搞清楚疵病产生的原因，才能在生产过程采取相应的控制措施，防止疵病的发生，保证加工质量。这里主要讲解前处理过程中产生的疵病。

（一）棉织物前处理的常见疵病及形态

1. 烧毛过程中的疵病

（1）烧毛不净：布面仍有过多的纤维绒毛。

（2）烧毛不匀：布面残留纤维绒毛长短不一，分布不匀。

（3）烧毛过度：布面烧焦，涤纶变硬或熔化，布幅收缩过多。

（4）烧毛破洞或豁边：布面有烧成的小洞，布边有烧成的豁口。

2. 退浆疵病

（1）风干疵病：布面白度、色泽、手感不一，织物强力下降。

（2）聚乙烯醇斑渍：布面上有浆斑，光泽不匀，染色后形成斑渍疵布。

3. 煮练疵病

（1）生斑：局部织物呈现暗黄色；有时有棉籽壳存在，毛细管效应值很低。

（2）碱斑：织物的局部带有残液的暗棕色斑渍。

（3）钙斑：钙斑的颜色与煮练后的织物颜色相近似，钙斑会使织物手感粗硬，甚至产生拒水性。

（4）黄斑：织物的局部带有暗棕色。

（5）泡花碱斑：织物手感粗硬，使织物产生拒水性。

（6）纤维脆损：不易在外观上被发现，只有通过一定的测试才能发现。

4. 漂白疵病

（1）白度不足、不匀：在外观上洁白度不足，不均匀一致。

（2）泛黄：织物在练漂后存放、使用过程中短时间内自动泛黄。

（3）锈斑：织物上有黄棕色铁锈斑渍，严重时有破洞。

（4）强力下降或脆损。

5. 丝光产生的疵病

（1）皱条：布面上有光泽不一的经向皱条。

（2）纬斜：布面上经纬线不垂直。

（3）拉破：布边有破损。

（4）染后有深边：丝光后难以发现，染色后布边颜色深。

（5）染后有阴阳面：丝光后难以发现，染色后得色有正反面。

（二）羊毛织物前处理主要疵病

（1）洗净毛含杂过多，毛色不洁白。

（2）洗净毛含脂高。

（3）毛色灰暗，手感粗糙。

（4）毛毡并、结条过多。

（5）烘后羊毛过潮，毛丛不松散。

（6）草屑过多。

（7）含酸过高。

（三）真丝织物前处理的主要疵病

（1）灰伤（Defective nap）：是指丝织物表面纤维末梢受伤外露，使绸面起毛，呈现出不规则的灰白色的色块或色条。

（2）白雾：织物表面呈现出不规则的白色雾状斑渍。

（3）生硬、生块、白度不足：大面积的黄色硬块称生硬，局部的黄色硬块称生块，影响织物白度。

（4）吊襻印：在绸面的横向有似喇叭形的印，在喇叭口上方的边部有吊洞，严重的吊襻印处起绒毛。

（5）其他皱印：在前处理过程中织物受折叠变形或起皱而遗留下来的不能自然恢复的痕迹。

（6）其他疵病：由机械擦伤的破洞、破边、破裂，因梅雨季节织物前处理后堆放时间过长造成的霉点、霉斑，由外界环境沾污而未除净的油污、泥渍、锈渍等。

二、染色织物的主要疵病

染色织物的疵病是影响染整成品品质的一项重要因素，也是衡量企业生产水平高低的标志。染整过程中，由于原坯布、半成品、生产设备、操作技术水平以及工艺、染化料等因素的影响，都会使织物产生疵病，严重影响产品质量；另外，是否发生脆损、缩水率大小、染色牢度高低等内在质量也是衡量染色织物质量的重要标志。

（一）外观疵病

1. 色差（Color difference）

疵病形态：染色织物所得色泽深浅不一，色光有差别。是染整厂常见的疵病和多发性疵病之一。

（1）同批色差：同批产品中，一个色号的产品箱与箱之间、件与件之间、包与包之间、匹与匹之间有色差。

（2）同匹色差：同匹产品的左中右有色差或前后有色差，或正反面有色差。

2. 色泽不符标样

疵病形态：对照染色标样，在染色布上色泽可能是均一的，而色光、色泽深浅却与标样有差异。

表现形式有：不符同类布样；不符参考样；不符国外来样；不符成交小样。

3. 色渍

疵病形态：在染色织物上出现有规律的、形状和大小基本相似的或无规律的、形状和大小都不固定，与染色织物色泽为同类色的有色斑渍。此疵病一旦生成难以修复，对染色成品质量影响很大。

4. 色点

疵病形态：在染色织物上无规律地呈现出色泽较深的细小点。一般发生在浅色织物上，深色布上有时发生。

5. 条花

疵病形态：染色织物色泽不均匀，呈现为直条形的或雨状、羽状的色花。实质上是条状局部不一的染色色差疵病。薄型织物比厚重织物容易产生此疵病，中深色的织物也易产生此疵病。

6. 色花

疵病形态：染色织物吸色不匀，表面呈不规则的色泽或色泽深浅不匀。

7. 斑渍

疵病形态：在染色织物的单一色中夹杂着白色、色浅、色深或黑色等各种斑点或斑纹。形状有大有小，多数无规律。如油、污、色、锈、水、虫、霉、浆斑渍等。

8. 油污渍

疵病形态：在染整加工过程中，染色织物上粘上油渍和污点就会形成斑渍。

9. 横档印

疵病形态：染色织物上呈现纬向宽窄不一的横条状深、浅档及白档。

10. 卷染色布头疵

疵病形态：卷染过程形成的两头色深或色浅的疵病，长度为1～10cm，在成品疵点中有时伴有缝纫接头横档印、皱条、条花等其他疵病。

11. 风印（Draught mark）

疵病形态：织物在染色或染后存放的过程中，由于某些因素的影响，使色泽发生或深或浅的变化。

12. 水印

疵病形态：染色织物在染色前、染色固色过程中及染色后滴上或溅上水滴，致使滴、溅上水滴部分的织物上的染料和化学助剂被冲淡、破坏，造成局部色浅，严重时甚至发白或上染织物的染料色泽虽未被破坏，但由于含杂水滴的缘故，造成织物上的水印渍。水滴有大有小，水印渍有点滴状，也有块状或呈散射状。

13. 皱条

疵病形态：在染色前或染色过程中或染色后，织物因折叠而使折叠处色泽变浅，或虽无色泽变化，织物表面留有的折痕也会影响外观。

14. 破洞

疵病形态：经染整加工的织物上折断一二根纱，严重时出现大小破洞。

15. 极光

疵病形态：染色织物布面局部或全部呈现不悦目的光泽。形状有点状、线状、面状、鸡脚爪状等。极光大多发生在中厚织物上。

16. 纬斜

疵病形态：织物经纬纱线互不垂直或纬纱呈不规则的曲线形状。具体表现在左右不同方向的直线纬斜、左右不同方向的单边局部纬斜、大小不同的横向弧形纬斜及不规则的局部纬斜。一般发生在稀薄织物、疏松织物上。

（二）内在疵病

1. 脆损

疵病形态：染整加工过程主要是化学加工过程，如果化学作用过于剧烈，纤维就易受到损伤，表现为织物强力下降，严重的一触就破。脆损分为局部脆损和整体脆损。

2. 缩水变形

疵病形态：棉、黏胶纤维以及与化纤混纺的织物，下水后都会有一定程度的收缩变形，严重者收缩率达10%以上。有的织物多次洗涤后仍有收缩，严重影响使用。

3. 染色牢度不合格

染色织物色牢度不能达到客户的要求。

三、印花织物的主要疵病

印花织物的疵病主要有露白、斑点、渗色、搭色、双版色差、脱浆、接版印、花版错位、花型歪斜、色点、拖色、染料飞溅、纱尾沾污、印花水渍等。

（一）露白

经纱或纬纱的一部分翻转或移动到织物的正、反面，在花纹上呈现出酷似被挠后留下的痕迹。该疵病大多由于色浆渗透不良、印花后的处理不当（张力不匀等）而造成（图6-7）。

（二）斑点（印花色泽不匀）

印花的一部分变成了如同鲨鱼表皮形状那样的花斑。该疵病多在色浆黏度不适当、筛网网眼选择不当或贴布不匀等情况下发生（图6-8）。

（三）渗色（化开）

印花花纹的颜色渗出，花型的轮廓不清晰，呈现模糊不清的色彩。是由于色浆黏度低、染料浓度极浓、印花吸浆量过多或吸湿剂用量多等原因造成的（图6-9）。

图6-7 露白

图6-8 印花斑点

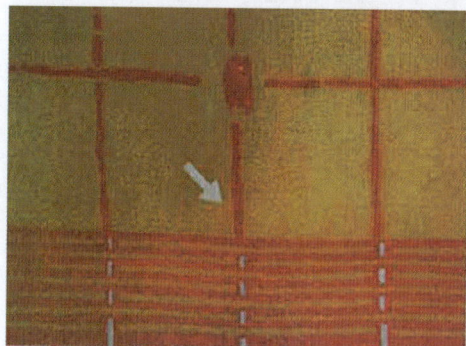

图6-9 印花渗化

（四）搭色

印花花纹的颜色沾染到其他部分所造成的污斑。大多是在印花台板洗涤不净，印花后干燥不充分相互重叠在一起或蒸化工程中织物与织物间相互接触等情况下发生（图6-10、图6-11）。在日本，有的工厂是在绳状条件下采用调节织物的张力这样一种控制方式进行彻底洗涤的。

图6-10 印花搭色（搭色）

图6-11 印花搭色（印花台板污斑）

（五）双版色差（刮浆不匀）

在织物的横向呈现出一定间隔的色泽深浅。该疵病多在筛网框、刮刀安装不良或刮浆不匀情况下发生（图6-12）。

（六）脱浆（色浆不足）

花纹部分颜色缺乏。通常在色浆补充不及时、刮浆刀压力不匀、刮浆刀硬度不当，刮浆刀继电器故障、印花台板表面有凹凸、色浆黏度及浆料不适当等情况下发生（图6-13）。

图6-12　印花双版色差

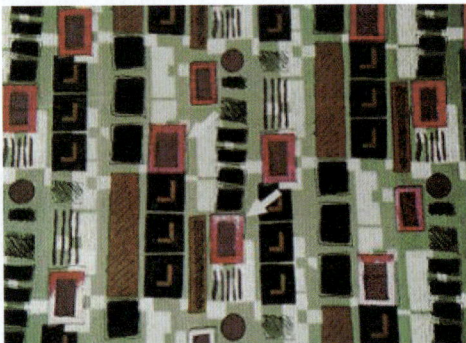

图6-13　印花脱浆

（七）接版印（花版接头不良）

花版接版处花型重叠或不吻合（脱开）。多因输送带调整不良或台版规矩眼调整不当，影响花位准确性所造成（图6-14）。

（八）花版错位（套歪、套版不准）

花纹错位。大多在对花不准、雕刻不良、贴布不良等情况下发生（图6-15）。

图6-14　印花接版印

图6-15　印花花版错位

（九）花型歪斜（弯曲）

花纹对于织物的经纬纱线呈倾斜或弯曲状。通常在印花坯布（绸）本身有纬斜、缝头不良或台板贴布歪斜等情况下发生（图6-16）。

（十）色点

小点状的颜色污斑。通常在色浆中有未溶解之染料或附着有杂质的情况下发生（图6-17）。

图6-16 印花花型歪斜

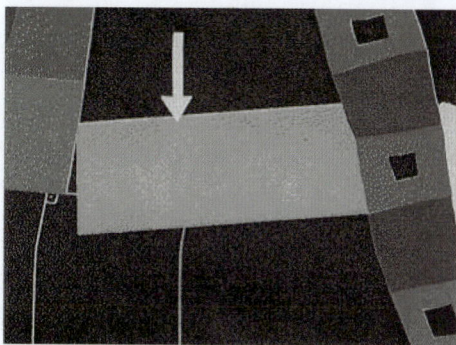

图6-17 印花色点

（十一）拖色（摩擦污点）

在印花花纹尚未充分干燥时接触异物，摩擦着花纹部分的颜色沾污到其他部分所形成的疵点。此疵点多在印花织物干燥不充分的状态下因不注意接触到其他物体的情况下发生（图6-18）。

（十二）染料飞溅（网版弹跳、溅浆、散浆沾污）

因色浆飞溅造成的色点沾污。该疵点多在滚筒印花的加工速度快，筛网印花中起版动作不当，色浆黏度不合适等情况下发生（图6-19）。

图6-18 印花拖色

图6-19 印花染料飞溅

（十三）纱尾沾污

印花坯绸（布）的纱尾在印花织物上造成的纱线状污疵。多因印花坯绸（布）的纱线处理不良所致（图6-20）。

（十四）印花水渍

由水滴造成的污点或花斑。这是由于织物在印花之后蒸化结束之前的一段时间内滴上冷凝水或溅上水滴所致（图6-21）。

图6-20　印花纱尾沾污

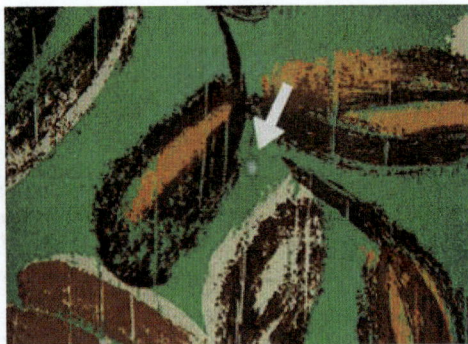

图6-21　印花水渍

四、整理后的织物常见主要疵病

（一）一般外观疵病

（1）高温变色：深浅不均的变色，呈金属色样的色块。

（2）搭色：辊筒搭色、压辊布搭色。

（3）松板印：布面显示出树木生长的年轮花纹。

（4）极光（轧光印、条印）：布面呈现有规律或无规律的点状、条状或块状亮光。

（5）卷边：边口不平挺，两层叠起

（6）纬斜：织物表面的经纬丝不垂直或花纹歪斜。

（7）手感疲软：布面熟软，无身骨。

（8）披裂：大面积星星点点的披裂，木盘披，揿披，压辊披。

（9）木盘渍：布面污渍。

（10）圆花不圆：提花织物的圆花呈椭圆状。

（11）甩水印（鸡反爪、眉毛皱）：布面上呈现错乱不规则的细皱纹。

（12）破边：在布匹边道内的纬丝或边经断裂，呈现边道部位局部破损。

（13）凸铗：布面边部局部或连续呈现凸出状。

（14）脱铗：布面边部局部或连续呈现凹陷状。

（15）油渍：铁锈红的油渍块，有时会有蜡状感。

（16）边深浅及正反面色差：边中色泽浓淡不一，正反面色泽浓淡不一。

（17）吸水管印：在布面上呈现吸水孔或吸水狭缝的痕迹。

（18）手感粗糙：织物手感粗硬，不柔软。

（19）树脂渍：树脂整理的织物表面局部呈现斑渍或沾污。

（20）潮白柳：在织物纵向呈现浅白柳。

（21）污渍：织物表面呈现有规律或无规律的污渍。

（二）一般内在疵病

（1）门幅不合要求：布面门幅宽窄不一。

（2）纬密不足或过多：纬密不符合成品要求。

（3）内在质量差：织物的断裂强力、曲磨、撕破强力等指标显著下降，不符合成品服用要求。

（4）面密度：过大或过小。

（5）缩水率过大：织物的成品缩水率超过检验标准的允许范围。

（6）折皱恢复性差：织物的折皱恢复角小于成品检验的最低标准。

（7）游离甲醛含量超标：织物上的游离甲醛含量超过规定的标准要求。

本章小结

本章主要介绍了染整用水的要求和硬水的软化方法，纺织品的染整加工工艺。重点介绍了棉、麻、丝、毛的前处理主要内容、方法、效果评定以及前处理工艺，常见纺织纤维织物的染色和直接印花方法、棉和毛的常规整理内容及方法，并简单分析了纺织品在染整加工过程中的质量疵病。

思考题

1. 为什么印染行业要用软水？

2. 表面活性剂的作用和种类有哪些？

3. 简述染料染纤维的过程。

4. 简述还原染料染棉织物的上染过程。

5. 简述羊毛染色原理。

6. 说明阳离子染料染腈纶的影响因素。

7. 比较涤纶纤维热熔染色和高温高压染色的特点。

8. 试述印花的种类。

9. 你了解哪些染整新技术？

第七章　服装辅料

学习目标：

    1. 了解服装里料的种类、性能及应用，掌握服装里料的选配原则；

    2. 了解服装衬料的种类、性能及应用，掌握服装衬料的选配原则；

    3. 了解服装填垫料的种类、性能及应用；

    4. 了解紧扣材料的种类和应用；

    5. 了解装饰材料的种类及应用，掌握商标和标志的内容。

本章重点：

    1. 服装里料的选配原则；

    2. 服装衬料的选配原则；

    3. 商标和标志的内容。

    服装辅料是一个在服装设计和生产中被广泛应用的术语，其内涵及应用越来越被人们所重视和理解。在构成服装的材料中，除了面料以外均为辅料，如果将一件衣服比作一栋建筑物，辅料就是其中的梁和柱、门和窗。与面料一样，辅料的装饰性、舒适性、功能性、加工性、经济性乃至保健性都直接影响着服装的性能与销售。因此可以说，服装辅料是服装的基础。

    构成服装辅料的基本材料是丰富且复杂的。其中包括纤维制品、皮革制品、泡膜制品、金属制品及其他制品，纤维制品是当前辅料的主要材料。

    根据服装材料的基本功能和在服装中的使用部位，服装辅料主要包括七类，即：服装里料、服装衬料、服装填料及垫料、紧扣材料、线类材料、装饰材料和其他材料。

第一节　服装里料

    用来部分或全部覆盖服装里面的材料即为服装里料。服装里料的作用是保护服装面料，使服装耐穿、保暖、舒适；服装获得良好的保型性，更为挺括美观；遮盖面料接缝和其他辅料，使服装穿脱方便等。

一、服装里料的种类、性能及应用

服装里料对服装起到了烘托的作用，里料的质量直接影响服装的外观效果和内在质量，服装里料可分为棉布类里料和丝绸类里料。

（一）棉布类里料

1. 棉织物里料

棉织物里料的主要品种为各色平布、棉绒布等。织物结实耐磨，具有良好的保暖性和服用舒适感，可手洗、机洗和干洗，且价格低廉。最大的缺点是作为里料不够光滑。主要应用于儿童服装和中低档便服等的里料。

2. 涤棉混纺里料

涤棉混纺里料结合了天然纤维与化学纤维的优点，坚牢性好，吸水性、透气性均好，价格适中。主要用于夹克、防风服等的里料。

3. 人造棉里料

以黏胶短纤维织成的人造棉布与棉布特点相仿，价格低廉。主要用于中低档服装的里料。

（二）丝绸类里料

1. 真丝里料

真丝里料主要是桑蚕丝绸。其特点是色泽明亮，光滑质轻而美观，轻薄细致，透气性好。缺点是织物中丝线易脱散，加工困难，造价太高，耐用性差。主要用于全真丝高档服装、纯毛服装里料，目前真丝里料的服装主要以外销为主。

2. 人造丝及人造丝交织里料

人造丝有很好的吸湿性，主要品种有人丝软缎、美丽绸、人丝羽纱等。美丽绸又称美丽绫，大多采用有光人造丝作为经纬纱，以四枚单面斜纹组织织成。同时也有以人造丝作经、棉线为纬的棉线绫和以人造丝作经、棉纱为纬的棉纬绫。绸面光亮平滑，斜纹纹路清晰，手感滑爽柔软，色彩丰富，颜色以中浅灰、咖啡、酱红、黑色为主。人丝羽纱有采用纯人造丝作经纬的斜纹产品，也有以人造丝为经，蜡棉纱作纬的蜡线羽纱。质地坚牢，厚实耐磨，布面柔滑挺实，光亮如缎，色彩以深色或灰米色为主，重量较美丽绸轻。

该类服装里料湿强较低，尺寸稳定性差，洗涤时不宜用力搓洗，应用时需考虑里料的预缩及裁剪余量。主要用作呢绒、厚毛料服装的里料。

3. 合纤及合纤交织里料

合纤及合纤交织里料主要有涤纶绸类里料和锦纶绸类里料。涤纶绸类里料主要有涤塔夫、轻盈纺、色丁（图7-1、图7-2）等。锦纶绸类里料主要有尼丝纺、加密尼丝纺等。涤

图7-1 色丁里料（110g/m²）

图7-2 轻盈纺里料

纶绸类里料具有较高的强度和弹性，且挺括耐用，洗后免烫。缺点是吸湿透气性差，易产生静电。涤纶绸类里料广泛应用于休闲装、时装等。锦纶绸类里料具有耐磨性强、手感柔和，弹性恢复性好的特点。常用作运动服、登山服等里料。

此外，腈纶黏胶人造毛皮、簇绒织物或羊毛混纺纱与棉纱织成的驼绒，也可用于冬季服装的里料。

二、服装里料的选配原则

里料的选配应遵循以下几点原则。

（1）里料的性能应满足服装造型的要求。里料的厚度、强力、缩水率、耐洗涤性应与面料大体一致。否则，服装在服用及洗涤时，外形会受到影响。

（2）里料的颜色应与面料的颜色相协调。里料的色调与面料的色调应一致，且色牢度要好，以免沾染面料及内衣。薄面料的里料颜色应浅于面料，否则会影响服装的外观色泽。

（3）里料的性能应满足服装舒适性的要求。服装里料的吸湿、透气性要好，尽可能选用比重小、轻柔光滑、易脱穿的织物。冬季服装的里料要有一定的保暖性，注意不能有冷感。

（4）里料的性能应满足服装加工性的要求。里料的耐热性、厚度等应满足服装加工方便的要求。

（5）里料应满足服装经济性的要求。选择里料时还应注意经济实用，而且要考虑服装的用途等。

第二节　服装衬料

服装衬料即衬布，是在面料和里料之间的材料，是服装的骨骼，起着衬垫和支撑的作用，保证服装的造型美。衬料适应体型、身材，可增加服装的合体性。它还可以掩盖体型某一部位的缺陷（如胸低、肩斜等），对人体起到修饰作用。服装衬料多用于服装的前身、肩、胸、领、袖口、袋口、腰、门襟等部位。服装衬料可以提升服装的穿着舒适性，提高服装的服用性能和使用寿命，能改善加工性能。

一、服装衬料的种类、性能及应用

服装衬料的品种繁多，性能各异，用途广泛，分类方法繁多。目前广泛使用的衬料有如下几类。

（一）棉、麻衬类

1. 棉衬

棉衬又称软衬。采用中低支平纹本白棉布，不加浆剂处理，手感柔软。用于挂面、裤腰或与其他衬搭配使用，以适宜服装各部位用衬软硬和厚薄变化的要求。

2. 麻布衬

有纯麻布衬和混纺麻布衬两种。属麻织物的平纹衬布，具有较好的弹性和硬挺性，一般作为常规服装的衬布，如中山装等。

3. 麻布上胶衬

将麻/棉混纺平布浸入适量的胶汁制成的衬料。表面呈微黄色，规格有薄、中、厚三种。其特点是质地硬挺滑爽、柔软适中、富有弹性，但缩水率较高，应预缩水。

（二）动物毛衬类

1. 黑炭衬

黑炭衬又称毛衬。是以棉或棉混纺纱线为经纱，动物性纤维牦牛毛或山羊毛与棉或人造棉混纺纱为纬纱织成的平纹布。牦牛毛为黑褐色，故有"黑炭"之称。牦牛毛和山羊毛可纺性差，常与其他纤维搭配纺纱，个别纯纺毛纱对原料的要求较高，因而价格亦高。黑炭衬按不同幅宽、不同手感要求和不同的颜色形成了同一品种的系列产品。幅宽一般有74cm、79cm、81cm三种规格。黑炭衬纬向弹性好，手感硬挺，富有弹性，主要用于做西服的驳头、中厚面料服装的胸衬等（图7-3）。

2. 马尾衬

有普通马尾衬和包芯马尾衬。马尾衬经纱多用棉或棉混纺纱线，纬纱用马尾、短粗羊毛或其他动物毛，幅宽为马尾长（一般幅宽只能达到45~55cm），20世纪90年代研制开发了棉包芯纱马尾衬，使马尾通过缠绕连接起来，不再受马尾长度的限制，可用织机织造，大大地提高了生产效率。现在常用包芯马尾纱与棉纱交织，称为夹织黑炭衬，较一般的黑炭衬更具有弹性。马尾衬是平纹织物，布面稀疏，手感硬挺，弹性很好，热湿熨烫，定型方便，造型美观，多用于高档服装。普通马尾衬主要用在上衣的局部位置，如男西服的盖肩衬和女装的胸衬（图7-4）。包芯马尾衬多用于高档传统西服，用途类似黑炭衬。

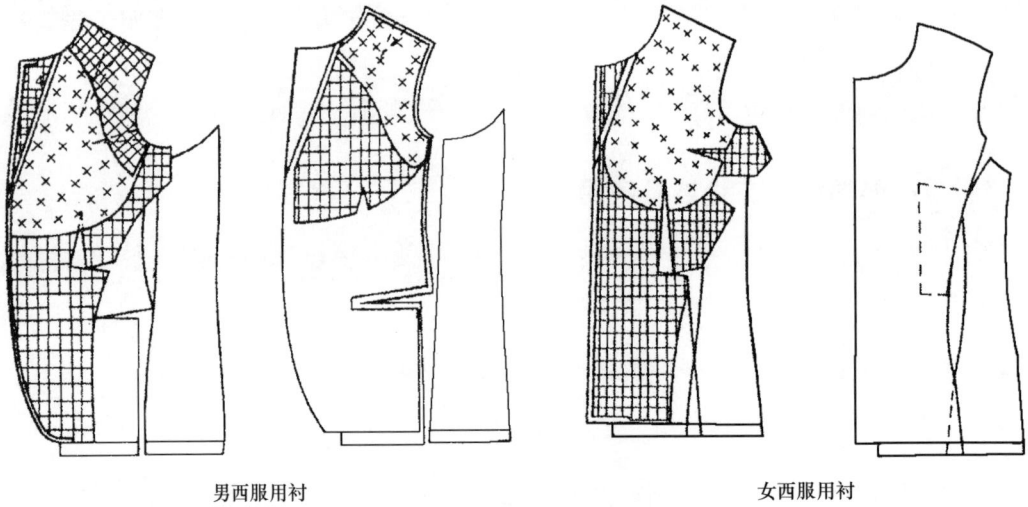

男西服用衬   女西服用衬

图7-3 西服用黑炭衬实例

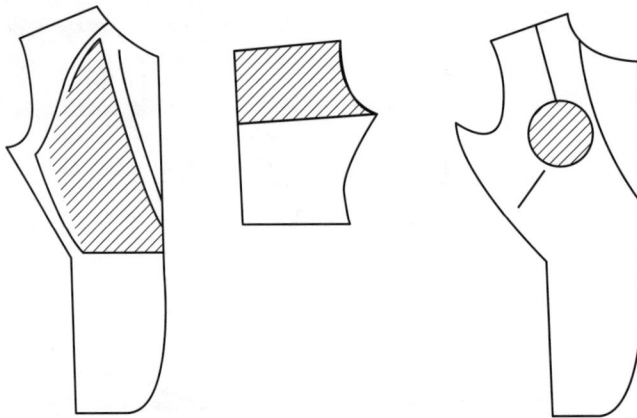

图7-4 马尾衬的应用实例

    黑炭衬、马尾衬因其所含纤维成分及比例的不同，适用于不同风格的服装及服装的不同部位。表7-1为某服装企业用于服装大身部位的黑炭衬规格，表中各衬布如图7-5所示。

表7-1　全衬及半衬用黑炭衬（大身衬）

品名	幅宽（in）	重量（g·m⁻²）	成分（%）					
			棉	毛发	黏胶纤维	羊毛或驼毛	涤纶	马尾毛
IS-207LF/M	42/43	192	33	27	23		27	
IS-402	42/43	181	32	17	41	10		
IS-402BLK	42/43	176	32	17	41	10		
IS-404	42/43	195	38	16	37	9		
IS-404LF	42/43	195	38	16	37	9		

续表

品名	幅宽（in）	重量（g·m⁻²）	成分（%）					
			棉	毛发	黏胶纤维	羊毛或驼毛	涤纶	马尾毛
IS–606	60~61	185	29	25	21		25	
IS–910LF	46~47	192	33			67		
IS–915LF	50~51	185	33			67		
IS–2010LF	42~43	125	40	16	10		3	31
IS–2030LF	42~43	111	43	18	19	17	3	
IS–5000LF	54~55	197	23	15	50	12		
IS–4160LF	42~43	152	30		23	47		
IS–4270SF	48~49	182	33	20	30	17		
IS–4370	42~43	184	32	10	31	27		
IS–6200LF	42~43	194	31		22	47		
IS–8800	42~43	218			20	55	25	
IS–9000	42~43	172			12	58	30	
IS–9020LF	42~43	143	30			70		
IS–9030LF	42~43	147	30			68	2	
IS–9200	42~43	153	36		13	51		
IS–9414LF	59~60	168	22			78		
IS–9418LF	50~51	170	23			77		
IS–9525LF	50~51	174	31			69		
IS–9500LF	46~47	171	34		12	48		
IS–9905	42~43	192			39	61		
IS–9905FM	60~61	192			39	61		

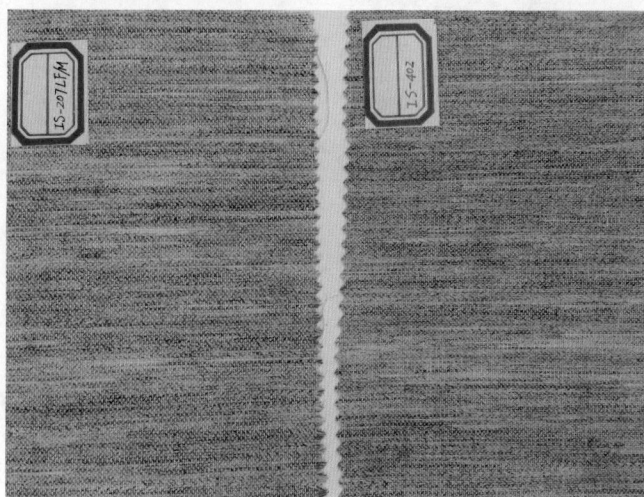

图7-5 表7-1所列黑炭衬

图7-5

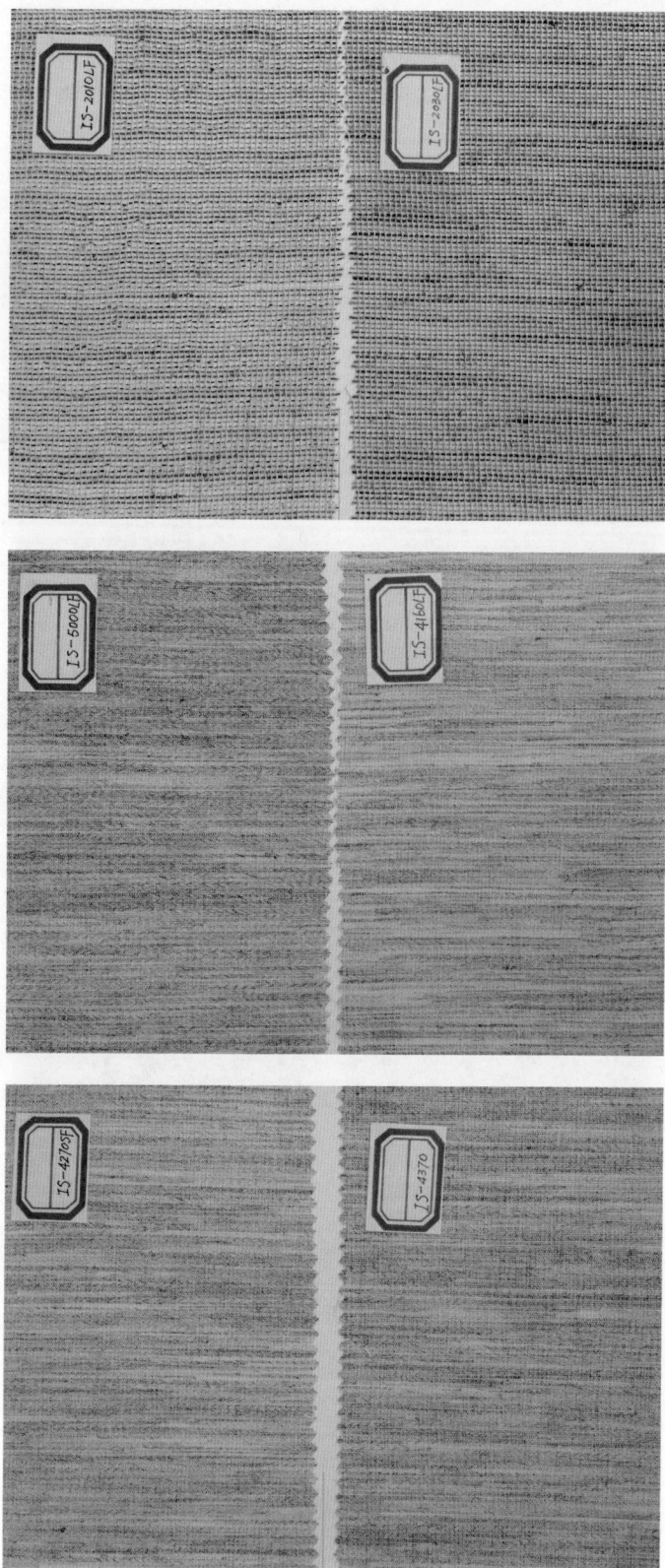

图7-5

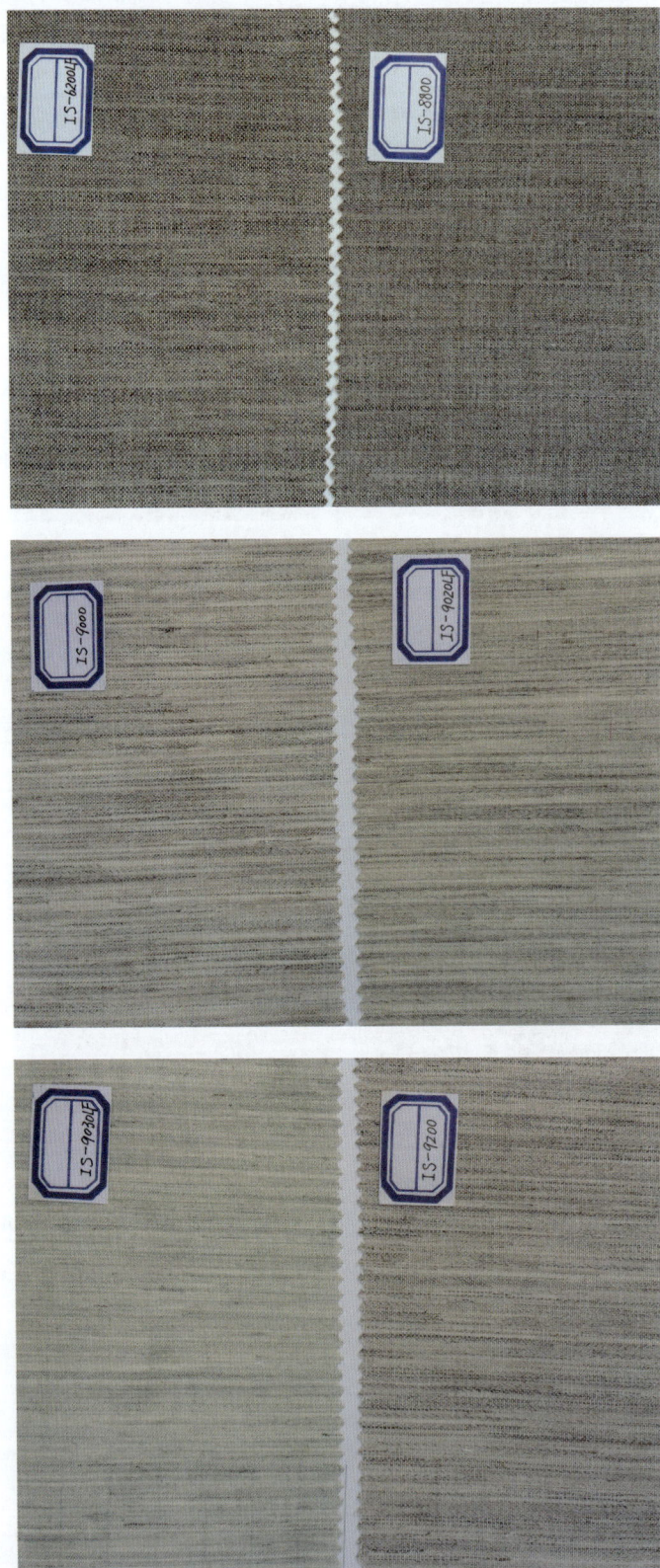

图7-5

图7-5　表7-1所列黑炭衬

　　表7-2为某企业用于西服盖肩衬的黑炭衬和马尾衬规格，表7-3为用于西服弹肩衬的马尾衬规格。表中各衬布实样如图7-6、图7-7所示。

表7-2　盖肩衬

品名	幅宽（in）	重量（g·m⁻²）	成分（%）					
			棉	毛发	黏胶纤维	羊毛或驼毛	涤纶	马尾
IS-484LF	42/43	187	27		15	36		22
IS-485LF	42/43	195	57					43
IS-488LF	42/43	192	28		18	40		14

表7-3　弹肩衬

品名	幅宽（in）	重量（g·m⁻²）	成分（%）					
			棉	毛发	黏胶纤维	羊毛或驼毛	涤纶	马尾
IS-9955LF	20/21	180	43					57
IS-9966LF	20/21	164	55					45

图7-6　表7-2所列盖肩衬

（三）化学衬

　　品种很多，包括化学硬领衬、树脂衬和热熔黏合衬。化学硬领衬和树脂衬由于材质较硬，作为衬布过于硬挺，给人以不适的感觉，近年较少应用。热熔黏合衬是将热熔胶涂于底布或基布上制成的衬布，使用时不需繁复的缝纫加工，只需在一定的温度、压力和时间条件下，使黏合衬与面料或里料黏合，从而使服装挺括、美观而富于弹性。由于热熔黏合

图7-7　表7-3所列弹肩衬

衬可使服装加工简化并适宜工业化生产，使服装获得轻盈美观的效果，所以被广泛采用，成为现代服装生产的主要衬料。由于热熔胶及底布的种类和性能多种多样，衬布的加工方法各异，因而，热熔黏合衬的种类很多。

二、热熔黏合衬的种类、性能

按国家标准和行业习惯，常用的黏合衬分类方法有以下几种。

（一）按底布类别分

1. 机织黏合衬（图7-8）

按纤维成分分有纯棉黏合衬、涤/棉混纺黏合衬、黏胶黏合衬和涤黏交织黏合衬等几类。根据纤维的特点制成不同用途的衬布，纯棉黏合衬热熔率小，涤/棉混纺黏合衬弹性好，黏胶黏合衬手感柔软。常用的织物组织有平纹组织和斜纹组织。平纹组织经纬向一致，斜纹组织手感柔软，有较好的弹性，常常用于做外衣衬。机织黏合衬因各方向受力稳定性和抗皱性好，因而价格较针织底布的黏合衬和非织造基布的黏合衬为高，故多用于中高档服装。底布的厚薄决定于织物的纱支和密度。纱支越高，纱线越细，织物越薄。常用机织底布纱线线密度及重量见表7-4。

图7-8　机织黏合衬

表7-4　常用机织底布纱线线密度及重量

纱线线密度（tex）	织物面密度（g/m²）	用途
9～14.5	较薄，织物重量60～110	薄型衬、时装衬
14.5～36	中型，织物重量110～150	领衬、外衣衬
36～97	较厚，织物重量150～250	腰衬、领衬、胸衬

2. 针织黏合衬（图7-9）

针织黏合衬分经编衬和纬编衬。经编衬以衬纬经编衬为主，其性能类似机织黏合衬，有较好的形态稳定性和悬垂性。衬纬经编衬经纱一般采用5.55～8.32tex（50～75旦）的锦纶或涤纶长丝，纬纱为36.4～25.8tex（16ˢ～24ˢ）纯黏胶或涤黏混纺纱，底布重量70～110g/m²。针织黏合衬多用于女衬衫等薄型服装及针织和弹性服装。

3. 非织造黏合衬（图7-10）

非织造布是由涤纶、锦纶、丙纶和黏胶纤维经梳理成网再经机械或化学成型制成。非织造布是按其面密度分类的，各类非织造黏合衬布的用途见表7-5。

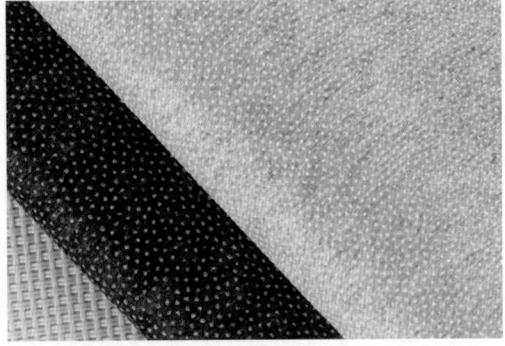

图7-9　针织黏合衬　　　　图7-10　非织造黏合衬

表7-5　各类非织造黏合衬布的用途

种类	面密度（g/m²）	用途
薄型	15～30	薄型毛、丝、针织服装的衣领、前身等部位
中型	30～50	雨衣、风衣、童装、夹克等制服的前身、衣领等
厚型	50～80	厚料大衣、套装的前身、衣领、腰带等

非织造布有重量轻、洗涤后不缩水、裁剪后切口不脱散、保型性好、使用方便、价格便宜等众多优点，非织造布黏合衬占黏合衬总量的60%左右，但非织造布黏合衬的强力较低。新近出现的非织造缝编布，是利用缝编机在非织造布上进行缝制成的，其性能趋近于机织布。

非织造黏合衬依其制造方法的不同可分为以下三种。

（1）针刺法非织造衬：适用于较厚面料，常作领底呢、胸绒等。

（2）浸渍黏合非织造衬：利用化学黏合剂（聚丙烯酸酯、聚氨酯等）将纤维黏合成底布，其中又分为干法成网和湿法成网两种。由于成网时有单向纤维网和无定向纤维网的区别，因而用作服装衬料的性能和作用亦不相同。无定向成网的非织造衬，纵横向拉力差异不大，可满足一般服装衬布的要求。而单向成网的非织造衬，纵向拉伸强度大，伸长率小，横向拉伸强度小，伸长率大，因而使用时要注意其方向性。此类衬较适合于针织服装用衬。

（3）纺黏型非织造衬：通过喷嘴将纤维喷出，用高速气流将纤维铺排于运动的运输带上，再用压力滚筒加热、加压，使纤维交叉处（热印点）熔融黏合成布。这种衬布手感柔软，强力高，耐水洗性好。可与针织衬、机织衬相媲美。

（二）按热熔胶的种类分

衬布上涂的热熔胶不好区分，需用特殊的试剂进行染色实验鉴别。热熔胶对衬布的性能和压烫条件的选定极为重要，应该掌握热熔胶的基本知识。

热熔胶的性能包括两个方面：一是热性能，即熔融的温度、黏度，这决定黏合衬的压烫条件；二是黏合和耐洗性能，这决定与服装面料相适应的条件。按热熔胶的种类分，常用的热熔黏合衬有四大类。

1. 聚乙烯（PE）热熔胶黏合衬

聚乙烯热熔胶黏合衬又分为高密聚乙烯衬和低密聚乙烯衬。高密聚乙烯衬要用高温高压黏合，常用薄膜涂布法涂于底布上，多用于衬衫领衬，而低密聚乙烯衬用普通的黏合压力或熨斗即可黏合，一般用于经常高温水洗而很少干洗的服装。

2. 聚酰胺（PA）热熔胶黏合衬

聚酰胺胶有良好的黏合性能，聚酰胺黏合衬可以用熨斗或其他的压烫方式黏合，应用广泛。

3. 聚酯（PET）热熔胶黏合衬

聚酯热熔胶黏合衬有较好的洗涤性能。由于它的熔点较高，压烫黏合的温度亦需适当提高。

4. 聚氯乙烯（PVC）热熔胶黏合衬

聚氯乙烯热熔胶黏合衬具有足够的黏合强度和较好的耐水洗性能。此类衬易老化且黏合条件要求较高，所以除了防雨服外，应用不多。

此外，还有乙烯—醋酸乙烯共聚物（EVA）热熔胶黏合衬和聚氨酯（PU）热熔胶黏合衬等。但由于性能、价格等方面的因素，目前使用不多。

（三）按热熔胶的涂布方式分

1. 撒粉黏合衬

撒粉是使用最早且最简单的涂布方法。它是将粉状的热熔胶均匀地撒在经预热的底布上，然后烘干，冷却后热熔胶即熔融黏着于底布上，形成撒粉黏合衬。制作撒粉黏合衬设备简单，适应性广，但有涂层不均匀的缺点，适用于低档产品。

2. **粉点黏合衬**

热熔胶嵌在转动着的雕刻辊上，将胶粉转移黏结在经预热的底布上，带有粉点的底布经烘房烘焙后冷却，即成粉点黏合衬。粉点黏合衬的涂层较撒粉黏合衬涂层均匀。此类衬成本低，质量好，规格多，广泛应用于机织黏合衬的生产。

3. **浆点黏合衬**

浆点黏合衬使用湿态涂布方法。将热熔胶加热成胶浆，像圆网印花一样，把胶浆涂印于经预热的底布上，再经烘焙冷却后而成浆点黏合衬。此法多用于非织造黏合衬和针织黏合衬。

4. **双点黏合衬**

为了获得更佳的涂布和黏合效果，并考虑到底布与面料的不同黏合性能，可以在底布上涂布两层重叠的热熔胶。可以采用双粉点、双浆点以及先浆点后粉点等涂布方法。双点涂布方法是黏合衬生产普遍采用的新方法，它使黏合衬的质量有了进一步的提高。此方法适用于各类衬布，特别是难黏合的衬布。

5. **薄膜涂布黏合衬**

以上各种方法均存在涂布不够均匀的问题。此方法是将热熔胶先制成薄膜，通过裂膜处理后再将薄膜直接压于底布上，则可获得更为均匀平整的薄膜黏合衬。此方法生产的产品质量好，适用于衬衫等。

（四）按热熔胶的涂层形状分

热熔胶的涂层形状如图7-11所示。

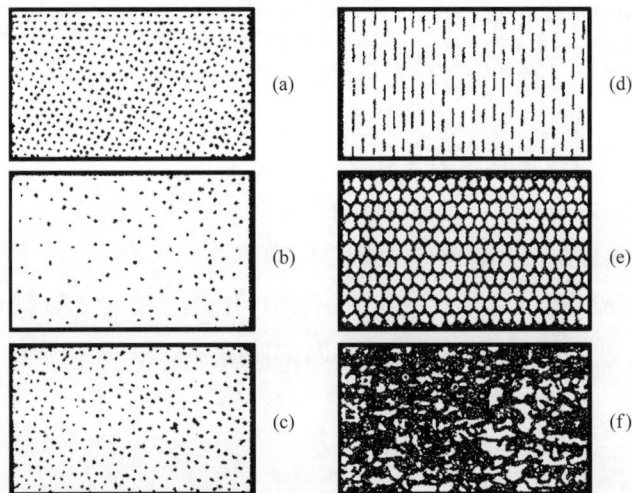

图7-11　热熔胶的涂层形状图

1. 有规则点状衬

如图7-11（a）所示，胶粒按一定的间距排列，密度按横向每英寸中胶点的个数即目数来衡量，目数越高，分布越密。粉点法、浆点法均常常用于生产此类衬布。

2. 无规则撒粉状衬

如图7-11（b）所示，胶粒的大小和间距均无一定规律。用撒粉法生产此类衬布，工艺较简单，适合于暂时性黏合。

3. 计算机点状衬

如图7-11（c）所示，胶粒之间的距离相等，但排列无规律。浆点非织造黏合衬常采用此种几何图形排列，以获得较好的黏合效果。

4. 有规则断线状衬

如图7-11（d）所示，胶粒呈有规则的断线状分布的衬布。

5. 裂纹复合膜状衬

如图7-11（e）所示，热熔胶为一层薄膜复合在底布上，薄膜呈六角型裂纹，以保证底布的透气性。此种衬布黏合强力很高，但手感较硬，主要用作黏合衬衫领。

6. 网状黏合衬

如图7-11（f）所示，有两种形式。一种是热熔胶本身制成的网状非织造布，成为双面黏合衬。另一种是以熔喷法成网状涂在底布上。

（五）按用途分类

1. 主衬

用于服装的前片、内贴边、领、驳头、后片等，对整个服装起着造型和保型的作用，对外衣前片的轮廓起着决定性的作用。

2. 补强衬

用于服装的袋口、袋盖、腰带、门襟、袖口、领口等小面积用料，对服装起局部定型、加固补强和保型的作用。补强衬根据服装要求可选用永久性黏合衬也可选用暂时性黏合衬。

3. 牵条衬

牵条衬又称嵌条衬。用于服装的袖窿、止口、下摆衩口等部位，可起到加固补强的作用，对防止脱散、缝皱有良好的效果。牵条的宽度有0.5cm、0.7cm、1.0cm、1.2cm、1.5cm、2.0cm、3.0cm等不同规格。牵条还有直牵条和斜牵条之分，斜牵条有60°、45°、30°、12°等规格，其归拔效果各不相同。

4. 双面衬

由于两面都可黏合，可以在面料与面料之间或面料与里料之间起加固作用，还可起到包边的连接作用。双面衬常制成条状使用，为了便于折叠还打成条状小孔。

三、热熔黏合衬的应用

在黏合衬的使用中要注意压烫方式和压烫工艺技术参数。

（一）压烫方式

黏合衬通常粘于面料的反面，也有粘于里子反面的。黏合衬的压烫方式通常有以下几种（图7-12）。

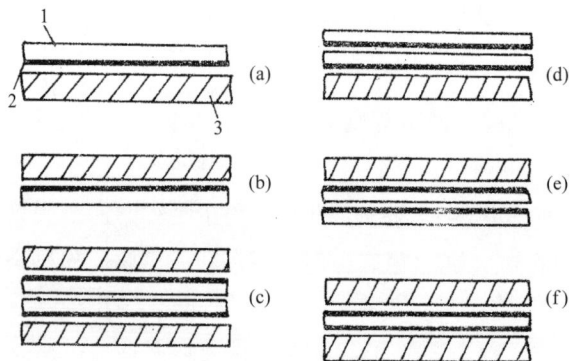

图7-12　压烫方式示意图
1-黏合衬　2-胶面　3-面料

1. 单层压烫

一层黏合衬与一层面料衣片黏合。受热熔融的热熔胶要自然地流向热源，因此，在用热源来自下方的黏合机械时，宜用黏合衬在上，胶面朝下，面料衣片在下的单层黏合，如图7-12（a）所示。如用热源来自上方的黏合机械时，宜用黏合衬在下，胶面朝上，面料衣片在上的单层"反面黏合"，如图7-12（b）所示。

2. 多层压烫

（1）两层正面（无胶面）相对的衬料夹在两层面料之间进行压烫，如图7-12（c）所示。此种方式一般用于服装的对称部位，并适于热源来自上、下方的黏合机械。生产效率高，但定位处理需十分注意。

（2）两层衬料在面料的上或下方进行压烫，如图7-12（d）（e）所示。这种压烫方式常用于服装的胸部，以增加服装的强度或刚度。

（3）一层双面涂胶的黏合衬夹在两层面料之间进行一次压烫，如图7-12（f）所示。

（4）两次黏合压烫。一层衬料用单层压烫或反面压烫粘于面料上后，第二层衬料再压烫于第一层衬料上，即两层黏合压烫。这种方式容易操作并且定位准确。但需注意，第二次压烫的温度、压力和时间，应较第一次低，以防止第一层过度黏合和损伤面料。

（二）压烫工艺技术参数

有了正确的压烫方式，还必须掌握正确的压烫工艺参数，才能达到预期的黏合效果。压烫工艺参数主要是指压烫温度、压烫压力和压烫时间。

（1）压烫温度：主要取决于面料与热熔胶的种类和性能。压烫温度达不到要求温度，压烫效果不佳，以至面料与黏合衬之间的剥离强度达不到要求。压烫温度过高，则会产生渗胶现象，也会导致剥离强度降低。因此，要达到最佳的黏合效果（剥离强度最高），正确掌握压烫温度是十分重要的。

（2）压烫压力：在一定温度下，压烫的压力与剥离强度成正比。但压力达到一定值时，剥离强度便不再升高。压力过大，非但对黏合无益，而且会影响服装面料的手感，造成表面极光。压烫压力的大小，取决于热熔胶的流动性能。

（3）压烫时间：压烫过程包括升温、黏合和固着。而压烫时间主要是指升温与黏合的时间。压烫时间与剥离强度的关系相似于压烫温度与剥离强度的关系。时间过短、过长都会使剥离强度达不到最佳。

压烫工艺参数举例见表7-6。

表7-6 压烫工艺参数举例

黏合衬种类	涂布方式	温度（℃）	压力（10^4Pa/cm^2）	时间（s）	用途
PA机织衬	双点	140～150	8.8～14.7	15	用于毛、棉织品，高档大衣西服等
		130～145	4.9～9.8	15	薄型毛、棉织品各部位
PA衬纬经编衬	双点	135～150	4.9～9.8	15	中薄型毛织品各部位
PE机织衬	浆点	145～160	19.6～34.3	15	涤纶等化纤面料可略低
PET机织衬	双点	150～160	19.6～24.5	12～16	各种布料

四、服装衬料的选用原则

衬料的品种多样，性能各异，选用时应考虑以下原则。

（1）衬料硬挺而有弹性，有利于支撑面料。

（2）根据部位、用途、面料等情况选择厚度、硬度、弹性不同的衬料，从而使服装穿着合体、舒适、美观。

（3）衬料多用白色、淡色或本色，带色衬料要注意其色牢度，不使面料、里料染色。

（4）价格经济合理。选配衬料时，应注意美观、适用、经济的原则，以降低服装的成本。

第三节　服装填料及垫料

一、服装填料的种类、性能及应用

服装面料和里料之间的填充材料即为服装填料。作用是赋予服装保暖性、保型性和功能性。常用的有棉絮、羽毛、驼绒等。近年来，随着化纤品种的发展，一些轻质、保暖的中空涤纶、腈纶棉及金属棉等也成为服装填料。服装填料从材质上分，大致可分为以下几类。

（一）纤维材料

1. 纯棉填料

棉纤维是天然纤维，蓬松柔软、价廉舒适。但棉花弹性差，受压后弹性和保暖性降低，水洗后难干，易变形，常用于婴幼、儿童服装及中低档服装。

2. 动物绒填料

羊毛和驼绒是高档的填料。保暖性好，但易毡结，所以如能混以部分化学纤维则更好。由羊毛或羊毛与化纤混纺制成的人造毛皮以及长毛绒，都是很好的高档保温絮填材料，由它们制成的防寒服装挺而不臃肿。

3. 化学絮填料

随着化学纤维的发展，用作服装填料的品种也日益增多。腈纶轻而保暖，腈纶棉被广泛用作絮填材料；中空涤纶的手感、弹性和保暖性均佳，中空棉也很流行；以丙纶与中空涤纶或腈纶混合做成的絮片，经加热后丙纶会熔融并黏结周围的涤纶或腈纶，厚薄均匀，不脱散，水洗易干，加工方便。目前应用最广泛的化纤絮料当属喷胶棉，喷胶棉类产品是由三维中空纤维为主要原料加工而成，具有质轻、保暖、耐水洗等特点，广泛地用于床上用品、家居用品、服装的填料。根据原料和手感不同，喷胶棉类产品又可分为硬棉、普通胶棉、软棉、松棉、仿丝绵、针刺棉等。

（二）天然毛皮和羽绒

1. 天然毛皮

天然毛皮皮板密实挡风，而绒毛中又储有大量的空气，因而保暖性极佳。普通的中低档毛皮，仍是高档防寒服装的絮填材料。

2. 羽绒

羽绒主要是鸭绒，也有鹅绒、鸡绒等。羽绒的导热系数小，蓬松性好，是深受欢迎的絮填料。但羽绒应进行洗净、消毒处理，来源受限制，价格昂贵，另外对服装做工要求较高，以防羽绒毛梗外扎，所以羽绒只限于高档服装。

（三）混合絮填料

由于羽绒用量大，成本高，国外研究以50%的羽绒和50%的0.3～0.5旦细涤沦混合使用。这种使用方法如同在羽绒中加入"骨架"，可使其更加蓬松，保暖性好，而且造价低。亦有70%的驼绒和30%的腈纶混合的絮料，兼顾两种纤维的特性，降低成本并提高了保暖性。

（四）功能性絮填料

随着科学技术的进步，服装填料不仅仅局限于传统的天然材料，各种新技术的发展使服装的保暖材料日益向着多功能复合性的方向发展，其特点是将天然纤维、合成纤维及功能纤维等不同纤维进行复合，吸取各类材料的特点以达到多功能的目的。

目前最有代表性的材料是远红外棉复合絮，其原料远红外纤维是一种功能性纤维，能够发射特定波长的远红外线，与人体的吸收波长相匹配，渗入人体，产生温热作用，改善人体的血液循环，达到保暖乃至保健的目的。

太空棉絮填料则是在织物上镀铝或其他金属镀膜，作为服装的絮填夹层，可以达到保暖和热防护的目的。

二、服装垫料的种类、性能及应用

服装垫料也是位于面料和里料之间的辅料，主要是赋予服装丰满和具有优美曲线的外观，并纠正人体的某些不足，保证穿着美观大方。此类辅料在选用时，应该考虑产品的质量与价格，根据服装的服用性能要求和面料的薄厚、色泽选择不同档次、不同规格、不同颜色的服装垫料。垫料的主要品种有胸垫、领底呢、肩垫。

（一）胸垫

胸垫按加工工艺大致可分为机织物胸垫和非织造布胸垫两大类。在选用胸垫时要考虑胸垫的热收缩率，尽量与面料的热收缩率相一致。同时还要考虑产品的质量，要求外观平整、厚薄均匀，颜色一致，干洗和水洗后不变形，使服装平整美观。

（二）领底呢

领底呢按织造工艺可分为机织起绒领底呢、针织起绒领底呢和非织造浸胶领底呢；按材料组成可分为毛涤、毛腈、涤腈和涤黏领底呢。领底呢一般用于高档西服，手感、弹性要求很高，由于衣领翻竖时，衣领外露，故其颜色要与面料相配（图7-13）。

（三）垫肩

垫肩又称为肩垫。由于服装款式的千变万化，对垫肩的要求也不尽相同。不同的服

图7-13 领底呢

装对垫肩的材料选用、加工工艺、大小厚薄、形状等都有不同的要求，因而垫肩的品种规格很多，按其材料和生产工艺来分，可分为针刺垫肩、定型垫肩和海绵垫肩三类。

1. 针刺垫肩

针刺垫肩是以棉絮或涤纶絮片、复合絮片为主要原料，辅以黑炭衬或其他衬料，用针刺的方法复合而成的，属于高档垫肩。耐洗涤和耐热压烫性能好，尺寸稳定、经久耐用、价格适中，多用于高档西服、制服、大衣等服装上。

2. 定型垫肩

是使用EVA粉末，把涤纶针刺绵、海绵、涤纶喷胶棉等材料通过加热复合定型模具复合在一起而制成的垫肩。富有弹性，有较好的耐水洗性能，形状和品种较多，多用于插肩时装、女套装、风衣、羊毛衫等服装上。

3. 海绵垫肩

是将海绵切成一定形状，再黏合成型而成，也可在海绵垫肩上包经编布或纱布，成为海绵包布垫肩。弹性好，制作方便，价格低，是大众化产品，耐水洗性能差，常用于女衬衫、时装、羊毛衫等服装上。

第四节　紧扣材料

紧扣材料是服装辅料的一大类，包括拉链、纽扣和金属扣件。这些材料除了其服用性能外，还具有一定的艺术性。紧扣材料品种繁多，花样丰富。紧扣材料虽小，但却起到了画龙点睛的作用。

一、拉链

拉链作为服装的紧扣材料，操作方便，简化了服装加工工艺，因而被广泛应用。

（一）拉链的结构

如图7-14（a）所示，闭尾拉链由底带1、边绳2、头掣3、拉链牙齿4、拉链头5、把柄6和尾掣7构成。在开尾拉链中，还有插针8、针片9和针盒10等结构，见图7-14（b）。其中拉链牙齿是形成拉链闭合的部件，其材质决定着拉链的形状和性能。头掣和尾掣用以防止拉链头及牙齿从头端和尾端脱落。边绳织于拉链底带的边沿，作为牙齿的依托。而底带衬托牙齿并借以与服装缝合。底带由纯棉、涤棉或纯涤纶等纤维原料织成并经定型整理，其宽度则随拉链号数的增大而加宽。图7-14（c）为隐形拉链。

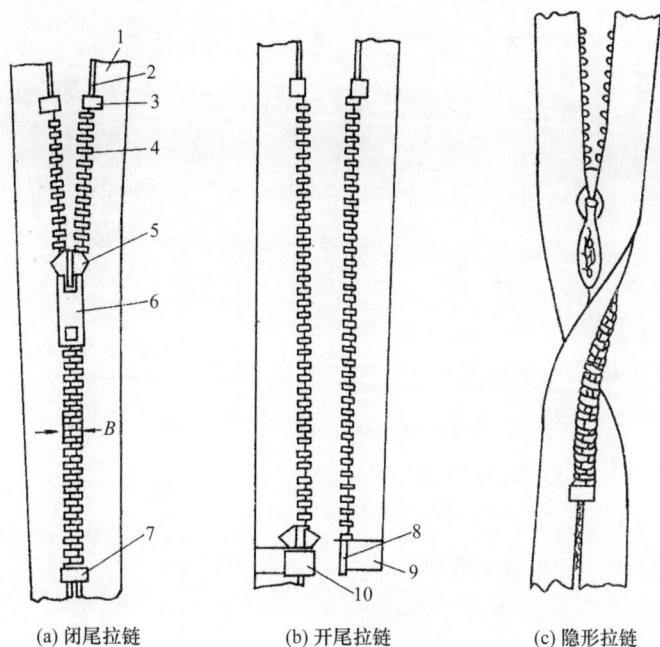

(a) 闭尾拉链　　　　(b) 开尾拉链　　　　(c) 隐形拉链

图7-14　拉链的结构

1—底带　2—边绳　3—头掣　4—拉链牙齿　5—拉链头　6—把柄　7—尾掣　8—插针　9—针片　10—针盒

拉链头用以控制拉链的开启与闭合，其上的把柄形状多样精美，既可作为服装的装饰，又可作为商标标识。拉链能否锁紧，则靠把柄上的小掣子来控制。

插针、针片和针盒用于开尾拉链。在闭合拉链前，靠插针与针盒的配合将两边的带子对齐，以对准牙齿，保证服装的平整定位。而针片用以增加底带尾部的硬度，以便插针插入盒时配合准确与操作方便。

拉链的号数，由拉链牙齿闭合后的宽度B的毫米数而定。如拉链闭合后的宽度B为5mm，则该拉链为5号。号数越大，则拉链的牙齿越粗，扣紧力越大。

（二）拉链的种类及应用

拉链的种类可以根据拉链的材质和结构形态分类。

1. 根据拉链的材质分类

（1）金属拉链：有铜拉链、铝拉链、铸锌拉链等。金属拉链结实耐用，但受颜色限制，使用时注意选择。主要用于厚实的制服、军服及牛仔服等。

（2）塑胶拉链：主要用聚酯或尼龙的熔融胶体注塑而成。塑胶质地坚韧，耐水洗且可染成各种颜色，较金属拉链手感柔软，牙齿不易脱落，是运动服、夹克衫、针织外衣、羽绒服、工作服等普遍采用的拉链。

（3）尼龙拉链：用聚酯或尼龙丝作为原料，将线圈状的牙齿缝制于布带上。拉链轻巧、耐磨而富有弹性，常制作成小号码的细拉链，用于轻巧的服装、童装及睡衣等。

2. 根据拉链的结构形态分类

（1）闭尾拉链：常用于裤子和裙子的门襟及上衣领口等部门。

（2）开尾拉链：常用于前襟全开的服装，如滑雪衫、夹克、羽绒服及可装卸衣里的服装。

（3）双开拉链：常用于冬季外套拉链。此外，常见于各类箱包用拉链。

（4）隐形拉链：常用于旗袍、裙装等薄型和优雅的女式服装。

（三）拉链的选择

拉链的选择应考虑到以下因素：

（1）拉链的材质、颜色、号数应与服装的整体要求相一致。拉链的选择应起到画龙点睛或锦上添花的作用，以增加服装的整体效果。

（2）拉链的选用应遵循使用方便的原则。

（3）拉链的选用还应重视底带的材料、颜色等因素。

二、纽扣

纽扣的种类繁多，且有不同的分类方法。根据纽扣的材料特点可以将纽扣分为合成材料纽扣、天然材料纽扣、组合纽扣件等。

（一）合成材料纽扣

此类纽扣是目前世界纽扣市场需求量最大、品种最多的一类，目前不饱和树脂扣是最受欢迎的。合成材料纽扣的优点是色泽鲜艳，造型丰富，可成批生产；缺点是耐高温性能差，由于是合成高分子材料，易污染环境。

（二）天然材料纽扣

这是一类较古老的纽扣，几乎一切天然的硬质材料均可作为纽扣的选料。目前市场上常见的纽扣材料有木材、毛竹、椰子壳、坚果、石头、宝石、动物骨等。天然材料纽扣深受人们的欢迎，是因为它取材于大自然，符合了人们回归自然的心理。各类天然材料纽扣都有它自身的特点，如宝石及水晶纽扣，不仅自身品质高且装饰性强，硬度高，耐高温，耐化学清洗，这些优点是合成材料所没有的，但天然材料纽扣由于取材受限制，造价较高。

（三）组合纽扣件

组合纽扣件是一种较新的扣件品种。随着黏合技术的发展，任何两种材料都能黏合起来，因此组合纽扣件的类型举不胜举。目前市场上流行的组合纽扣件，数目最大、影响面最广的有ABS—电镀尼龙件组合、ABS—电镀金属件组合、ABS—电镀树脂件组合等。由于材料不同，最终的性能也不尽相同，组合纽扣件与其他的纽扣相比，功能更全面，装饰性更强，所以越来越受欢迎。

三、其他紧扣材料

（一）绳带

服装上的绳带，常用于固紧，同时也有很好的装饰效果。如连衣帽带、运动裤腰带、时装腰带、女装和童装用带等。绳带用的恰当，可使服装显得更为潇洒和富于趣味。其选择应根据服装的用途、厚薄、款式和色彩来确定绳带的材料、颜色和粗细。

松紧带是休闲服装类常用的紧扣材料。在童装、运动服装、孕妇装、内衣裤等服装中是不可缺少的材料。

（二）粘扣带

粘扣带又称尼龙搭扣。由两条特殊的尼龙带构成，一条表面带圈，另一条表面带钩，当两条带子相向接触并压紧时，圈钩扣紧，从而使服装或附件扣紧。此类材料多用于需要方便而迅速地扣紧和开启的服装部位和儿童服装等。

（三）钩和环

钩和环是一对固紧件的两个部分。多由金属制成，主要用于承受拉力部位的固紧闭合。如裤腰、裙腰、女胸衣等。

四、选择紧扣材料需考虑的因素

紧扣材料在与服装搭配时，应与服装的种类、款式、功能、材质、保养方式、固件的位置、开启形式等结合起来，来选择固件的种类型号及固紧形式。

1. 服装的种类

童装的固件一定要安全，一般采用尼龙拉链或搭扣，因其柔软舒适且易脱，比较安全。男装的紧扣材料应选厚重宽大一些的，女装的紧扣材料的选用应注意其装饰性。

2. 服装的功能性

要根据服装的用途选择相应的紧扣材料。如：风雨衣、泳装的紧扣材料应具有防水耐用的功能，塑料制品是比较合适的。女内衣、后背的封闭拉链、前门襟应选用薄、重量轻、带自锁的比较合适。

3. 服装的款式

紧扣材料具有一定的装饰性，要与服装的款式结合起来，对于有的服装款式，紧扣材料起到了锦上添花的作用。

4. 服装材质

一般厚重的毛呢面料应选用大号的紧扣材料，轻薄柔软的材料应选用小而轻的紧扣材料。如：面料粗犷的棉、麻织物选用木制的纽扣，有一种返璞归真的味道。

5. 保养和应用方式

很多服装是要经过水洗的，因此应少用或不用金属扣件，以防生锈而沾污服装。有眼揿扣和有脚纽扣是需要手工缝合的，而有眼纽扣和铆扣则可用钉扣机来完成。手钉的成本比机钉的要高，扣件的质量和成本应与服装的档次相匹配。

第五节　装饰材料

随着服装材料和加工工艺的发展，服装辅料的种类日趋繁多，为服装款式设计提供了有利条件，有些辅料在服装的装饰设计、标识等使用中起到了重要作用。

一、花边类

花边是指有各种花纹图案作装饰用的带状织物，用作各种服装、窗帘、台布等家居装饰用品的嵌条和镶边。

花边分为水溶花边、编织花边、经编花边和机织花边四大类。

（一）水溶花边

水溶花边是刺绣花边中的一大类。刺绣花边分机绣和手绣两种，高档花边是用手绣在织物上，图案立体逼真，但用量小；大量使用的是机绣水溶性花边，它是以水溶性非织造布为底布，用黏胶长丝作绣花线，通过电脑平板刺绣机绣在底布上，再经热水处理，然后底布溶化，留下具有立体感的花边，故称为水溶花边。目前市场流行的水溶花边有网眼条花、网眼朵花、网眼满幅、水溶朵花、水溶满幅等，如图7-15所示。

图7-15　水溶花边

（二）编织花边

又称线编花边。主要以13.9~5.8tex（42ˢ~100ˢ）的全棉漂白、色纱为经纱原料，以棉纱、人造丝、金银丝为纬纱原料。编织通常以平纹、经起花、纬起花组织交织成各种颜色的花边。花边的宽度1~6cm不等，根据用户的需要来确定花边的花型和规格。花边的造型以带状牙口边为主，以牙口边的大小、弯曲程度、间隔变化来改变花边的造型。编织花边目前是花边品种中档次较高的一类，它可用于礼服、时装、羊毛衫、童装、内衣、睡衣等装饰边，如图7-16所示。

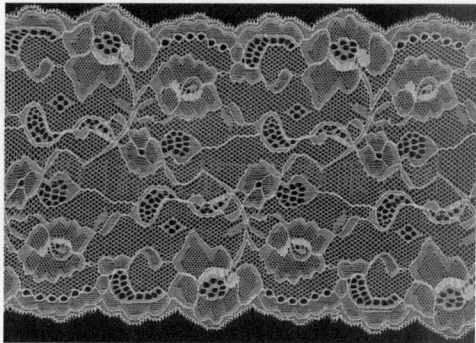

图7-16 编织花边

（三）经编花边

经编花边是经过经编机纺织而成的，花边大多以锦纶丝、涤纶丝、人造丝为原料，俗称经编尼龙花边。经编组织稀松，有明显的孔眼，但立体感差。分为有牙口边和无牙口边两大类，无牙口边一般用于服装的各部位装饰；有牙口边的宽度较宽，常常用于装饰用品上，如图7-17所示。

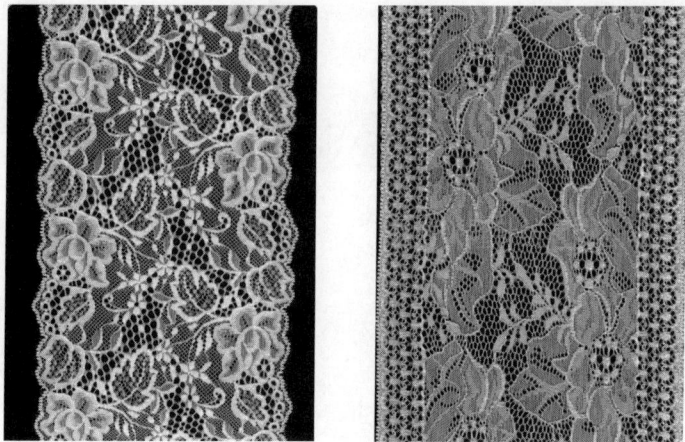

图7-17 经编花边

（四）机织花边

机织花边由提花机构控制经线与纬线交织而成。可以多条单独织制或独幅织制后再分条。花边宽度一般为0.3~17cm。机织花边的原料可以分为纯棉、丝纱交织、尼龙等。丝纱交织花边又称为民族花边，图案大多是吉祥如意、庆丰收等，具有民族特色。如图7-18所示。

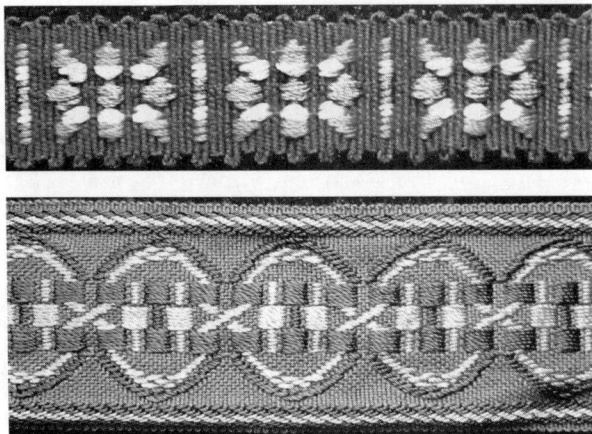

图7-18　机织花边

二、装饰带

装饰带如图7-19所示。

图7-19　装饰带

（一）罗纹带

用棉纱与氨纶包芯纱交织而成的弹性带织物，表面呈罗纹状，故称罗纹带。它是平纹与重平组成的联合组织，织造时处于紧张状态，回缩时形成横向凸条。一般规格为6cm，主要用于夹克衫下摆、袖口等部位，产品花色繁多，颜色各异，已成为服装服饰不可缺少的饰品。

（二）缎带、人造丝带

采用缎纹组织织成的带织物，以装饰功能为主，带面平挺，色泽艳丽。经纬纱均采用133dtex或278dtex人造丝，先织后染。一般用于女时装，编织服装的装饰材料。

（三）其他带类

除了上述介绍的带类产品，还有针织彩条带、滚边带和门襟带等。针织彩条带的宽度一般为1~6cm，是针织运动服装的辅料。滚边用的带状织物称为滚边带，滚边带专用于羊毛毯、腈纶毯。门襟带是供羊毛衫、针织内衣等门襟贴衬用的带织物。

三、装饰绳

装饰绳是以锭编织为主，可分为单数锭编织和双数锭编织两种。单数锭子编绳为扁平绳（带），一般宽在1.5cm以下，如鞋带之类。双数锭子编绳为圆形，直径为0.2~1.5cm，编织绳可织成空心绳和实心绳。编织绳质地紧密，表面光滑，手感柔软，外观呈人字纹路，材料主要是人造丝、涤纶低弹丝、丙纶等材料，染成各种颜色，然后纺织成单色或花色绳。过去绳类主要用作帽、鞋及书包的紧扣材料，随着服装款式的创新，现在更多地应用于服装，如羽绒服、风雨衣等，在不同的部位辅以装饰绳使其更加活泼潇洒。如图7-20所示。

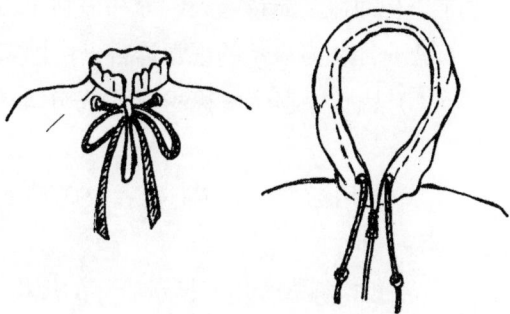

图7-20 装饰绳

四、缀片、贴钻和珠子

目前，缀片、贴钻和珠子等装饰材料的应用，可以提高服装的档次和装饰性。这类辅料因其极强的装饰性而广泛应用于婚礼服、晚礼服、舞台服装及时装中，使服装造型靓丽、魅力四射。缀饰的色彩、花型、宽窄、大小与服装款式及面料相协调，以突出最佳的装饰效果（图7-21）。

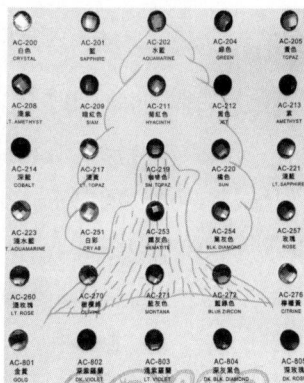

图7-21 缀片和贴钻

此外，在一些民族服装中也使用缀片和珠子，以展现独特的民族风情。

五、商标和标志

服装商标是服装生产企业、经销企业专用于本企业生产的服装上的标记，也是服装质量的标志。

商标的形式有文字商标、图形商标、文字和图形相结合的组合商标，按原料分类有纺织品印制商标、纸制商标、纺织商标、革制商标和金属制商标等。商标的特征主要表现在商品的专用性、个性、艺术性和代表性诸方面。

随着人们的商品知识的增多，人们对服装商标越来越重视，服装商标虽不直接影响服装功能，但对服装质量起到区分和识别作用、质量监督作用及指导消费和广告宣传作用。

标志是用图案表示的视觉语言，由国家标准说明和图案构成。按其作用来分类，有：

（1）品质标志：又称组成或成分标志。用于标示服装面料所用的纤维原料种类和比例。

（2）使用标志：指导消费者根据服装原料，采用正确的洗涤、熨烫、干燥、保管方法的标示。

（3）规格标志：用于标示服装的规格，一般用型号表示。

（4）原产地标志：标明服装产地，一般标在标志的底部。

（5）合格证标志：企业对上市服装检验合格后，由检验人员加盖合格章，表明服装经检验合格的表示，通常印在吊牌上。

（6）条形码标志：利用条码数字表示商品的产地、名称、价格、款式、颜色、生产日期及其他信息，并能用读码扫描设备将其内容读出来。我国采用EAN码。条码大多印制在吊牌或不干胶标志上。

（7）环保标志等。

设计优美精良的商标和标志，不仅给予人们美学上的享受，而且可以为服装起到良好的宣传效果。

本章小结

1. 服装里料包括棉布类里料、丝绸类里料、合纤及合纤交织里料三大类。服装里料的选配应从里料的性能应满足服装造型的要求；里料的颜色应与面料的颜色相协调；里料的性能应满足服装舒适性的要求；里料的性能应满足服装加工性的要求；里料应满足服装经济性的要求等方面予以考虑。

2. 服装衬料是在面料和里料之间的材料，它是服装的骨骼，起着衬垫和支撑的作用，保证服装的造型美。服装衬料包括棉、麻衬类、动物毛衬类和化学衬。服装衬料的选用应从衬料的硬挺性及弹性；衬料的使用部位、用途及面料情况；衬料的色泽；衬料的价格等方面考虑。

3. 服装面料和里料之间的填充材料为服装填料。服装填料赋予了服装的保暖性、保型性和功能性。常用的填料有棉絮、羽毛、驼绒等。服装垫料也是位于面料和里料之间的辅料，主要是赋予服装丰满和具有优美曲线的外观，并纠正人体的某些不足。此类辅料在选用时，应该根据产品的质量与价格、服装的服用性能要求和面料的薄厚、色泽等予以选择。

4. 紧扣材料包括拉链、纽扣和金属扣件等，这些材料除了其服用性能外，还具有一定的艺术性。紧扣材料品种繁多，花样丰富。紧扣材料虽小，但却起到了画龙点睛的作用。

5. 装饰材料为服装款式设计提供了有利条件，这些装饰材料包括花边、装饰带、装饰绳、缀片和珠子、商标和标志等。

思考题

1. 收集一块服装里料，说明它的属类、性能及应用。
2. 服装里料的选配原则。
3. 收集一块服装衬料，说明它的属类、性能及应用。
4. 热熔黏合衬的分类，试说明其性能及应用。
5. 说明黏合衬使用中应如何掌握压烫方式和压烫工艺。
6. 收集一种服装垫料，说明它的属类、性能及应用。
7. 收集一种服装填料，说明它的属类、性能及应用。
8. 收集一种服装紧扣材料，说明它的属类、性能及应用。
9. 收集一种服装装饰材料，说明它的属类、性能及应用。

第八章　织物性能与检测

学习目标：

1. 掌握织物的可缝性与服装加工技术；
2. 了解织物的形态风格与服装造型；
3. 了解织物的基本检测内容；
4. 掌握织物的性能检测原理。

本章重点：

1. 工业样板中涉及的织物问题；
2. 裁剪工艺中涉及的织物问题；
3. 织物的纰裂与缝纫起皱；
4. 织物基本检测的内容及性能检测原理。

第一节　织物的可缝性与服装加工技术

一、织物与裁剪工艺

在成衣生产中，裁剪工程是确保服装质量的重要环节。成衣生产的批量特征，使服装在缝制工序之前要进行样板制作、推档、铺料、排料、裁剪、粘衬、验片等工艺环节，而每一个环节都必须根据织物的物性特征进行科学的管理，以达到最佳品质效果。在裁剪工艺的各个环节中，因织物的性能而影响裁片质量的问题主要有以下几个方面：

（一）工业样板中涉及的织物问题

1. 织物的悬垂性对服装工业样板的影响

悬垂性是指织物因自身重量在下垂时能产生优雅形态的特性，以悬垂系数A来表示，其数值越小，表示织物的悬垂性能越好。悬垂性好的织物能充分显示服装的轮廓美，这在女裙上表现得尤为突出，如图8-1所示。图中两款裙子是采用同一个裙片样板（图8-2），分别选用不同悬垂性的织物裁剪缝制而成。

提花立绒裙效果图　涤毛凉爽呢裙效果图

图8-1　织物的悬垂性与斜裙

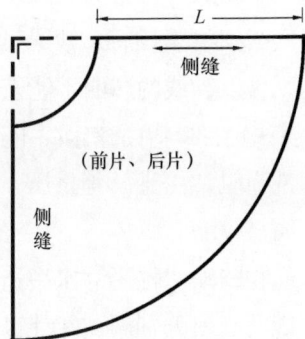

图8-2　裙片样板（前片、后片）

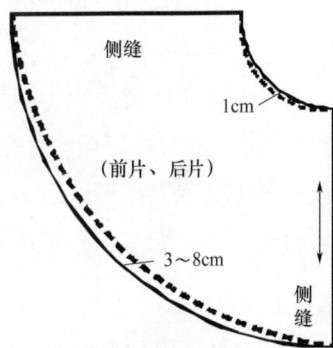

图8-3　裙片样板修正图

从图8-1中看到，由于提花立绒面料的悬垂系数（12%）远小于涤毛凉爽呢面料的悬垂系数（40.4%），因此，提花立绒裙的波浪效果明显优于涤毛凉爽呢裙。然而，提花立绒裙的整个下摆并没有像涤毛凉爽呢裙的下摆一样位于同一水平面上，形成明显的前后低、两侧高的状态，影响裙子的整体美观效果。研究表明，悬垂性能越好的面料，其裙摆的下垂量越大，因此，必须根据所用面料的悬垂性能对裙片样板作相应的修正，如图8-3所示。

2. 织物的缩水性对服装工业样板的影响

织物在常温的水中浸渍或洗涤干燥后，长度和宽度发生的尺寸收缩程度称为缩水性。除合成纤维织物或以合成纤维为主的混纺织物外，一般织物如果未经防缩整理，落水或洗涤后都会有一定程度的收缩。因此，织物的缩水性对服装的尺寸稳定性影响很大。

织物缩水的普遍机理主要有三点：

（1）由于吸湿后纤维、纱线缓弹性变形的加速恢复而引起的。

服装材料（纤维、纱线、面料）在拉伸外力的作用下会发生伸长变形。变形分三类：

变形 {
急弹性变形——外力去除后能够立即恢复的变形。
缓弹性变形——外力去除后能够缓慢恢复的变形。服装材料的变形大多为缓弹性变形，它的恢复需要相当长的时间。
塑性变形——外力去除后不能恢复的变形。
}

在纺织染整加工过程中，纤维、纱线受到多次拉伸作用，当织物落水后，由于水分子的渗入，使纤维大分子间的作用力减弱，纤维大分子的热运动加剧，加工过程中产生的内应力得到松弛，加速了纤维、纱线缓弹性变形的恢复，从而使织物尺寸发生较明显的回缩。

（2）吸湿性较好的天然纤维织物和再生纤维织物缩水的原因，还在于一系统纱线吸湿后显著膨胀，压迫另一系统纱线，使另一系统纱线更加屈曲，从而引起该方向织物明显缩短。当织物干燥后，纱线虽相应收缩，但由于纱线表面切向滑动阻力限制了纱线的自由移动，所以纱线的屈曲不能恢复到原来状态。

（3）毛织物的缩水除上述两种原因外，另一重要的原因是羊毛的缩绒性。毛织物在水中洗涤时，由于反复挤压，再加上一定的热、湿条件，会因羊毛的缩绒性而使织物尺寸发生明显收缩。

织物的缩水性用缩水率指标来表示。由于一般织物在经、纬向或纵、横向的缩水性不同，因此必须分别测试并计算织物经、纬（或纵、横）两个方向的缩水率。

$$缩水率 \epsilon = \frac{L_0 - L_1}{L_0} \times 100\%$$

式中：L_0——落水处理前经、纬（或纵、横）向长度（mm），

L_1——落水处理后经、纬（或纵、横）向长度（mm）。

有两种方法解决织物的缩水性对服装尺寸的影响：

（1）织物进厂后，先水洗、烘干、熨烫平整，然后进行铺料、排料、裁剪、缝制。在不考虑其他缩率的情况下，服装制板的尺寸就是成衣的规格尺寸。这种方式适用于小批量服装生产，尤其适用于由不同缩水率的织物裁剪合缝而成的服装。另外，当用于一批服装的同一批织物的缩水率不稳定时，就必须先对织物进行水洗处理。

图8-4 棉色织布休闲衬衫

（2）织物进厂后，先取样水洗，测试并计算织物经、纬（或纵、横）向的缩水率。在不考虑其他缩率的情况下，服装制板的尺寸就是在成衣规格尺寸的基础上，增加因缩水率因素而引起的尺寸收缩量。

服装制板的尺寸=成衣规格尺寸×（1+缩水率）

例1：某服装厂欲生产10000件棉色织布休闲衬衫（图8-4）。

衬衫设S、M、L三个尺码，其中间样M码衬衫的成品规格见表8-1。

表8-1 棉色织布休闲衬衫成品规格

单位：cm

衬衫尺码	号型	领围	衣长	胸围	肩宽	袖长	袖克夫长
M	170/88	42	72	110	46	60	25

成衣采用硅油柔软洗的水洗方式。取棉色织布面料试样为500mm×500mm，经缩水率

试验，测得L_{1J}为475mm，L_{1W}为460mm。在不考虑其他缩率的情况下，请设置中间样M码衬衫的制板尺寸。

解：①分别计算经、纬向的缩水率

$$经向缩水率\epsilon_J = \frac{L_0 - L_1}{L_0} \times 100\%$$

$$= \frac{500 - 475}{500} \times 100\%$$

$$= 5\%$$

$$纬向缩水率\epsilon_W = \frac{L_0 - L_1}{L_0} \times 100\%$$

$$= \frac{500 - 460}{500} \times 100\%$$

$$= 8\%$$

②分别计算衬衫的长度、围度方向尺寸加放后的值。

长度方向尺寸加放后的值＝（$1+\epsilon_J$）×成衣长度方向的规格尺寸

围度方向尺寸加放后的值＝（$1+\epsilon_W$）×成衣围度方向的规格尺寸

加放后的领围＝（1+5%）×42＝44.1（cm）

加放后的衣长＝（1+5%）×72＝75.6（cm）

加放后的袖长＝（1+5%）×60＝63.0（cm）

加放后的袖克夫长＝（1+5%）×25＝26.3（cm）

加放后的肩宽＝（1+5%）×46＝48.3（cm）（后片有肩复势）

加放后的胸围＝（1+8%）×110＝118.8（cm）

于是得到中间样M码衬衫的制板尺寸，见表8-2。

表8-2 考虑缩水率后衬衫的制板尺寸

单位：cm

衬衫尺码	号型	领围	衣长	胸围	肩宽	袖长	袖克夫长
M	170/88	44.1	75.6	118.8	48.3	63.0	26.3

服装缝制结束后，进行水洗、烘干、熨烫。在不考虑其他缩率的条件下，这时测得的服装的实际尺寸就等于成品规格尺寸。这种方法适用于休闲类服装如牛仔服、沙滩裤、休闲衬衫等服装的生产。

3. 织物的热收缩性对服装工业样板的影响

织物在受到较高的温度作用时发生的尺寸收缩程度称为热收缩性。在服装生产中，织物的热收缩性主要体现在两个方面：

（1）采用毛与30%及以上常规合成纤维混纺（如65/35W/A）或常规合成纤维纯纺（如100%A）制成的精纺毛型织物缝制服装。

合成纤维在纺丝成形过程中、在纺纱、织造、染整过程中会受到反复拉伸作用。在服装生产中，当裁片及服装受到高温熨烫时，合成纤维的内应力松弛，加速了纤维、纱线缓弹性变形的恢复，导致织物收缩。这类衣料在裁剪前一般需经过预热缩处理，在不考虑其他缩率的条件下，服装制板的尺寸就是成衣的规格尺寸。

（2）服装裁片粘黏合衬。黏合衬是一种热缩性材料，当它在高温下粘上裁片后，将导致裁片收缩。

织物的热收缩性用热收缩率来表示。

$$热收缩率 R = \frac{L_0 - L_1}{L_0} \times 100\%$$

式中：L_0——熨烫处理前经、纬（或纵、横）向长度（mm），

L_1——熨烫处理后经、纬（或纵、横）向长度（mm）。

例2：例1中的衬衫领与袖克夫需粘非织造黏合衬。取棉色织布面料试样500mm×500mm，经压衬机粘衬，冷却后测得试样为480mm×500mm。试确定衬衫领与袖克夫的制板尺寸。

解：$R_J = \frac{L_0 - L_1}{L_0} \times 100\%$

$= \frac{500 - 480}{500} \times 100\%$

$= 4\%$

$R_W = 0$

若同时考虑面料的缩水率和热收缩率，

则：领围 $= 42 \times (1 + 5\% + 4\%)$

$= 44.1 + 42 \times 4\%$

$= 45.8$（cm）

袖克夫长 $= 25 \times (1 + 5\% + 4\%)$

$= 26.3 + 25 \times 4\%$

$= 27.3$（cm）

于是得到中间样M码衬衫的制板尺寸，见表8-3。

表8-3 考虑缩水率和热收缩率后衬衫的制板尺寸　　　　单位：cm

衬衫尺码	号型	领围	衣长	胸围	肩宽	袖长	袖克夫长
M	170/88	45.8	75.6	118.8	48.3	63.0	27.3

4. 织物的自然损耗对服装工业样板的影响

由于服装裁剪、缝制工序中的自然损耗，要求工业样板中必须加放自然损耗量，而这个量值又与织物的厚度、服装的类型、服装质量检验标准等因素有关。因此自然损耗量往

往是经验值。对于使用薄型衣料的衬衫类服装，一般衣长加放自然损耗量0.5~0.7cm，长袖袖长加放自然损耗量0.5cm，短袖袖长加放自然损耗量0.3~0.5cm，胸围、下摆加放自然损耗量1~1.5cm，肩宽加放自然损耗量0.5cm，袖口围加放自然损耗量0.5cm，领围（衬衫有上、下领的上领）加放自然损耗量0.5cm，袖肥全围加放自然损耗量1cm。

这样，例1中的棉色织布休闲衬衫中间样M码的最终制板尺寸见表8-4：

表8-4　衬衫的最终制板尺寸　　　　　　　　　　　单位：cm

衬衫尺码	号型	领围	衣长	胸围	肩宽	袖长	袖克夫长
M	170/88	46.3	76.1	119.8	48.8	63.5	27.8

对于棉布类外贸休闲裤，一般臀围全围加放自然损耗量1cm，横裆全围加放自然损耗量1cm，脚口全围加放自然损耗量0.5cm，腰围全围加放自然损耗量2cm（连腰裤的腰围全围加放自然损耗量1cm）。

5. 织物的厚度对服装工业样板的影响

服装的某些部位如领子要求有里外匀窝势，即领面的尺寸要大于领里的尺寸，目的是使领子翻折后自然、服帖、平整、美观，二者的差值随着织物厚度的增加而增大。例如使用薄料缝制的领子，其领面一般比领里大0.2~0.3cm，而使用中厚形面料缝制的领子，其领面一般比领里大0.5~0.7cm。当然，这个数值还与织物的伸缩性有关。

6. 织物的松紧度对服装工业样板的影响

衣片的缝份应依据织物的松紧度加放，这样做能有效地防止缝纫滑脱及因缝纫歪斜而引起的缝迹外观不良现象。通常，用长丝织成的织物、组织较疏松的粗纺织物以及组织交织点较少的织物，在缝制过程中容易产生缝纫滑脱现象，因而要尽可能根据织物的情况适当加放缝份的宽度。另外，织物的厚度和用途、织物的缝纫工艺也是决定加放缝份的重要依据（表8-5）。

表8-5　常规服装及织物品种的缝份

织物	薄料		衬衫类		裤类		衬里套装		秋冬外套、大衣		
	雪纺	乔其	双绉	府绸	卡其	牛仔布	精纺华达呢	精纺花呢	粗纺花呢	法兰绒	大衣呢
面密度（g/m²）	15~25	40~50	60~70	100~120	220~250	420~530	220~250	270~300	320~350	370~420	450~580
缝合缝份（cm）	0.8~1.0	0.8~1.0	1.0	1.0	1.0~1.2	1.0~1.2	1.2~1.3	1.3	1.3	1.3	1.3
边缘缝份（cm）	2.0~2.5	2.0~2.5	2.5~3.0	2.5~3.0	3.0~3.5	3.0~3.5	3.5~4	4	4.5	4.5	5

（二）裁剪工程中涉及的织物问题

裁剪工程包括铺料、排料、裁剪、裁片检验、粘衬等工序。这一系列工序质量的优劣直接影响服装的整体质量。衣料的性能是制订各工序工艺参数的重要依据。

1．织物的伸缩性与铺料工艺

织物的伸缩性是指织物在小于其断裂强力的小负荷作用下拉伸变形的恢复程度。

（1）由于各种织物具有不同程度的伸缩性，因此在铺料过程中不能过分拉伸织物，以保证裁片尺寸的稳定及准确。

（2）织物的包装形式如果是卷装，那么在铺料前必须把卷装的织物在一定的温湿度条件下松散放置24h以上，以去除织物中残存的伸长量，使其缓弹性变形得到恢复。

（3）某些织物如强捻精纺毛料、人造丝面料等易产生缓和收缩（即缓弹性变形），通常对这些织物应先进行预缩整理加工，之后再进行铺料。

2．织物的丝缕与排料工艺

（1）为了提高织物的使用率，排料时可在国家标准规定的偏差范围内对衣片的丝缕作适当的偏斜。如GB/T 2660—2008对衬衫经纬纱向的技术规定是前身衣片不允许倒翘，后身、袖子允斜程度见表8-6。

表8-6　后身、袖子允斜程度

面料＼等级	优等品（%）	一等品（%）	合格品（%）
什色面料	3	4	5
色织面料	2	2.5	3
印花面料	2	2.5	3

其他服装的经纬向技术规定在相应的国家标准中均有说明。

（2）对于条格面料，排料时应按照有关规定对条对格。GB/T 2660—2008对衬衫对条对格的规定如下：

①面料有明显条格在1cm及以上，对条对格按表8-7规定。

表8-7　衬衫各部位对条对格规定

部位名称	对条对格规定	备注
左右前身	条料对中心条、格料对格互差不大于0.3cm	格子大小不一致，以前身三分之一上部为准
袋与前身	条料对条、格料对格互差不大于0.2cm	格子大小不一致，以袋前部的中心为准
斜料双袋	左右对称，互差不大于0.3cm	以明显条为主（阴阳条例外）
左右领尖	条格对称，互差不大于0.2cm	阴阳条格以明显条格为主

续表

部位名称	对条对格规定	备注
袖克夫	左右袖克夫条格顺直，以直条对称，互差不大于0.2cm	以明显条为主
后过肩	条格顺直，两头对比互差不大于0.4cm	—
长袖	条格顺直，以袖山为准，两袖对称，互差不大于1cm	3.0cm以下格料不对横，1.5cm以下条料不对条
短袖	条格顺直，以袖口为准，两袖对称，互差不大于0.5cm	2.0cm以下格料不对横，1.5cm以下条料不对条

②倒顺绒原料，全身顺向一致。

③特殊图案以主图为准，全身顺向一致。

其他服装的经纬向技术规定在相应的国家标准中均有说明。对于外贸服装，客供订单中在这方面也有具体说明，排料时只要按照说明要求去做即可。

3. 织物的可裁性与裁剪工艺

在服装生产中，裁剪工序是使用裁剪机械对多层织物进行切割，不同织物对裁剪机械会产生不同的切割适应性，一般组织细密、薄而平整的织物裁剪切割性较好，裁片边缘滑顺；而组织疏松、厚重型织物或有弹力的衣料，剪切出的布边往往精度太低，且易变形（表8-8）。

表8-8 织物的可裁性

裁边评价	光滑	一般	粗糙	极粗糙
裁边图像	▮	▮	▮	▮
代表性衣料	化纤或混纺薄型针织物、薄型丝织物、毛圈织物	薄型棉织物、精纺毛织物、中厚型织物、天鹅绒	中厚棉织物、粗纺毛织物、软皮革、弹力织物	牛仔布、帆布、皮革

二、织物与缝纫工艺

（一）织物的纰裂

织物的纰裂，是指织物经缝合后，由于其结构疏松、交织阻力较弱，缝份在外力（拉伸、穿脱）作用后发生位移而产生的"稀密隙"。如图8-5所示。

易产生纰裂的织物有：

（1）无捻长丝织物（光滑类），如真丝、黏胶丝、醋酯丝及各类合纤丝织制的织

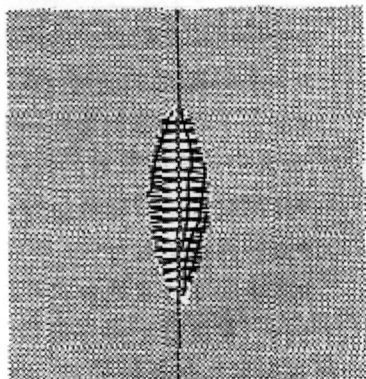

图8-5　缝纫纰裂现象

物，典型的衣料有真丝缎、真丝斜纹绸、电力纺、涤丝纺、尼丝纺、塔夫绸等。

（2）结构稀疏且线材细弱的织物，如绡类、纱类，典型的衣料有真丝绡、巴里纱、雪纺纱等。

（3）组织交织点少的织物，如缎纹组织织物。

（4）经纬纱粗细差异较大的织物。

解决的方法有改善织物的规格设计；对织物进行树脂整理，借助树脂提高经纬纱之间的摩擦阻力；选用合适的缝纫工艺，如粘牵带衬、局部上浆、采用来去缝等。

国家标准对服装成品主要部位缝口的纰裂程度作了明确的规定，如GB/T 2660—1999对衬衫主要部位缝口的纰裂程度规定优等品小于等于0.5cm，一等品、合格品小于等于0.6cm。

（二）织物的缝纫起皱

缝纫起皱是指织物在经过缝合后所产生的有规律的缩缝起皱现象，是一种常见的缝纫问题。

引起缝纫起皱的主要因素有：

（1）缝纫用线、针的粗细以及针距与衣料不符。

（2）缉缝时走针歪斜。

（3）被缝合的两片布料丝缕弧度不一。

（4）缝合的织物是高密度织物或强捻纱线织物或薄型织物或湿态下收缩性敏感的织物。

（5）服装上的分割线较长，或者分割线为弧线。

因此，在决定面料订货和服装生产之前，应尽可能根据服装产品的要求进行缝纫试验，以便确定合适的缝纫条件和缝纫工艺。对于高密度长丝薄型衣料，缝纫时应注意以下几点：

（1）尽可能选用细针细线。

（2）适当放宽针距。

（3）适当放松面线，使用上下差动送布缝纫机。

（4）尽量避免运用易发生缝纫起皱的缝纫工艺，尽可能减少分割线，并在样板设计中适当减少缝份的吃势，调整样板曲线的弧度。

（5）在缝纫时，织物要承受送布牙的推力、压脚的压力、机针的刺破力等外力的综合作用，因此对面料的伸缩性有一定的要求。对于毛纺呢绒面料，其伸缩率在2%～3%的范围内是比较有利于缝纫的。

三、织物的熨烫定型工艺

（一）熨烫的作用

熨烫是服装获得所需平面和线条效果的一个重要手段，经熨烫的服装不仅平整、挺括、折线分明，而且还富有立体感。服装熨烫作业，从原料测试到成品整形熨烫，贯穿于服装制作的全过程。熨烫是通过温度、湿度（水分）和机械压力对织物的交互作用而完成的，其中温度是最重要的，达不到一定温度任何熨烫作用都不能实现。

熨烫的作用主要体现在以下七个方面：

1. 测试原料

与其他测试手段相结合，对织物的收缩率、色牢度、耐热度等特性进行熨烫测试，为服装的工业制板、服装裁剪及缝制工序提供可靠的技术数据。

2. 平整织物

通过喷雾、喷水熨烫，使织物缩水，并烫掉折印、皱痕，得到平整织物，为排料、画样、裁剪和缝制创造条件。

3. 归、拔塑型

通过运用推、归、拔等熨烫技术和技巧，塑造服装的立体造型，弥补结构制图中设省道、撇门及分割缝设置等造型技术的不足，使服装适体、美观。

4. 定型、整型

在半成品缝制过程中，衣片的很多部位要按工艺要求进行平分、折扣、压实等熨烫操作，如折边、扣缝、扣边、分缝烫平、烫实等，以达到衣缝、褶裥持久的平顺服帖的定型效果。而通过整形熨烫，可以使服装达到平整、挺括、适体等外观形态。

5. 修正弊病

利用纤维织物的可塑性，通过喷雾、喷水熨烫，修正缝制中产生的弊病。如缉线不直、弧线不顺、缝制过紧造成的起皱，小部位松弛形成的"酒窝"，部件长短不齐，止口、领面、驳头、袋盖等部件外翻，这些弊病都可以通过用熨烫技巧给予修正，以弥补缺陷，提高成衣质量。

6. 消除水花、极光

通过垫湿布进行轻柔、快速的熨烫，可以消除半成品、成品在缝制、熨烫中因操作不当造成的水花、极光以及倒绒、倒毛、反光等弊病。

7. 黏合

有些服装需在某些部位加固一层衬里，以增强服装的身骨与挺括性。如黏合衬便是通过压烫与面料合为一体。

（二）熨烫的基本原理

服装熨烫，是"热处理"技术在服装缝制中的具体运用，即利用水汽并通过温度和压力的调节来改变织物的结构和形态，使织物按照人体体型特征进行塑性和定型，达到服帖、适体、平整、挺括、美观的效果，实现服装实用和审美的统一。

熨烫，实际上是一种热定型加工，即利用服装材料在热或热湿条件下拆散了分子内部的旧键，使服装材料的可塑性增加，具有较大的变形能力，经过压烫后冷却，便在高温、水汽、压力的作用下，衣片通过塑性达到定型的过程。熨烫基本遵循以下三个原理，分阶段完成：

1. 给湿加温原理

运用工具或机械对衣片给湿（喷雾、喷水），再给热升温。给湿后，水分能使纤维膨胀；给热升温后水变为热蒸汽，加快了热气的渗透和传递，使衣片均匀受热，增加纤维大分子的活性，从而有利于衣片的变形。

2. 加压原理

运用熨斗或熨烫机械给衣片给湿、加温的同时，还要进行加压。经蒸汽给湿、加热的衣片在压力的作用下，才能按预定需要进行伸直、弯曲、拉长或缩短，便于塑性变形。

3. 冷却原理

衣片经过一定时间的加湿、加温和加压，再通过快速干燥和冷却，使纤维分子间的重新结合保持在新的平衡位置上，从而完成衣片的塑性变形，获得稳定的定型效果。

（三）熨烫定型工艺

熨烫的基本参数是温度、湿度和压力。在极限范围内，温度越高、熨烫时间越长、压力越大，衣料的定型效果就越好。然而衣料对温度的承受能力是有限度的，所以设定合理的熨烫温度是非常重要的。

各种纤维适宜的熨烫温度见表8-9。

表8-9 纤维适宜的熨烫温度

纺织纤维	麻	棉	毛	蚕丝	黏胶	涤纶	腈纶、锦纶、维纶	丙纶	氯纶
合适的熨烫温度（℃）	180~200	160~180	140~160	120~160	120~160	120~160	120~140	90~100	60以下

一般热塑性越好的织物其熨烫定型效果越好。以合成纤维为主的织物，其热塑性比以天然纤维为主的织物好，所以前者的定型效果优于后者。

第二节 织物的形态风格与服装造型

织物的形态风格，是指织物因赋形或造型中形成的线条形态刺激视觉器官后，所形成的一种涉及心理映射的感觉效果。形态风格可以通过织物的悬垂性、刚柔性等物理性质间接表达。形态风格在服装设计中有着非常重要的作用。

习惯上，人们总是认为服装的形态美仅取决于款式。这种看法其实是片面的，因为当用不同的织物制作同一款式的服装时，其造型乃至整个服装的风格都会有很大的差异，常会出现因所选织物与服装款式的不匹配而达不到原有的设计意图的情况。事实上，服装的造型美是服装上各类线条的综合贡献。这些线条分为两种类型，一类是由服装款式提供的几何线条，如A型、H型、X型、Y型，另一类是衣料在一定造型条件下构成的物理线条。因此，如果想取得满意的设计效果，除需由款式提供的线条外，还应考虑物理线条为服装形态美所贡献的形式和可能。

在织物的诸多物性因子中，与服装造型相关的因素主要有丝缕、悬垂性、刚柔性等。以大波浪斜裙为例加以讨论。

一、织物的丝缕对服装造型的影响

织物在形成过程中，由于经纬两个方向所受到的作用力不同，造成织物的经向、纬向及斜丝方向具有不同的物理性能。例如拉伸变形能力一般以正斜丝方向为最好，以经向为最差；斜丝使服装的造型显得窄瘦；斜丝使服装的波浪造型更趋完美。图8-6所示为几种织物的经向、纬向、正斜向的波浪效果图。从中不难看出，正斜丝面料的波浪效果更自然、美观。

| 床单布纬向 | 床单布经向 | 床单布正斜向 |

图8-6

图8-6　几种织物的经向、纬向、正斜向的波浪效果图

二、织物的悬垂性、刚柔性对服装造型的影响

刚柔性是指织物抵抗弯曲变形的能力，其衡量指标是抗弯刚度（B）。织物抗弯刚度值越大，则其抵抗弯曲变形的能力越强；反之亦然。织物的刚柔性与悬垂性共同影响服装的造型效果。现选用棉、毛、丝等三大类共十种常规机织织物为实验材料，其规格见表8-10。

表8-10　织物规格表

品种	原料	经纱（dtex）	纬纱（dtex）	经密×纬密（根/10cm）	组织	面密度（g/m²）
涤毛凉爽呢	55/45T/W	366×1	333×1 188×4	225×250	平纹变化	199.92
毛涤花呢	90/10W/T	168×2	200×1	338×346	$\frac{2}{2}\nearrow$	198.41
棉平布	100C	172×1	188×1	320×255	平纹	112.37
棉帆布	100C	177×2	343×1	395×195	平纹	220.07
棉平绒	100C	136×2	169×1	310×175（地纬）	纬平绒	291.58
人造棉	100R	174×1	211×1	315×270	平纹	124.91
电力纺	100S	23×1	23×2	730×420	平纹	56.98
双绉	100S	23×2	23×4	640×430	平纹	72.49
桑波缎	100S	23×2	23×2	1230×480	缎纹	68.28
提花立绒	100S	23×2	23×2	450×450	平纹地起绒	101.28

分别对这些衣料的悬垂性、刚柔性进行测试，结果见表8-11。

表8-11 面料刚柔性、悬垂性测试结果

品种	经向B_T（cN.m）	纬向B_W（cN.m）	总B_0（cN.m）	凸条数（个）	悬垂系数（%）
涤毛凉爽呢	12008.8×10^{-7}	11258.4×10^{-7}	11627.5×10^{-7}	4	40.4
毛涤花呢	16969.3×10^{-7}	5468.1×10^{-7}	9632.8×10^{-7}	4	48.6
棉平布	18904.1×10^{-7}	4160.8×10^{-7}	8868.8×10^{-7}	4	50
棉帆布	53714.7×10^{-7}	18556.1×10^{-7}	31571.1×10^{-7}	5	68.9
棉平绒	5148.2×10^{-7}	36438.5×10^{-7}	13696.5×10^{-7}	4	38
人造棉	15415.6×10^{-7}	2747.5×10^{-7}	6508.0×10^{-7}	6	32
电力纺	3968.2×10^{-7}	6900.2×10^{-7}	5232.7×10^{-7}	4	46.2
双绉	1490.1×10^{-7}	1234.4×10^{-7}	1356.2×10^{-7}	6	14
桑波缎	7563.8×10^{-7}	2075.7×10^{-7}	3962.3×10^{-7}	6	34.2
提花立绒	1562.4×10^{-7}	1485.3×10^{-7}	1523.4×10^{-7}	8	12

织物悬垂投影如图8-7所示。

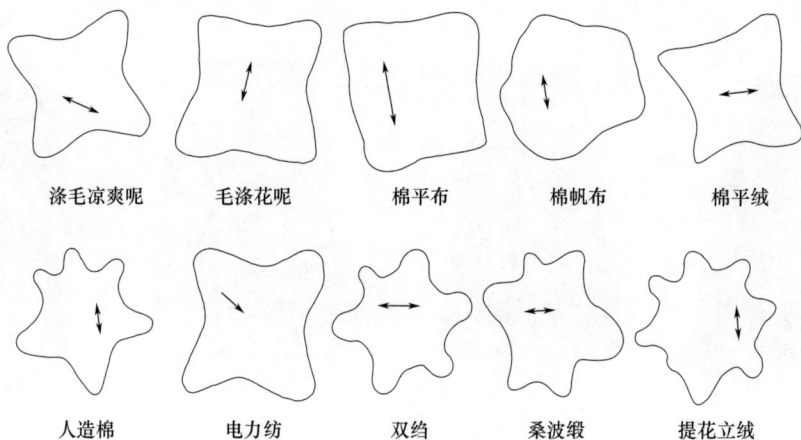

图8-7 织物悬垂投影图

采用同一片裙片样板（图8-8），分别用这些织物裁剪缝制裙子。结果如图8-9所示。

对照表8-7和图8-9可看出，织物的弯曲性、悬垂性直接影响大波浪斜裙的波浪形态，进而影响斜裙的整体造型。裙子波浪的深度、宽度、面积及波峰间距随着织物抗弯刚度的增加而呈上升趋势，并且波浪面积、波峰间距的上升趋势较急，波浪深度、宽度的上升趋势较缓慢。裙子波浪的深度、

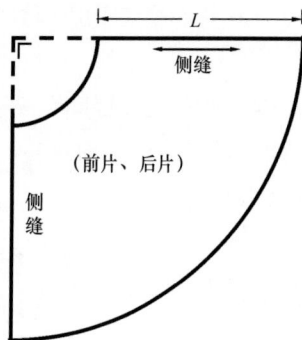

图8-8 裙片样板

涤毛凉爽呢　　　　　　毛涤花呢　　　　　　棉平布

棉帆布　　　　　　棉平绒　　　　　　人造棉

电力纺　　　　双绉　　　　桑波缎　　　　提花立绒

图8-9　各种衣料成衣效果

宽度、面积及波峰间距随着织物悬垂系数的增加而呈上升趋势，开始时上升缓慢，随后上升陡急；并且波浪面积、波峰间距的上升趋势较急，波浪深度、宽度的上升趋势较平缓。棉帆布的抗弯刚度、悬垂系数均最大，造成其裙子单个波浪的深度、宽度、面积、波峰间距以及它们的标准偏差均最大，致使裙子的造型最差，波浪少且分布严重不均，各波浪之间大小严重不均，是最不适宜制作大波浪斜裙的面料。而双绉、提花立绒的抗弯刚度、悬垂系数均最小，造成其裙子单个波浪的深度、宽度及波峰间距最小，形成裙子较浅、较窄、间隔较小的波浪，裙子造型优美，是制作大波浪斜裙的适宜面料。

第三节 织物基本检测

所有的织物都可以用其基本结构属性进行描述。织物的基本结构属性包括纱线捻度、织物密度、织物面密度和组织，这些属性构成了织物规格的核心。织物的基本检测通常不在实验室里进行，而是由购买方或商家进行现场测试分析。

一、纱线捻向的鉴定

纱线的捻向有两种：S捻和Z捻。

采用纱线退捻法可以鉴定纱线的捻向。测试时，左手握持纱线的上端，右手对纱线的另一端进行解捻。如果右手在纱线的下端按顺时针方向使纱线退捻，则该纱线的捻向是S捻；如果右手在纱线的下端按逆时针方向使纱线退捻，则该纱线的捻向是Z捻。

二、织物密度的测试

机织物密度是指单位长度机织物内所包含的经纱数或纬纱数，分经密和纬密。经密（即经纱密度）是沿机织物纬向单位长度内所含的经纱根数。纬密（即纬纱密度）是沿机织物经向单位长度内所含的纬纱根数。经纬密能反映由相同直径纱线制成织物的紧密程度。当纱线的直径不同时，用紧度这个指标来表示机织物的紧密程度。

机织物密度可以用织物分析镜或织物密度镜直接测量（图8-10、图8-11）。先测出织物经向及纬向5cm内的纬纱根数及经纱根数，然后换算成经密（经纱根数/10cm）和纬密（纬纱根数/10cm）。

图8-10 织物分析镜

图8-11 织物密度镜

机织物密度的常用测试方法有四种：

1. 织物分解法

织物分解法是分解规定尺寸的织物试样，记录纱线根数，折算至10cm长度内的纱线根数。

（1）在样品的适当部位剪取略大于最小测定距离的试样。

（2）在试样的边部拆出部分纱线，用钢尺测量，使试样达到规定的最小距离2cm，允差0.5根。

（3）将上述准备好的试样从边缘起逐根拆开，即可得到织物在一定长度内经（纬）向的纱线根数。

2. 织物分析镜法

织物分析镜法是测定在织物分析镜窗口内所看到的纱线根数，折算至10cm长度内的纱线根数。

将织物分析镜放在摊平的织物上，选择一根纱线并使其平行于分析镜窗口的一边，由此逐一测记窗口内的纱线根数；也可测记窗口内的完全组织个数，通过织物组织分析或分解该织物，确定一个完全组织中的纱线根数。

$$测量距离内的纱线根数 = n \times R + 剩余纱线根数$$

式中：n为完全组织个数；R为一个完全组织中的纱线根数。

3. 织物密度镜法

织物密度镜法是测定织物经向或纬向一定长度内（5cm）的纱线根数，折算至10cm长度内的纱线根数。

测量时，先确定织物的经、纬向。测量经密时，密度镜的刻度尺垂直于经向，反之亦然。再将密度镜中的标志线与刻度尺上的0位对齐，并将标志线置于两根纱线中间作为测量的起点。一边转动螺杆，一边点数，直至数完规定测量距离内的纱线根数。若密度镜的标志线落在最后一根纱线上，不足0.25根的不记，0.25～0.75根记作0.5根，0.75根以上记作1根。

4. 密度尺法

密度尺法是将一把3in宽、4in长的特殊塑料密度尺放在织物上，然后从密度尺上的刻度读出织物的经、纬密度（图8-12）。

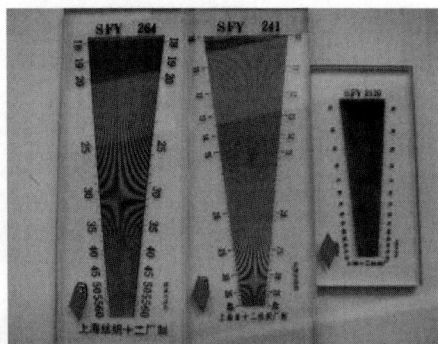

图8-12　密度尺

测量时，密度尺的长边与要测试的纱线方向平行，调整密度尺直至出现十字形，十字形左右两臂所指的刻度值就是密度值。

机织物的紧度不是直接测量值，而是计算值。

$$经向紧度 E_T = d_T M_T \times 100\%$$
$$纬向紧度 E_W = d_W M_W \times 100\%$$

式中：d_T、d_W为经纬纱直径（mm）；M_T、M_W为经、纬密度（根/10cm）。

针织物的密度是指针织物单位长度内的线圈数，有纵密和横密之分。纵密用针织物纵向5cm内的线圈横列数表示，横密用针织物横向5cm内的线圈纵行数表示。针织物的纵密和横密可直接用织物密度镜测量。

针织物的密度能反映相同直径纱线构成针织物的疏密程度。当纱线直径不同时，用未充满系数表示针织物的疏密程度。

$$未充满系数\delta = \frac{l}{d}$$

式中：l为线圈长度（mm）；d为纱线直径（mm）。

三、织物尺寸的测量

织物的尺寸对织物的质量控制和最终用途影响很大。

1. 匹长

测试时织物应松弛、平整、无褶皱。织物长度一般用码尺或码布机测试，测试可以在织物中间进行，也可以在织物边缘进行。

2. 幅宽（门幅）

测试时织物应松弛、平整、无褶皱。幅宽测试值通常是沿着整匹织物等间距数处测试的平均值。

3. 厚度

织物厚度是指从织物的上表面到下表面之间的距离。织物厚度用厚度仪测试，如图8-13所示。织物厚度对缝纫机参数的调整和服装生产中一次裁剪织物层数的计数非常重要。

图8-13　织物厚度仪

四、织物面密度的测试

织物面密度是指织物单位面积的质量。它是两块同类织物比较质量优劣的决定因素，也是决定织物最终用途的重要因素。织物面密度通常标明在织物质检单上。

选取一块试样，在天平上称重，其质量除以试样面积，即为该试样的面密度。一般织物面密度是织物上随机选取数处测试的平均值。

五、织物组织分析

在分析织物时，通常要分析纱线的交织规律，即织物组织。

（1）将试样平放，正面朝上，经纱处于垂直位置。抽去试样下边的纬纱及左边的经纱，使试样的左面和下面各形成至少1cm宽的毛边。

（2）用分析针将第一根经纱拨入毛边区域，用分析镜观察这根经纱与各根纬纱的交织情况，起始点是下面第一根纬纱。将交织情况填入方格纸的第一纵列内。至少分析两个纵向循环，分析第二个循环是为了确保分析工作的正确性。

（3）去除第一根经纱，将第二根经纱拨入毛边区域。用同样的方法，将第二根经纱的交织情况记录在第一根经纱右侧纵列的相应方格内，所用方格数与第一根经纱相同。

（4）用同样的方法分析试样中其他经纱与纬纱的交织规律，直到经向和纬向都出现两个循环。

第四节　织物性能检测

一、织物的起毛起球性

织物在服用过程中，不断受到各种外力的作用，使衣料表面的绒毛或单丝逐渐被拉出，当绒毛的高度和密度达到一定值时，外力摩擦的继续作用使绒毛纠缠成球并凸起在织物表面，这种现象称为织物的起毛起球。起毛起球现象将恶化服装的外观，降低服装的品质（图8-14）。

图8-14　织物的起毛起球现象

一般纤维素纤维类织物很少有起毛起球现象，合成纤维类织物易起毛起球，其中尤其以锦纶、涤纶织物最为严重；普梳织物比精梳织物易起毛起球；捻度小的织物比捻度大的织物易起毛起球；斜纹、缎纹织物比平纹织物易起毛起球；针织物比机织物易起毛起球。

起毛起球的测试与评定有以下几种试验方法：

1. 圆轨迹法织物起球试验

按照规定的方法和试验参数，利用尼龙刷和磨料或单用磨料，使织物摩擦起毛起球。然后在规定光照条件下对比样照，评定起球等级。

测试器件：圆轨迹起球仪（图8-15）、磨料、泡沫塑料垫片、裁样用具、标准样照（5级制）、评级箱等。

由于测定时，摩擦体能够对织物表面做多方向的均匀磨损，可按直线轨迹或椭圆形轨迹描画，故由此所形成的毛球与实际服用时形成的毛球（如衣服的袖肘、膝盖等处）接近。适用于各类纺织织物。

　　2. **马丁代尔法织物起球试验**

　　装在磨头上的试样在规定压力下与磨台上的自身织物磨料相互摩擦一定次数。在规定光照条件下对比样照，评定起球等级。

　　测试器件：马丁代尔型磨损试验仪（图8-16）、机织毛毡、试样垫片、冲样器、标准样照、评级箱等。

图8-15　圆轨迹起球仪

图8-16　马丁代尔型磨损试验仪

　　适用于大多数织物，对毛织物更为适用。

　　3. **起球箱法织物起球试验**

　　按照规定方法和试验参数，把织物试样套在聚氨酯塑料管上，放进能转动的衬有塑胶软木的方形木箱内滚动。在规定光照条件下对比样照，评定起球等级。

　　测试器件：箱式起球仪（图8-17）、聚氨酯塑料管、冲样器、缝纫机、胶带纸、标准样照、评级箱等。

　　按照这种试验方法形成的织物起球与实际服用时的成球效果相似，但试验时间较长。

　　适用于大多数织物，对毛针织物更为适宜。

　　在国家标准中，评定织物起毛起球的标准样照一般分为五个级别，5级最好，表示无起球现象；4级起球少；3级起球程度中等；2级起球多；1级最差，表示起球严重，不能穿着。

图8-17　箱式起球仪

二、织物的染色牢度

　　织物的染色牢度是指色织物在服装生产、运输及使用过程中受外界因素的影响，仍能保持原来色彩的能力。在服装生产、贸易中，一般控制以下五项染色牢度指标：

1. 摩擦色牢度

摩擦褪色是由于严重的局部平面摩擦运动而引起的局部色彩变化，如裤子的臀部、裤子的袋口、上衣的袖肘等部位就是这种情况。

试验时，将织物试样分别用一块干摩擦布和湿摩擦布摩擦。绒类织物采用长方形摩擦头，其他织物采用圆形摩擦头。摩擦布的沾色用灰色样卡评定。灰色样卡分为五个级别，5级最好，表示无沾色现象，试样无褪色；1级最差，表示褪色严重。

图8-18 耐摩擦色牢度试验仪

测试器件：耐摩擦色牢度试验仪（图8-18）、摩擦用白棉布、可调节的轧液装置、灰色样卡、三级水等。

2. 水洗色牢度

耐水洗色牢度试验根据国家最新制定的标准，共包含五个标准。不同标准的试验步骤和方法有许多相同之处，仅在试验条件方面存在一定差异。这里仅以GB/T3921（1）—1999标准为例介绍水洗色牢度的试验情况。

有色纺织品试样与1～2块规定的贴衬织物缝合，放于皂液中，在规定的时间和温度条件下，经机械搅拌，再经冲洗、干燥。用灰色褪色样卡和沾色样卡对比评定试样的变色和贴衬织物的沾色程度，决定试样的水洗色牢度等级。分为五级，5级最好，1级最差。

测试器件：耐水洗色牢度试验机、肥皂、皂液、贴衬织物、灰色样卡、三级水。

3. 熨烫色牢度

在染物正面覆盖五层白细布，用定温熨斗压烫15s，取下试样放在暗处4h，然后用褪色样卡评定等级。温度设置：棉染色物采用210±10℃，涤棉混纺为150±5℃，其他化纤为110±10℃（氯纶制品除外）。

测试器件：升华牢度仪（图8-19）、灰色褪色样卡。

4. 日晒色牢度

用人造光源在日晒色牢度试验仪上进行试验（图8-20），染物经受一定时间照射，与

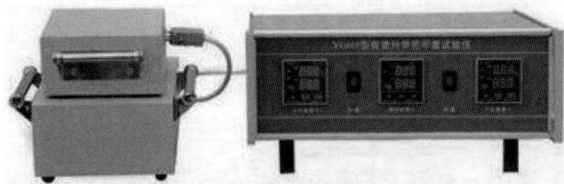

图8-19 升华牢度仪

图8-20 日晒色牢度试验仪

蓝色标样比较评级，共分八个级别，8级最好，表示染物经照射几乎没有褪色；1级最差。

5. 干洗色牢度

将纺织品试样和不锈钢片一起放入棉布袋内，置于四氯乙烯溶剂内搅动，然后将试样挤压或脱液，在热空气中烘干，用灰色褪色样卡评定试样的变色等级。试验结束，用透射光将过滤后的溶剂与空白溶剂对照，用沾色样卡评定溶剂的着色（图8-21）。

图8-21 织物水洗、干洗色牢度仪

三、织物的力学性能

织物的力学性能是指织物在各种机械外力作用下所呈现的性能，包括织物的拉伸断裂、顶破、撕裂等性能（图8-22）。

1. 织物拉伸断裂性能

将一定尺寸的试样，按等速伸长的方式拉伸至断裂，测出其承受的最大拉力—断裂强力及产生对应的长度增量—断裂伸长。织物拉伸断裂试验主要采用单向（受力）拉伸，即测试织物试条的经（纵）向强力、纬（横）向强力，或与经纬向呈某一角度的强力。它适用于机械性能具有各向异性、拉伸变形能力较小的制品。

2. 织物顶破性能

顶破是指织物在垂直于织物平面的外力作用下，鼓起扩张而逐渐破坏的现象。顶破的受力方式与单向拉伸断裂不同，它属于多向受力破坏。服装的肘部、膝部的受力情况，袜子、鞋面布、手套等的破坏形式都属于这种类型。

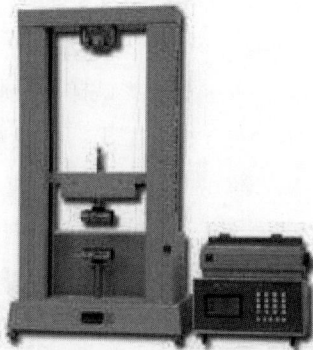

图8-22 织物力学性能测试仪

织物顶破性能试验有三种方法，即弹子式顶破法、液压式胀破法、气压式胀破法。常用的试验方法是弹子式顶破法，它是将试样固定在夹布圆环内，弹子按一定速度垂直顶向试样，直至顶破，测出顶破强度。

3. 织物撕破性能

撕破是指织物受到集中负荷的作用而撕开的现象。

四、织物的缩水率

缩水率是表示织物浸水或洗涤干燥后，织物尺寸产生变化的指标，它是织物重要的服用性能之一。

缩水率的测试方法很多，按其处理条件和操作方法的不同可分成浸渍法和机械处理法两类。浸渍法常用的有温水浸渍法、沸水浸渍法、碱液浸渍法及浸透浸渍法等。机械处理

图8-23 织物缩水率机

法一般采用家用洗衣机，选择一定条件进行试验（图8-23）。

采用浸渍法可消除织造和染整工艺中产生的变形，使织物达到接近稳定的状态。机械处理法虽然也可使织物达到消除加工中产生的变形状态，但由于机械处理作用比较激烈，会使织物产生新的变形。然而作为衣料的织物，在洗涤等使用过程中，因外力作用产生变形所造成的收缩问题更多。因此，衣料织物目前倾向于采用机械处理法。下面仅介绍温和式家庭洗涤法。

温和式家庭洗涤法是将规定尺寸的试样，经规定的温和式家庭方式洗涤后，按洗涤前后的尺寸，计算经、纬向的尺寸变化率，从而得到织物经、纬向的缩水率。它适用于服用或装饰用机织纯毛、毛混纺和毛型化纤织物。

测试器件：自动洗衣机、陪试织物、洗涤剂等。

试样的干燥方式对织物缩水率的影响不容忽视。相同的织物，采用不同的干燥方式，其缩水率差异较大。常用的干燥方式有：

（1）悬挂晾干：将脱水后的试样，按使用方向悬挂在晾竿上（试样长度方向应与晾具垂直，试样上的标记点不得碰到晾具），在室温下的空气中晾干。

（2）滴干：试样不经脱水，直接悬挂晾干。

（3）摊开晾干：将脱水后的试样展开，平摊在水平放置的金属网上，自然晾干。

（4）平板压烫：将脱水后的试样放在平板压烫机的平板上，用手抚平较大的折皱，选择适当的温度和压力，一次或多次短时间放下压板，使其干燥。

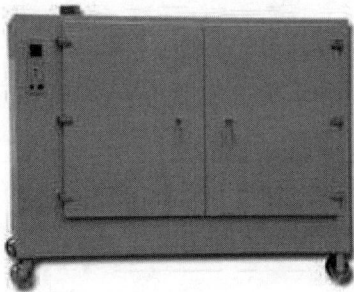

图8-24 烘箱

（5）翻滚烘燥：将脱水后的试样和增重陪试织物放入翻滚式烘干机烘干。

（6）烘箱烘燥：将脱水后的试样摊开铺在烘箱内的筛网上，用手除去折皱，但不能使其伸长或变形，烘箱温度为 $60 \pm 5^{\circ}C$，然后使之烘干（图8-24）。

上述性能的测试在国家标准规定的温湿度条件下进行。

五、织物的悬垂性

织物的悬垂性是织物视觉形态风格和美学舒适性的重要内容之一，涉及织物使用时能否形成优美的曲面造型和良好的贴身性。

悬垂性用悬垂程度和悬垂形态两类指标来衡量。悬垂程度是指织物在自重作用下，其自由边界下垂的程度。通常用悬垂系数 A 表示，其数值越小，织物的悬垂程度越好。

悬垂系数 A 的测试如图8-25（b）所示，分别得到圆柱面积 A_d、试样面积 A_D、试样投影面积 A_F，依据下式计算出悬垂系数 A。

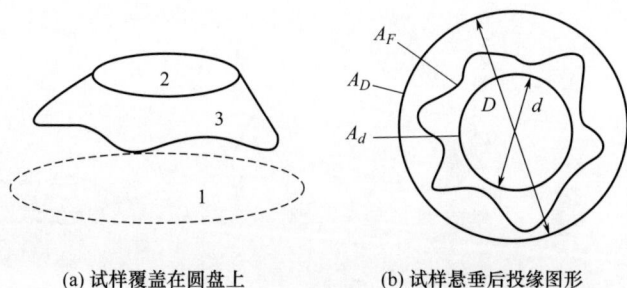

(a) 试样覆盖在圆盘上   (b) 试样悬垂后投缘图形

图8-25 织物悬垂性测试方法示意图
1—试样面积 2—圆柱面积 3—试样投影面积

$$A = \frac{A_F - A_d}{A_D - A_d} \times 100\%$$

悬垂形态是将织物试样悬垂曲面的自由边界展开成波纹曲线，通过计算机专用软件自动算出反映织物悬垂形态的指标——波长不匀率系数、波高不匀率系数、波宽不匀率系数及波纹曲面凸条系数等。此外，对织物悬垂形态的研究已从静态扩展到动态，使所提取的悬垂指标能更好地反映服装在使用中的动态美。

过去所用的织物悬垂性测试仪为光电式YG811型，可以得到织物的悬垂系数A、边缘的悬垂投影图、反映成裥能力的凸条数λ，同时还可由此计算出反映成型效果对称度的方向不对称度Φ。

悬垂性与纤维的刚柔性及材料面密度有关。硬而轻的织物不宜悬垂，软而重的织物垂感好。麻纤维刚性大，织物悬垂性不佳；蚕丝、羊毛纤维柔性好，织物垂感强；黏胶织物重，垂感好；腈纶织物由于轻而缺乏垂感。

为了说明上述结论，选用了厚薄两组面料进行试验，厚组面料由格呢、麦尔登呢、交织呢组成；薄组面料由涤纶水洗麻、床单布、02双绉、层云缎组成。面料的具体规格见表8-12。

表8-12 织物试样的规格

名称	原料	面密度（g/m²）
格呢	毛/黏	401.5
麦尔登呢	毛/黏	298.6
交织呢	毛/黏	259.2
涤纶水洗麻	涤纶	167.5
床单布	棉	131.4
02双绉	桑蚕丝	71.9
层云缎	桑蚕丝	70.6

在光电式YG811型织物悬垂性测试仪上测试，其结果如图8-26及表8-13所示。

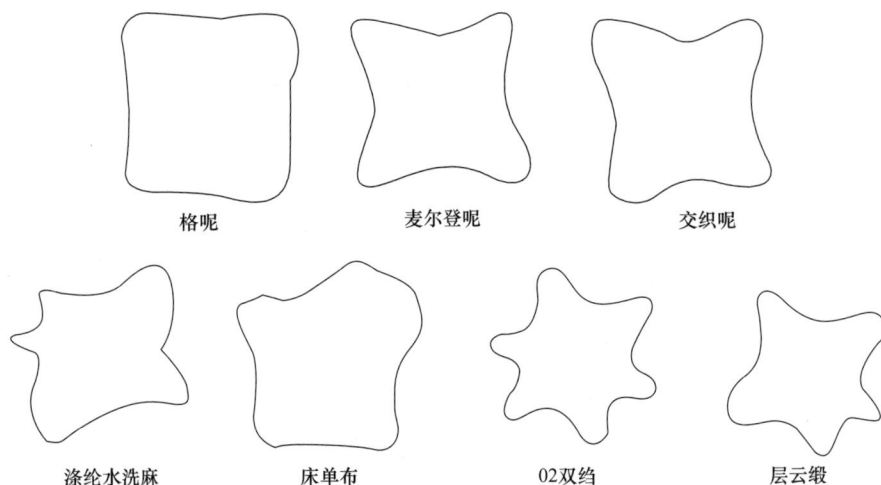

格呢　　　　　麦尔登呢　　　　　交织呢

涤纶水洗麻　　　　床单布　　　　　02双绉　　　　　层云缎

图8-26　织物悬垂投影图

表8-13　试样的悬垂特征值

名称	A（%）	λ（个）	Φ（%）
格呢	54	4	15.6
麦尔登呢	43	4	10
交织呢	44	4	10
涤纶水洗麻	36	5	88.9
床单布	66	4	52.2
02双绉	28	6	33.3
层云缎	27	5	59.7

近年来我国自行研制出了利用微机图像处理技术的新型织物悬垂仪，在测试原理、仪器构造、悬垂指标的提取等方面都有很大的改进和发展。

六、织物的刚柔性

织物刚柔性影响织物的制作和服装款式的体现，也关系到服装的体感舒适度。纤维越细，其织物的柔软性越好，纤维越粗，其织物刚性越大。

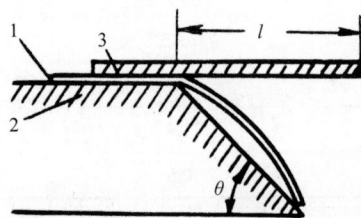

图8-27　测定织物刚柔性的斜面法

表示织物刚柔性的指标是抗弯刚度B。在实际工作中，常用斜面法来测定、计算弯曲刚度值，如图8-27所示。

利用斜面法测出织物的抗弯长度l，然后计算弯曲刚度B。

$$B = 9.8W \times (0.487l)^3 \times 10^{-5}$$

式中，B——织物的抗弯刚度（cN·m）；

      l——织物试样在斜面上的划出长度（cm）；

      W——织物的面密度（g/m²）。

仍以上述试样为对象，分别测试其经向、纬向及45° 正斜向的抗弯刚度，结果见表8–14。

表8–14　试样抗弯刚度

试样 \ 指标	抗弯刚度 B（cN·m）			总抗弯刚度 B_0（cN·m）
	经向 B_T	纬向 B_W	45° 斜向	
格呢	4453.89×10^{-7}	7359.70×10^{-7}	4453.89×10^{-7}	5725.32×10^{-7}
麦尔登呢	2245.83×10^{-7}	2392.25×10^{-7}	1163.68×10^{-7}	2317.88×10^{-7}
交织呢	2175.46×10^{-7}	1857.65×10^{-7}	1857.65×10^{-7}	2010.28×10^{-7}
涤纶水洗麻	266.37×10^{-7}	1103.85×10^{-7}	746.56×10^{-7}	542.25×10^{-7}
床单布	1833.35×10^{-7}	1137.12×10^{-7}	680.35×10^{-7}	1443.86×10^{-7}
02双绉	166.71×10^{-7}	127.03×10^{-7}	74.28×10^{-7}	145.52×10^{-7}
层云缎	183.80×10^{-7}	112.27×10^{-7}	128.00×10^{-7}	143.65×10^{-7}

织物的悬垂性能和抗弯性能共同影响服装的波浪造型，波浪的个数、大小、深浅、分布的均匀性与悬垂系数、悬垂凸条数及抗弯刚度有直接的关系。

七、织物在低应力下的力学性能

低应力下的力学性能主要是指织物在低负荷作用下产生的变形，它反映了织物在生产、加工及使用中常规受力时织物的变形特性。织物低应力力学性能与服装加工生产有着密切的关系，这是因为服装缝纫对小负荷区域的力学性能更敏感，且与服装穿着合体舒适有关。小负荷区域的织物伸展会引起织物铺料、裁剪及缝纫过程中的质量问题。

（一）FAST风格仪测试系统

FAST（Fabric Assurance by Simple Testing）系统在服装生产领域有较好的应用。它是由澳大利亚联邦科学和工业研究机构研制的简易的织物质量保证系统，用于织物的实物质量控制。FAST风格仪测试系统由FAST—1压缩性测试仪、FAST—2弯曲性测试仪、FAST—3延伸性测试仪三台测试仪、一个试验方法（FAST—4织物尺寸稳定性试验方法）及SiroFAST熨烫测试仪组合而成，可分别测定出织物的松弛厚度、表观厚度、剪切刚性、弯曲刚性，5g/cm、20g/cm、100g/cm拉伸负荷下的伸长率、织物松弛收缩率、湿膨胀率及褶裥恢复角等多个物理力学性能指标，并根据这些指标绘出"织物指纹印"来客观评价织物的外观、手感和预测织物的裁剪缝纫加工性能以及服装的成形性。

FAST—1压缩性测试仪系在织物表面施加2gf/cm²及100gf/cm²两种载荷，精确地测量织物的厚度，由此得到织物厚度$T2$（2gf/cm²载荷下）、$T100$（100gf/cm²载荷下）、织物松弛表面厚度$T2R$（2gf/cm²载荷下）、$T100R$（100gf/cm²载荷下），依据下式计算出织物表层厚度ST及织物松弛表观厚度STR等指标值。

$$ST = T2 - T100$$

$$STR = T2R - T100R$$

FAST—2弯曲性测试仪系测量织物的弯曲长度C，并由C推算出弯曲刚度B值。

$$B = W \times C^3 \times 9.81 \times 10^{-6}$$

B——织物弯曲刚度（$\mu N \cdot m$）；

W——织物面密度（g/m²）；

C——织物弯曲长度（mm）。

FAST—3延伸性测试仪系以低载荷（经/纬向：5gf/cm、20gf/cm、100gf/cm，斜向：5gf/cm）作用在织物上，分别测得织物在三个方向的伸长率$E5$、$E20$、$E100$、$EB5$，并在此基础上计算出织物的成型性F和剪切刚度G。

$$F = \frac{(E20 - E5) \times B}{14.7}$$

F——织物的成型性（mm²）；

$E20$——织物在20gf/cm载荷下的伸长率（%）；

$E5$——织物在5gf/cm载荷下的伸长率（%）；

B——织物弯曲刚度（$uN \cdot m$）。

$$G = \frac{123}{EB5}$$

G——织物的剪切刚度（N/m）；

$EB5$——织物斜向在5gf/cm载荷下的伸长率（%）。

FAST—4尺寸稳定性试验方法系将织物置于对流的烘箱中以105℃烘干，测得其干燥尺寸L_1，再将织物浸透，测得浸湿状态下的尺寸L_2，最后仍将织物烘干，再次测量干燥状态下的最终尺寸L_3。分别计算出织物的松弛收缩率RS和织物湿膨胀率HE。

$$RS = \frac{(L_1 - L_3)}{L_1} \times 100\%$$

$$HE = \frac{(L_2 - L_3)}{L_3} \times 100\%$$

RS——织物的松弛收缩率（%）；

HE——织物的湿膨胀率（%）。

SiroLAN熨烫性能测试仪系将织物经调湿、折叠、熨烫、恢复后，测量其恢复角的大小，以此判断织物的熨烫性能。

FAST测试系统测试织物性能的指标及推论织物特性可归纳为表8-15。

表8-15　织物性能的指标及推论织物的特性

FAST测试系统	测试指标	推论织物特性
FAST—1	织物厚度 织物表层厚度 松弛后织物厚度 松弛后织物表观厚度	压缩性 整理稳定性
FAST—2	弯曲长度	弯曲刚度
FAST—3	织物经、纬向伸长率 织物斜向伸长率	拉伸特性 剪切刚度 成形性
FAST—4	织物松弛收缩率 织物湿膨胀率	尺寸稳定性
SiroLAN	褶裥恢复角	熨烫性能

（二）织物物理力学性能与服装生产加工的关系

织物既是纺织生产的产品，又是服装生产的主要原料。通过测量它在低应力下的物理力学性能，服装生产者可以有效地预测成衣加工中可能出现的问题和困难。下面通过实例来说明。

试样为新品毛纺服装面料，其规格见表8-16。

表8-16　试样的规格

样号	成分	含量（%）	经纱×纬纱（Nm）	织物组织	幅宽（m）	面密度（g/m²）
1	澳毛	100	72/2×50/1	$\frac{2}{2}\nearrow$	1.524	177.17
2	澳毛	100	88/2×56/1	平纹	1.53	160.13
3	澳毛/涤纶	50/50	80/2×80/2	平纹	1.57	140.13
4	澳毛	100	72/2×50/1	$\frac{2}{2}\nearrow$	1.51	185.43
5	澳毛/涤纶	90/10	60/2×50/1	$\frac{2}{2}\nearrow$	1.49	205.62

通过FAST风格仪测试系统测试，得到以下结果。

1. 织物压缩性试验结果

织物压缩性试验结果见表8-17。

根据织物的表层厚度可预测织物的外观和手感。若织物的厚度和表层厚度较大，则其手感具有柔软和丰满的感觉；反之则趋向滑爽和有身骨的感觉。

表8-17 织物压缩性试验结果

样号	T2（mm）	T100（mm）	ST（mm）
1	2.387	2.290	0.097
2	2.368	2.284	0.084
3	2.364	2.277	0.087
4	2.362	2.281	0.081
5	2.362	2.279	0.083

2. 织物弯曲性实验结果

织物弯曲性实验结果见表8-18。

表8-18 织物弯曲性实验结果

样号	C—经（mm）	C—纬（mm）	B—经（μN·m）	B—纬（μN·m）
1	20.3	16.5	14.6	7.8
2	14.9	13.4	5.2	3.8
3	16.4	18.3	6.1	8.5
4	21.6	15.2	18.3	6.3
5	30.6	15.2	57.6	7.1

适当的弯曲刚度可使织物在成衣加工中比较容易控制。

3. 织物拉伸性实验结果

织物拉伸性实验结果见表8-19。

表8-19 织物拉伸性实验结果

样号	经向（%）			纬向（%）			EB5（%）		G（N/m）	F—经（mm²）	F—纬（mm²）
	E5	E20	E100	E5	E20	E100	左斜45°	右斜45°			
1	0.8	2.1	4.9	1.0	2.9	6.8	17.9	21.2	6	1.26	1.03
2	0.6	1.6	3.7	2.3	4.7	9.8	17.9	19	7	0.35	0.63
3	1.0	2.1	4.7	0.8	2.2	5.4	20.0	21.2	6	0.44	0.79
4	0.9	2.0	4.7	2.2	4.8	10.5	20.0	18.3	6	1.45	1.15
5	0.8	1.5	3.6	1.2	2.4	7.9	20.1	18.1	6	2.75	0.57

一般而言，织物具有较高的伸长率即意味着在缝制工序中需要更高的技术水平，以使其与所要求的服装造型相符。

二维平面织物加工成三维立体成衣的难易程度还与剪切刚度有关。

织物受到自身平面内的力或力矩作用时，经、纬纱的交织角度发生变化，矩形的试样将变成四边形，这种变形称作剪切变形。织物的剪切变形将影响到它作为服装面料成形时的曲面造型。剪切变形用剪切刚度G来表示。

适当的剪切刚度易于塑型，并使服装造型丰满。

织物的可成形性是织物在低载荷下的延伸性及其弯曲刚性的综合结果，是织物在其自身平面内受力时变形倾向的量度。织物的可成形性高，制衣时不大会产生问题；反之，在服装的接缝处容易起皱或起鼓。

4. 织物尺寸稳定性实验结果

织物尺寸稳定性实验结果见表8-20。

表8-20　织物尺寸稳定性实验结果

样号	RS—经（%）	HE—经（%）	RS—纬（%）	HE—纬（%）
1	0.8	4.1	0.3	4.6
2	0.6	2.3	0.4	4.8
3	−0.1	0.9	0.6	1.9
4	0.3	3.8	0.8	4.5
5	0.8	2	−0.4	2.6

织物的松弛收缩率和湿膨胀率反映了织物在不同空气的相对湿度中尺寸变化的趋势，从而表明了织物尺寸的稳定性能。

5. 各样品的FAST控制图

FAST测试系统的数据，最终在FAST控制图上表示。测试织物的各种性能的数值均在FAST控制图中的标尺上显示。每根标尺有上下两条线，上线为经向标尺，下线为纬向标尺，标尺上无黑点的部分为每项性能的最佳部分。

图8-28～图8-32所示为各样品的FAST控制图，也称作织物指纹图。它们给出了对织物裁剪、缝纫、熨烫的指导说明。

（1）松弛收缩RS：正常范围为0～3.0%。

RS—经或RS—纬小于0：面料不仅不收缩，反而伸长，会造成织物熨烫、黏合等的困难，应重新整理织物增加松弛收缩。

RS—经或RS—纬在3%～4%之间：会引起服装尺寸不稳定，并使条格面料对条对格困难，裁剪时应增加一定量值。

RS大于4%：应重新整理面料以减小松弛收缩。

（2）吸湿膨胀HE：小于6%为正常。

HE大于6%：会引起有黏合衬的衣片起泡、剥离以及线缝起皱等外观问题，应重新整理面料以减小吸湿膨胀。

（3）成形性F：大于0.25mm²为正常。

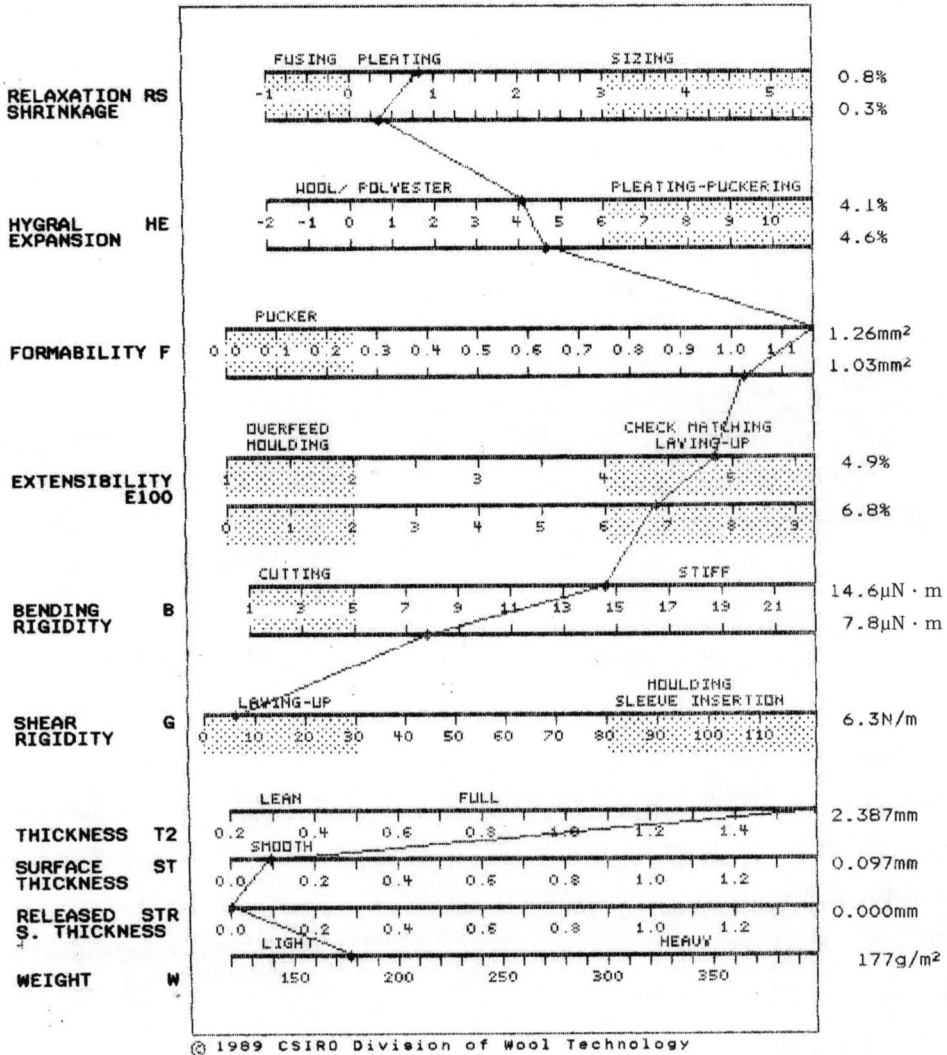

图8-28　1#样品FAST控制图

F—经小于0.25mm²，F—纬小于0.25mm²：服装要起皱，应重新整理面料增加伸长率。

F—经为0.25～0.30mm²，F—纬为0.20～0.25 mm²：贮存后须进一步检验服装以防缝纫起皱。

（4）伸长能力E100：正常范围为经向2%～4%，纬向2%～6%。

E100—经小于1.5%：会引起服装成形困难。

E100—纬小于1.3%：会引起缝纫皱缩，应重新整理面料增加伸长能力。

2#

FAST CONTROL CHART FOR TAILORABILITY

FAB.ID : MD852055   SOURCE:
END USE: DATE : 28/11/02
REMARK :

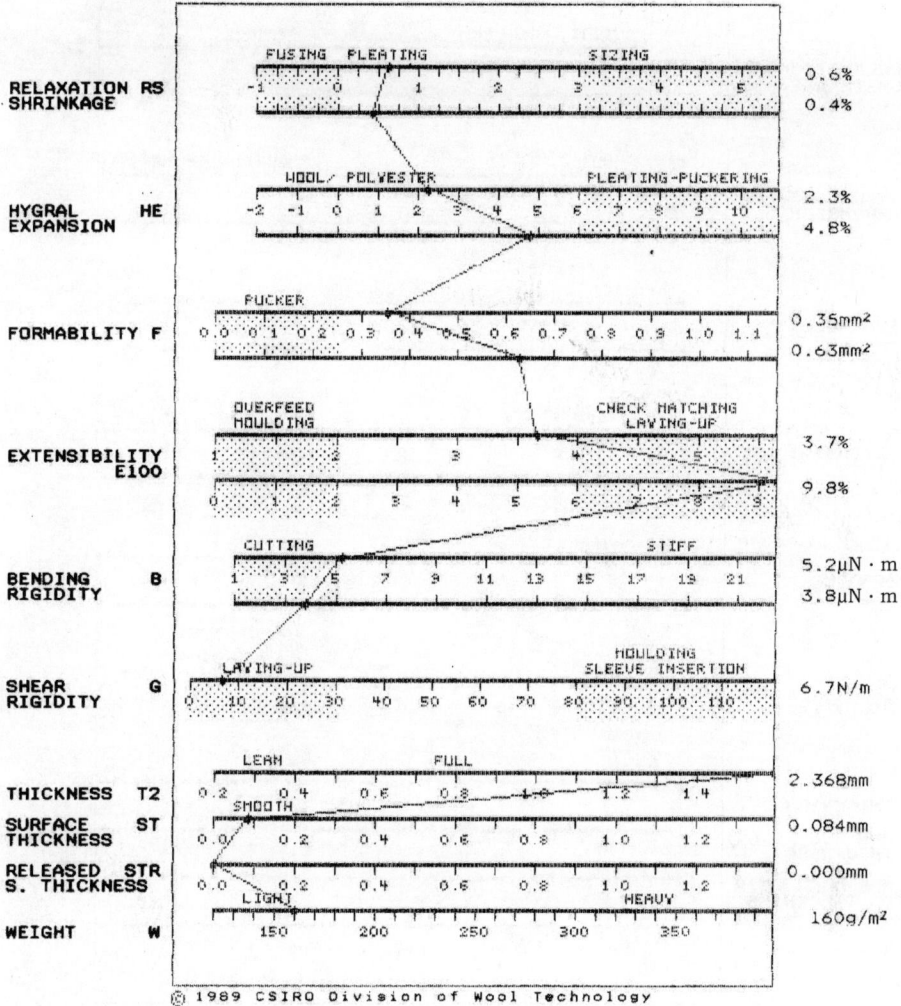

图8-29　2#样品FAST控制图

$E100$—经为4%～5%：展开布料时要仔细。

$E100$—经大于5%，$E100$—纬大于6%：织物极易伸长，会造成：服装裁片对条对格困难；铺料发生困难（铺料时因用力不当，致使上下层面料承受不同的张力，引起不同的伸长，最终使裁片的尺寸或大或小，影响裁片的质量）；裁剪困难；缝制困难。应重新整理面料以减小织物伸长能力。

（5）弯曲刚度B：大于$5\mu N \cdot m$为正常。

3#

FAST CONTROL CHART FOR TAILORABILITY

FAB.ID : SOB2532   SOURCE:
END USE: DATE : 28/11/02
REMARK :

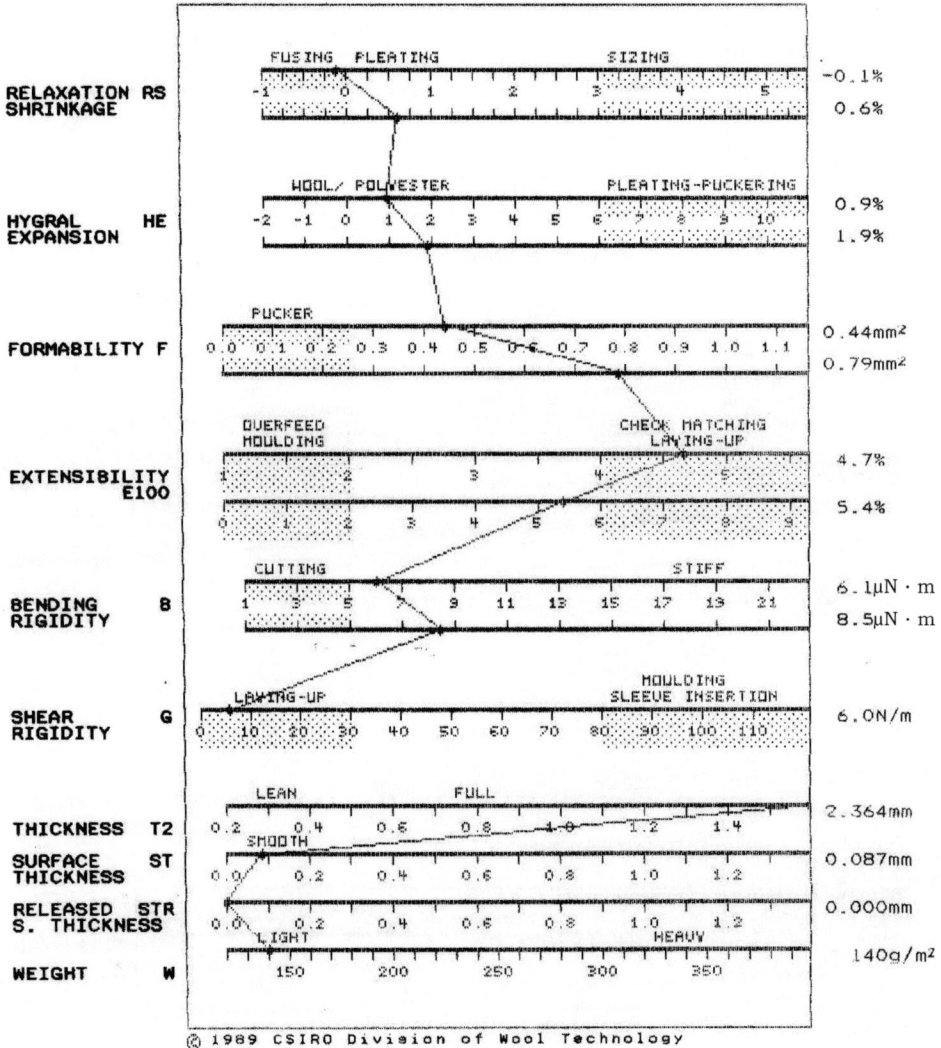

图8-30　3#样品FAST控制图

B—经小于5μN·m：织物的裁剪、传送和缝纫会有困难。

B—纬小于5μN·m：裁剪时要用真空台。

（6）剪切刚度G：正常值为30～80N/m。

G小于20N/m：织物的铺幅落料会比较困难，需整理面料。

G在20～30N/m：在裁剪前展放织物要直；肩缝时要细心操作，确保缝制后的尺寸。

G在80～100N/m：服装上袖和成形较困难，上袖时要细心操作，48h后应检查缝纫起

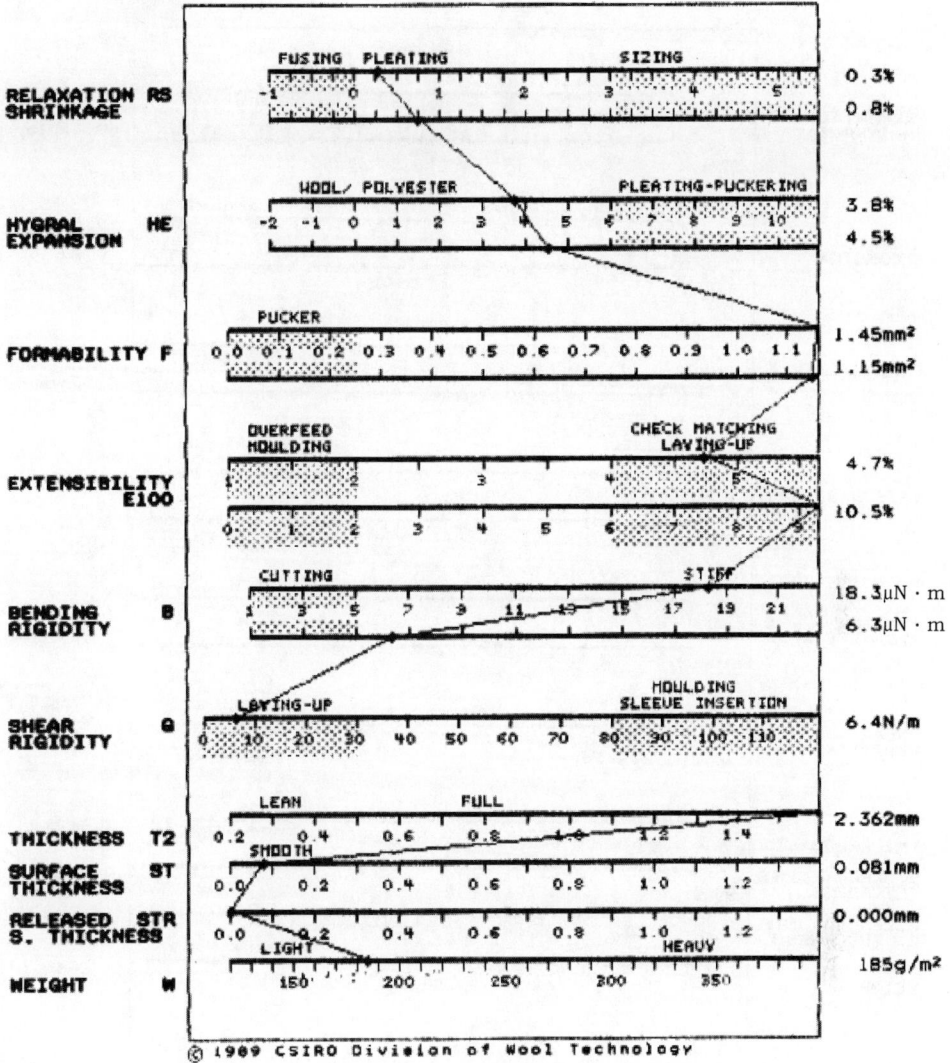

图8-31 4#样品FAST控制图

皱情况。

G大于100N/m：重新整理面料降低剪切刚度。

（7）其他：推荐织物松弛表观厚度STR在0.10～0.18mm为宜，$\dfrac{STR}{ST}$以不超过2为宜。
织物的面密度W越轻，生产出满意的服装就越困难。

（8）褶裥恢复角大于30°，表明织物的熨烫性能差，接缝处易鼓起；褶裥恢复角小

5#

FAST CONTROL CHART FOR TAILORABILITY

FAB.ID : GEN.   SOURCE:
END USE: DATE : 28/11/02
REMARK :

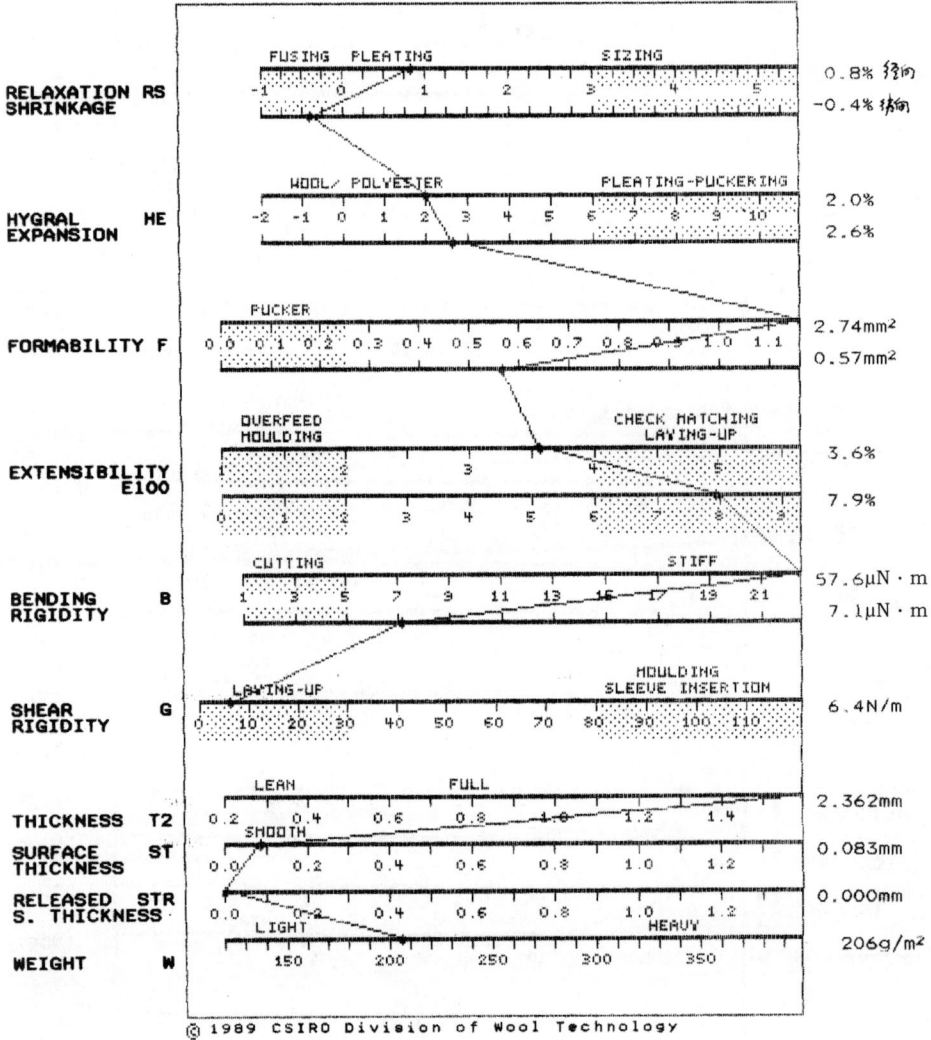

图8-32　5#样品FAST控制图

于20°，表明织物的熨烫性能好，接缝处平整、美观。

本章小结

运用前文所学的基础知识分析了织物的可缝性与服装加工技术、织物的形态风格与服装造型，提出了解决服装设计与生产中相关难题的角度和方法；介绍了织物基本检测的内容，重点介绍了织物性能检测的原理，为从事服装相关工作打下专业基础。

思考题

1. 欲生产6400pcs休闲长裤，采用全棉纱卡起毛面料，水洗方式为重酵素石磨洗。测得面料缩水率为 $\epsilon_J=7\%$，$\epsilon_W=1\%$。长裤规格为：

单位：cm

尺码	总长	腰围	臀围	股下	前裆弧长	后裆弧长	前横裆	后横裆	脚口宽
M	103	80	108	76	30	43	30	37	22

如果仅考虑面料的缩水率因素，请设置这款长裤的制板尺寸。

2. 衣料的悬垂性对服装造型会产生怎样的影响？

3. 面料的收缩率影响服装生产的方方面面。请结合实践谈谈你对这方面的认识。

4. 设计一款服装，提出对这款服装所用面料的性能要求。

第九章 皮革与裘皮

学习目标：

1. 了解服装用革的原料及其特点，了解制革过程，掌握皮革的概念；
2. 了解服装用革的处理工艺，掌握相关概念；
3. 了解裘皮分类，掌握裘皮概念；
4. 了解天然皮革与再生皮革、人造皮革的区别；了解天然裘皮与人造裘皮的区别；
5. 了解皮革服装设计特点。

本章重点：

1. 皮革、裘皮的概念；
2. 天然皮革与再生皮革、人造皮革的鉴别；
3. 天然裘皮与人造裘皮的鉴别。

动物毛与皮是人类最古老的服装用料，我们的祖先从原始社会的狩猎时期开始就以兽肉果腹，兽皮蔽体。由于偶然发现兽皮经烟熏及用油搓揉后，软而不硬能久放，穿着也较舒服，皮革就自然地进入了人类的生活领域。我国是一个文明古国，使用皮革已有悠久的历史，相传黄帝时期"用革造扉、用皮造履"。发掘的西周青铜器铭文中也记载了皮披肩、皮围身。

20世纪80年代后期，我国的皮革工业迅速发展，社会的进步，生产技术的提高，人们不仅要求皮革服装防寒保暖，也开始讲究舒适美观，服装用革品种越来越丰富。

第一节 服装用革的原料

皮革服装面料主要材料是动物的皮革。皮革是由动物皮经过十分复杂的物理（机械）加工和化学处理过程而制成的。动物皮的不同，以及加工方法的差异，制成各种各样的皮革。按传统说法，制革过程一般分成三个阶段：准备阶段、鞣制阶段和整饰阶段。在准备阶段，其主要目的是去除动物皮上所有没用的东西，如毛、脂肪、皮子内的各种腺体和可溶性蛋白质等，并对动物皮的胶原纤维（即构成皮革的主体）进行处理，以利于后面的加工并提高革的品质。第一阶段的主要工序有：浸水、去肉、脱毛、浸灰、脱脂、软化、浸酸。在鞣制阶段，其主要目的是通过化学方法使动物皮的胶原纤维在结构上发生变化，使其从皮变成革。同时，也决定了所得皮革的品质及性能。第二阶段的主要工序有：预鞣、主鞣制及复鞣。在整饰阶段，其主要目的是赋予革一些特殊的感官性能，如厚薄度、柔软性、颜色、表面状态以及防水性。第三阶段主要工序有：剖层、削匀、中和、染色、加脂、干燥、做软、平展、磨革、涂饰、压花等。

因此，皮与革是截然不同的两种东西。皮也指动物的板皮，是皮胶原纤维仍处于其在动物身体上时的状态（指化学结构）；革是指将动物皮经过物理及化学处理，除去了皮中无用的成分，并使皮的胶原纤维的化学结构发生变化而不同于其在动物体上时的状态。皮是制革的原料，革是由皮制成的，革是制作皮革服装的材料。

服装用革的原料一般有羊革、牛革、猪革和马革，另有少量的驴革、袋鼠革、鸵鸟革、鱼皮革、爬行类动物皮革、两栖类动物皮革等。一般来说，皮革表面毛孔的粗细、疏密和分布情况是区分各种服装用革的主要依据。我国制革原料皮资源丰富，特别是以猪皮、山羊皮资源著称于世。原料是产品的先决条件，优质的皮革服装取决于优质的服装用革，而原料皮对皮革质量优劣起着决定性的作用。

一、羊革

服装用羊革主要分为山羊革和绵羊革两种。

1. 山羊革

山羊革是由山羊板皮制作而成。凡毛绒短稀，制裘价值甚低或无制裘价值而适于制革的山羊皮，通常称山羊板皮。山羊在我国产地很广，遍及全国，山羊板皮是优良的制革原料皮之一，我国四川、河南、安徽、江苏、福建、湖北、江西、浙江等地的山羊板皮，质地优良，和印度的山羊板皮在世界上共享盛誉。

山羊皮纤维结构比绵羊皮细致、饱满，皮层中脂肪含量比绵羊皮少；表皮薄、真皮厚，纤维组织紧密；手感坚韧、柔软、有弹性，透气性好；坚固抗拉，抗折、抗撕裂强度高。山羊皮革是皮革服装首选面料。

山羊皮的粒纹特点是半圆形的弧上排列2～4根粗毛孔，周围有许多细绒毛孔，形成山羊皮特有的瓦形粒纹。山羊皮的部位差别主要是颈部特别厚而紧实，臀部次之，腹部薄而较松软，因此，在山羊板皮加工过程中，对颈部和臀部要加强处理。

山羊皮革如图9-1所示。

图9-1　山羊皮革

2. 绵羊革

绵羊革是由绵羊板皮制作而成。凡不宜作裘而有制革价值的绵羊皮，称绵羊板皮。我国绵羊品种多，分布广，主要有分布在内蒙古、东北、华北、西北等地区的蒙古绵羊；西藏、青海、四川的藏羊；新疆、甘肃的哈萨克羊、滩羊、库车羊和新疆的细毛羊；山东、河南、河北的寒羊；陕西的同羊；江浙太湖一带的湖羊等。

绵羊皮的表皮层很薄，真皮层厚度适中，真皮由乳头层和网状层组成，其中乳头层相当厚，往往超过网状层；绵羊皮的皮下脂肪发达，网状层的胶原纤维束较细，编织疏松，织角小，制成革后柔软，延伸性、透气性均好；虽然强度较小，但粒面细致平滑，革身轻而柔软，特别适于作高级女式皮革服装和手套。

绵羊皮革粒面细致光滑，毛孔清楚细小，几个毛孔构成一组排成长列，分布均匀。革质有弹性，手感松软，延伸性大，但不如山羊皮革结实（图9-2）。

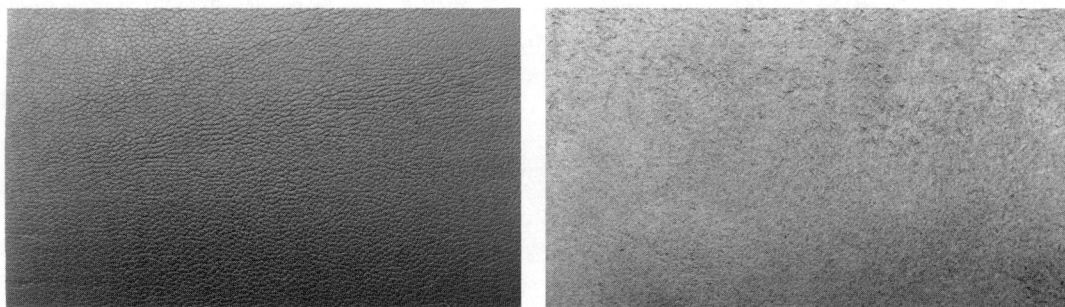

图9-2 绵羊皮正反面

二、牛革

服装用牛革分为黄牛革、水牛革、牦牛革和犏牛革。牛皮革的特点是张幅大，粒面细致，外观平坦柔润；皮面光亮平滑，质地丰满、细腻，用手触摸质地坚实而富有弹性；毛较直地深入革内，毛孔细小并呈圆形，分布均匀而紧密，像布满"小麻点"。我国常用的服装用牛革有黄牛革和水牛革，二者的组织结构和肌理特征也有一定的差别。

1. 黄牛革

黄牛皮是制革工业优良的原料皮之一，广泛用于制造各种用途的皮革，特别是小、中黄牛皮是优良的服装材料。黄牛皮张幅大，整张厚度较均匀，脂肪含量较少；皮革粒面光滑而细致，革质丰满；毛孔紧密而均匀地分布在革面上，毛孔排列的花纹如繁星布满天空。黄牛皮耐折耐磨，吸湿透气性较好，粒面磨光后亮度较高，其绒面革的绒面细密。若对牛皮表层粒面做轻微磨面修饰，即成为牛磨青皮。

黄牛皮革如图9-3所示。牛磨青皮如图9-4所示。

2. 水牛革

水牛革表面的毛孔比黄牛革粗大，毛孔数量较黄牛革稀少，较均匀地分布革面上；皮

图9-3 黄牛皮革

图9-4 牛磨青皮

革质地较松弛，不如黄牛革细致丰满；皮革粒面凹凸不平，较粗糙；毛孔排列不规则，花纹呈"星星点点"状。

三、猪革

我国生猪资源非常丰富。猪皮是我国制革工业的主要原料，数量居各种制革原料皮之首。猪皮张幅介于牛羊皮之间，构造较为特殊，表皮层很厚，呈高低起伏的波纹状，真皮胶原纤维发达，纤维束粗壮，交织紧密坚实，而腹肷部位组织疏松、薄而软，与其他部位相比差别甚大。

猪革的鬃毛稀疏，表面的毛孔圆而粗大，毛眼呈喇叭形，较倾斜地伸入革内；毛孔排列为三根（孔）一组，呈"品"字三角形排列，每组相隔较远，革面呈现许多小三角形的特殊图案，呈丝网状；皮革粒面凹凸不平，即使经过磨光处理，也可辨认得出；猪皮革面较牛皮、羊皮粗糙，手感硬实。

猪革如图9-5所示。

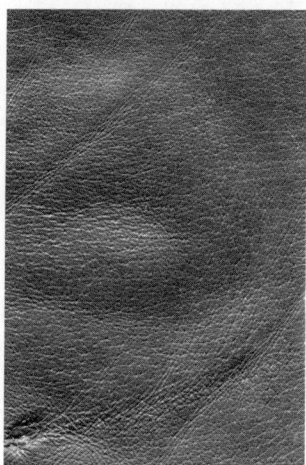

图9-5 猪革正面与反面

由于猪革的纤维束是斜竖交织，倾斜角度大又有一定的厚度，所以，猪革具有优异的耐磨性、延伸性和透气性。猪革的不足之处是易吸水，易变形。由于其粒面粗，毛孔大而明显，因此，猪革制成的服装不如牛革、羊革的外观漂亮，一般制成绒面革服装，而且价格较牛革、羊革的服装低。

四、马革

马皮前身可制成服装用革。粗看马皮与牛皮有些相似，外观光滑细腻，但仔细观察，马皮的光亮度不如牛皮，色泽昏暗；马革表面的毛孔呈椭圆形，比牛革毛孔稍大；毛较斜地伸入革内，排列较有规律，构成山脉状；马革面松而软，与羊革比较接近，革面粗细程度、鬃眼大小也与羊革颇为相似；但马革质地比羊革硬，手感不好，革面光泽不均匀，用力挤压皮面，没有褶产生；马革的坚固性、耐磨性较差，穿久易断裂。

第二节　服装用革的处理工艺

动物皮革应用在服装上可按需要进行处理，制成各种不同肌理效果的服装用革。动物皮革按其层次分，有头层革和二层革，其中头层革有全粒面革和修面革。猪皮和牛皮因其皮质较厚可制作猪二层革和牛二层革。现在制革工艺和染色技术的提高，各种印花皮革也应运而生。

一、全粒面革

全粒面革就是常说的光面革。在诸多的皮革品种中，全粒面革应居榜首，因为它是由伤残较少的上等原料皮加工而成，革面上保留完好的天然状态，涂层薄，能展现出动物皮自然的花纹美。全粒面革不仅耐磨，而且具有良好的透气性。

二、修面革

修面革又称绒面革。是利用磨革机将革表面轻磨后进行涂饰，再压上相应的花纹而制成的，实际上是对带有伤残或粗糙的天然革面进行了"整容"。此种革几乎失掉原有的表面状态，涂饰层较厚，耐磨性和透气性比全粒面革差。

三、二层革

二层革是厚皮用片皮机剖层而得，头层用来做全粒面革或修面革，二层经过涂饰或贴膜等系列工序制成二层革。二层革的牢度、耐磨性较差，是同类皮革中最廉价的一种。

四、印花时装革

现代服装用革在色彩方面突破了黑、咖啡色等传统概念，对皮面和皮料本身进行再创作。用新的印染工艺将大量针机织面料的色彩印染在皮面上或是在皮面上设计五彩缤纷的图案，皮革肌理呈多样化，如压花、绣花、蛇皮纹、象皮纹、打孔等。这些色彩鲜艳、花纹和颜色千变万化的印花时装革手感柔软，而且透气性好，特别适合流行时装的设计。

压花羊革如图9-6所示。

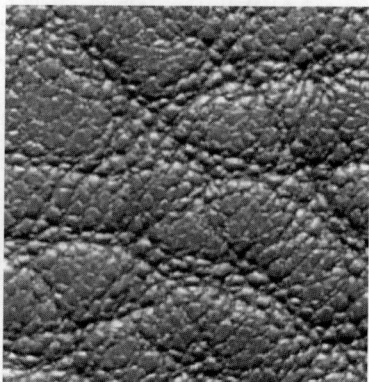

图9-6　压花羊革

第三节　裘皮

裘皮俗称毛皮或皮草，是来源于动物皮毛的服装用料。与皮革相比，裘皮的价值更高贵，历史更悠久。现代裘皮工业面临的一个现实问题是野生动物大量减少，人类饲养的毛皮动物是当今制作裘皮服装的主要来源。

我国传统的裘皮分类方法，一种是根据毛的粗细等品质分为粗毛及细毛两类。粗毛有黑紫羔、汗獭、麝鼠和滩羊（又称麦穗皮）等的毛皮，细毛有貂鼠、水獭、青白狐、大狐和银鼠等的毛皮。另一种则根据毛的长短把裘皮分成大毛、中毛和小毛。大毛有狐、猞猁和金银嵌等的毛皮，中毛有紫貂、水貂、黄狼、灰鼠和兔等的毛皮，小毛有羊羔、胎羊羔等的毛皮。同一种动物毛皮，由于取毛兽龄、部位和季节不同，或产地和加工方法的差异，也可分为别归入大毛、中毛、小毛三类。

现代裘皮的分类基本按其所属种群进行划分，同族的动物再按其产地冠以不同的名称。目前，人工饲养的毛皮动物主要有狐狸和貂，下面的内容主要介绍狐狸毛皮和水貂毛皮两大类，附加少量其他种类的动物毛皮。

一、狐狸毛皮

狐狸毛皮属于大毛类皮，是长毛裘皮的代表（图9-7）。狐狸毛皮的主要生产国是芬兰、挪威、波兰和俄罗斯。狐狸有许多品种，主要有银狐、蓝狐、蓝霜狐、影狐、红狐等。

银狐的毛皮色泽清爽美丽，可以染色，毛分两层，下层短毛为黑色，上层长毛为银色。银狐毛皮服饰在20世纪30～40年代极受欢迎，几乎每个影星都会在公共场合展露穿着银狐毛皮服饰的身姿。银狐已在挪威、瑞典、芬兰、丹麦大量饲养，这使得银狐服饰比以往更加流行。

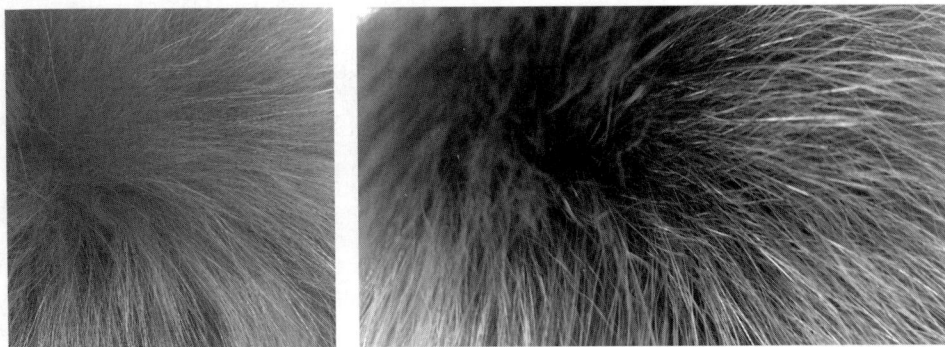

图9-7　狐狸毛皮

蓝狐盛产于挪威、瑞典、芬兰，蓝狐也被称为挪威狐，是所有狐狸中产量最大的品种。蓝狐的毛为杂色，高光显出柔和的蓝棕色。蓝狐毛皮多需染色，为追求流行的人们提供时髦的色彩选择。

蓝霜狐是银狐与蓝狐交配而成的一个品种，它同时具有银狐的黑色短毛和蓝狐的底绒厚密的特征。

影狐的毛皮非常接近白色。

红狐的毛皮以重量最轻、质地最珍贵为世界闻名。红狐的产地很多，以阿拉斯加、加拿大的红狐毛皮质量最好。

二、水貂毛皮

水貂毛皮主要的生产国是丹麦、芬兰、荷兰、美国和俄罗斯。貂的家族有许多品种，用于皮草业的主要有农场貂、紫貂和艾虎。

农场貂在挪威、瑞典、芬兰、丹麦大量饲养，也是世界上使用量最大的貂皮。科学的饲养使农场貂有着良好的外观和手感，也使农场貂的毛皮的毛更为厚实，上下分层不如野生品种那么明显。农场貂颜色是黑到深棕色，利用现代的基因技术可以使貂皮的毛更黑，并呈现出丝一般的光泽和手感。雄貂的毛较硬，而雌貂的毛较软，雌貂的毛光泽度较高，从侧面看呈灰色。

紫貂又称黑貂，是貂皮中最好的品种之一，被称为毛皮中的"劳斯莱斯"。紫貂毛分为两层，略带青色的底毛，黑棕色的枪毛，散发出一种诱人的银色高光。同其他毛皮相比，它几乎轻若无物。Barguzin的紫貂是紫貂中的极品，若是呈暖棕色调的紫貂皮，则档次相对低一些。中国也出产紫貂。

艾虎产于芬兰、俄罗斯等国，最著名的是白色艾虎。艾虎毛色变化较多，一般底毛为白色，长毛近乎黑色，反差强烈，通过染色可以使艾虎毛皮有着与黑貂皮相似的外观。

三、其他种类的毛皮

1. **猞猁毛皮**

猞猁又称山猫，多产于加拿大和俄罗斯。猞猁毛皮保暖性强，重量极轻，是毛皮中的极品，也是最昂贵的皮草之一。最贵重的猞猁毛皮在猞猁的腹部，奶白色的毛上点缀着灰色和黑色的斑点。

2. **银鼠毛皮**

银鼠是一种鼬鼠，盛产于加拿大和东欧。其毛色在夏季呈棕色，在冬季则变为白色，尾部的尖端带有黑毛。

3. **青紫蓝毛皮**

青紫蓝毛皮被称为贵族之皮，皮质极轻却极保暖，深色底毛上是惹人喜爱的深蓝灰色长毛。但青紫蓝形体较小，毛皮不易拼接。现在也开始人工饲养。

4. **香灰鼠毛皮**

虽然很多国家都有松鼠，但作为裘皮使用，以俄罗斯的灰蓝色松鼠最好。香灰鼠毛皮质地很软，毛较厚，十分暖和。意大利常将之加工染色，以符合流行的需要。

5. **浣熊毛皮**

浣熊毛皮是一种较为重要的毛皮。浣熊大量产于芬兰、美国和加拿大。浣熊毛皮光滑，底毛灰棕色，长毛为黑色，有银色高光。因其数量多，适合工业批量生产，所以近年来开始流行。芬兰发展了人工饲养的浣熊，毛皮的颜色有漂亮的花纹。

6. **粗尾羊毛皮**

粗尾羊毛皮是羔羊中的最好毛皮，以俄罗斯产的粗尾羊毛皮为最好。这种羊毛有着丝一般的品质，光滑柔和，通常染成黑色使用。虽然这种毛皮薄，不十分暖和，皮质也较脆弱，但依然是一种十分美妙的毛皮。

7. **海狸毛皮**

海狸毛皮与山猫毛皮相似，但毛色为浅棕色，也没有丝一般的感受。海狸毛皮可以漂白，不过通常还是保持其原有颜色。海狸毛皮皮面较大，毛量丰厚，皮板较厚却耐磨经穿。

8. **负鼠毛皮**

世界各地几乎都可以见到负鼠毛皮。因为负鼠毛皮的外观与浣熊毛皮非常相似，美国产的负鼠毛皮常被漂白用来仿制成浣熊毛皮。浣熊毛皮白色底毛，长毛为银灰色，有些黑色杂毛。澳大利亚和新西兰的负鼠毛皮更软，光泽更好，有天然蓝灰、铁灰等色调。

9. **水獭毛皮**

水獭有着平坦、闪亮的毛皮，毛量丰富、暖和，皮质厚且韧性较强，但毛质较硬。牢度高、平民化的品质使水獭毛皮颇为流行。

毛皮的价格因种类不同而异。以上所提及的毛皮种类，其中猞猁、狐、貂、青紫蓝与银鼠的毛皮为名贵裘皮，香灰鼠、浣熊、粗尾羊的毛皮为中档毛皮，海狸、负鼠、水獭的毛皮以及常见的兔毛皮、波斯羊毛皮、滩羊毛皮、黄狼毛皮等为较低档的毛皮。

几种裘皮服装设计如图9-8所示。

图9-8　裘皮服装设计图

第四节　人造皮革与再生皮革

随着社会科学技术的发展，人造皮革、再生皮革技术日趋成熟，这些产品在仿天然皮革方面，可以以假乱真，在透气性、柔韧性、手感和外观等诸多方面都与天然皮革相似。可以根据天然皮革与再生皮革、人造皮革各自的特点来进行鉴别。

一、人造皮革

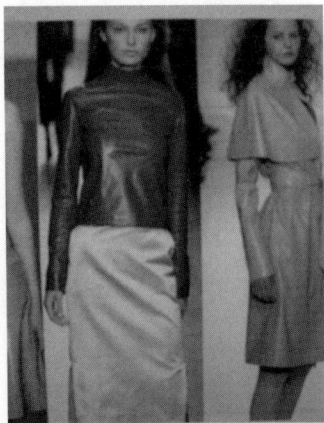

图9-9　人造皮革服装

人造皮革是用聚氯乙烯树脂涂在底布上，经加热、加压工艺制成类似革的制品。

人造皮革一般皮面无毛孔，底板为织物而非动物皮，用力挤压，皮面不会形成褶皱；人造皮革光泽较强，不如天然皮革的光泽自然柔和；天冷时人造皮革会发硬，且透气性、吸湿性差，穿着不舒服（图9-9）。

二、再生皮革

再生皮革是采用废革和其他各种配料（如草板纸）一起压合而成。

再生皮革表面虽然和天然皮革一样有光泽和花纹，但没有毛孔眼；反面无底布，有类似天然革的绒毛纤维束，切面也可见棕色纤维；再生皮革弹性和柔软度都较差，来回曲折数十次后，便可见到革面上的死褶皱，出现样漆掉色、裂痕等现象。

三、鉴别方法

1. 视觉鉴别法

天然皮革的正面光滑平整，有毛孔和花纹，并且分布得不均匀。革的反面有明显的动物纤维束，呈毛绒状且均匀分布。天然皮革的切口处颜色一致，侧断面层次清晰细密，可明显看出下层的动物纤维，用手指甲刮拭会出现皮革纤维竖起，有起绒的感觉，少量纤维也可掉落下来。

人造皮革一般表皮无毛孔，微孔贴膜人造革会有毛孔及花纹，但这些毛孔和花纹均不明显，或者有较规则的人工雕刻的迹象。人造皮革反面能看到织物，侧面切口无动物纤维，可见底部的织物纤维及树脂，或从切口处看出底布与树脂胶合两层次。人造皮革光泽较天然皮革亮，颜色一般很鲜艳。

2. 手感鉴别法

天然皮革手感柔软，富有韧性，有一定的温暖感，它是由天然不均匀的纤维组织构成，因此形成的折皱纹路也明显不均匀，将皮革正面向下弯折90°左右会出现自然皱褶，分别弯折不同部位，产生的折纹粗细、多少，呈现明显不均匀。

人造皮革柔软性差，无温暖感，手感像塑料，弯折下去折纹粗细多少都相似，纹路清晰均匀且恢复性较差。

3. 气味鉴别法

天然皮革有一股很浓的皮毛味，即便是一些经加工处理的产品，味道也较明显。

而人造皮革产品，则有股塑料的味道，没有天然皮革所发出的特有的皮毛味。

4. 燃烧鉴别法

天然皮革燃烧时会发出一股毛发烧焦的气味，烧成的灰烬一般易碎成粉状。

人造皮革燃烧后火焰较旺，收缩迅速，并有股很难闻的塑料味道，烧后发黏，冷却后会发硬，变成块状。

5. 吸水鉴别法

天然皮革表面的吸水性较好，而人造皮革则与之相反，有较好的抗水性。

第五节　天然裘皮与人造裘皮

天然裘皮和人造裘皮的主要差别是光泽和花纹。天然裘皮光泽自然柔和，有弹性且保暖、吸湿，用手触摸有温暖的感觉；而人造裘皮光泽不自然，像塑料的表面，手摸无温暖感觉。从花纹上看，天然裘皮因是动物毛皮加工而成，颜色、花纹是不可能完全一致的，而人造裘皮染的颜色、花纹完全一致（图9-10）。

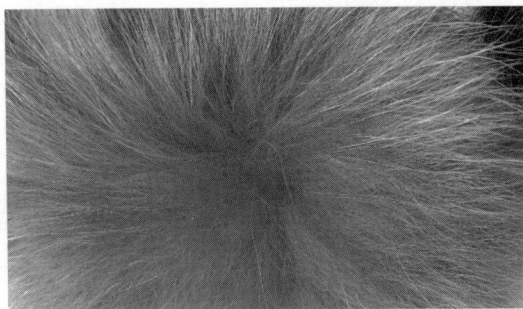

天然裘皮　　　　　　　　　　　　　　人造裘皮

图9-10　天然裘皮与人造裘皮

具体的鉴别方法：

（1）揪一根毛用火点燃，人造裘皮会立即熔化，并发出一股烧塑料制品的气味；天然裘皮点燃后，立即炭化成灰黑色灰烬，并产生一种烧头发的气味。

（2）拨开毛，看毛与皮的连接部，人造裘皮有明显的经纬线或布基形状，天然裘皮则是每一根毛囊3~4根毛均匀地分布在皮板上。用手提拉毛被，人造裘皮可以从皮板上稍稍拉起，而天然裘皮绝对拉不动。

（3）对光验毛，人造裘皮一般都毛被整齐，毛被光泽较粗糙；而天然裘皮毛被则有较长且硬的针毛、较粗硬的刚毛和柔软的绒毛，各种毛的长度不等，整张皮不同部位色差、长度、密度、手感也均有区别。

第六节　皮革服装设计

皮革服装的设计原理与普通服装区别不大，用料与普通服装相比却有着本质的不同。在服装设计中，皮毛类材料主要用在秋冬季的服饰品中，因此，在研究皮革服装设计时，应该根据皮革服装的原料特点来展开设计。

一、选料设计

普通服装用纺织品作为原料，具有色泽、花纹、厚薄、幅宽的一致性，便于多层裁剪。皮革服装则是以近似于动物原型皮的革为面料，而天然皮革存在着不可避免的伤残，并且有主次部位之分。根据皮革服装的款式、规格、品种，将若干张动物毛皮按色泽、粗细、厚薄、软硬接近的选配在一起，把服装的主次部位恰当地安排在动物皮的主次部位上，经过合理的搭配确定为皮革服装设计用料。

原料皮轮廓如图9-11所示。

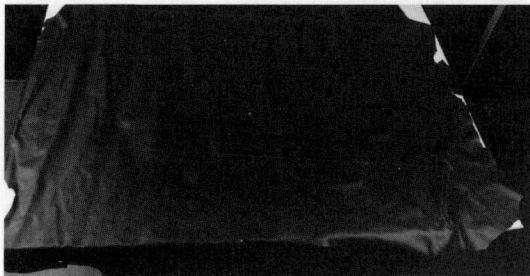

图9-11　原料皮轮廓

二、分割设计

动物原皮大的和小的相差几倍到十几倍，如牛皮的面积大的可达3～4m²，而山羊皮的面积一般只有0.5m²左右，还有一些动物毛皮，如鼠毛皮、猫毛皮则更小。服装用革如何进行分割，在设计中占有相当重要的地位。皮革服装设计，不仅要根据所使用原皮的面积大小、质地好坏来确定该款式的分割设计，而且要尽可能地使皮革服装的"被动分割"成为美化皮革服装的装饰线条，这就要进一步强调分割的合理和款式的新颖。

设计稿如图9-12所示。

图9-12　皮革服装分割设计

三、工艺设计

现代皮革服装设计的标准取决于对原材料的再设计。用新的印染工艺在皮面上设计出丰富的色彩、五彩缤纷的图案和肌理效果；对皮面和皮料本身进行再创作，面料肌理呈多样化，压花、绣花、蛇皮纹、象皮纹、打孔，用精致的缝合线、镂空、贡针、压花工艺处理皮革材料；与其他材质相结合，如皮革与毛皮、皮革与针织物或机织物、皮革与绵羊绒、皮革与丝绸或牛仔的搭配，皮革不再仅是装饰和点缀，两者相互融合，使皮装面料体现风格的变化（图9-13）。

图9-13　皮革服装工艺设计

本章小结

介绍了皮革及其种类特点、裘皮及其种类特点，介绍了真假皮革的鉴别方法、真假裘皮的鉴别方法；皮革整张面积小，不同部位性能差异大，因此皮革服装的设计有其独特之处。

思考题

1．分析几种主要服装用革的组织特征和肌理特征。

2．狐狸毛皮和水貂毛皮各属于哪一类毛皮？请说出它们主要分类及特点。

3．简述天然皮革和人造皮革的辨别方法。

第十章　服装的洗涤与储藏

学习目标：

1. 了解污渍的类别、组成，了解常见洗涤剂的性质及适用范围；
2. 了解服装的洗涤和去渍方法；
3. 了解纺织品的储藏方法。

本章重点：

运用服装材料的专业知识对服装进行科学的洗涤和去渍等保养，并进行科学的储藏保管，确保服装在穿着使用过程中发挥功效。

服装在穿用过程中要经过服用、洗涤、熨烫与保养等环节。在这个过程中服装不仅受到磨损，还受到污染，导致纤维老化、变质、变色。因此应正确地对服装加以保护。正确合理的服装管理是保证服装发挥服用功效的关键。只有掌握正确的服装管理知识，才能使服装产生满意的着装效果。

服装在穿用过程中，如果污染物不能被及时处理掉，不经常更换、洗涤，或者采用不正确的管理方法加以保管，就会加快微生物和细菌的繁殖，影响人的身体健康，同时，大大降低服装的使用功效，减少使用寿命。因此服装的洗涤是服装管理的重要方面。

第一节　污渍

一、污渍的来源

1. 身体的污渍

人体要进行新陈代谢，在这个过程中，人体内的油脂和汗液通过皮脂腺排出体外，与脱落的皮屑一起构成服装的内部污渍，内衣的污染主要来自于身体的污渍。

2. 人体外的污渍

是指由人们的生活和工作环境所造成的污染。如烟灰、油脂、果汁、菜汁、风沙以及酸、碱、盐及其他化学药品等。按照其形态可以把这些污染物分成以下三类：

（1）水溶污染：这种污染物主要来源于食品中的糖、盐、淀粉、果胶、色素等。它们可与水混合成胶态溶液等。

（2）固体污染：主要是空气中的灰尘、沙土、煤、水泥、纤维毛羽及其他颗粒状污物。固体污垢的颗粒很小，一般情况下不单独存在，与水、油混合在一起，黏附在服装表面和内部结构中。这些污物既不溶于水，也不溶于其他有机物质，但可以被洗涤剂等表面活性剂吸附、分散而除掉。

（3）油脂污染：主要来自于动植物的油脂、脂肪酸醇及矿物油等。这种污染物在服装上的黏附很牢，不易溶于水，只溶于有机溶剂及含有专门洗涤液的溶剂中。

以上这些污渍一般在服装上不是单独存在的，而是以共混体形式黏附在衣物上或渗透到纤维织物的结构中。要根据服装的纤维材料性质、服装材料结构以及污渍的物理化学性质选择相应的洗涤剂和洗涤工艺对服装进行洗涤，以去除污渍，从而达到保护服装的作用。

二、污渍在服装上的附着形式

1. 物理结合

污渍以分子间的作用力形式附着在服装纤维上的附着形式。如人体的油脂与衣料的结合，化学纤维面料由于静电作用对污渍的吸附，带负电荷的纤维在水中通过钙、镁离子与带正电荷的污渍结合等。要去除这些污渍必须用洗涤剂来洗涤。

2. 化学结合

是指污渍的微粒子与服装纤维分子上的某些基团通过一定的化学键结合的附着形式。这类污渍一般不易去掉，必须采用化学方法，来破坏污渍与纤维相互结合的化学键，以清除污渍。

3. 机械吸附

是指污渍的微粒子散落在面料的结构缝隙、褶裥、凹洼处等地方的附着形式。这种吸附程度与织物的基本参数有关，如组织结构、表面光洁程度、密度、厚度、紧密度、后整理等因素。一般情况下，如果织物表面绒毛多、结构疏松、褶裥多，污粒吸附就多；如果织物结构紧密，表面光洁、滑爽，污粒则不易吸附。这类污渍的去除方式主要通过机械外力，如纤维之间、纤维与其他物件之间的摩擦、水流冲力等方法减弱污渍与服装之间的吸附力，从而达到去污目的。

以上几种污渍的吸附方式有时单独存在，有时同时存在，所以一般在洗涤时要同时借助于物理机械和化学方法来实现去污的目的。

三、常见的洗涤剂

洗涤剂是指能够去除服装及其他各种纺织品污垢的物质。去除衣物上的污渍必须借助于洗涤剂等溶剂。洗涤剂分水洗用合成洗涤剂和干洗用干洗剂两种。

（一）水洗用合成洗涤剂

常用的水洗用合成洗涤剂有皂类（洗衣皂和皂片），合成洗涤剂类（合成洗衣粉、液体合成洗涤剂、酶合成洗涤剂及增白合成洗涤剂等）。

水洗用合成洗涤剂中有洗涤作用的主要有表面活性剂和助洗剂两种。

1. 表面活性剂

表面活性剂是一类具有表面活性的化合物。溶于液体（特别是水）后，能显著降低溶液的表面张力或界面张力，并能改进溶液的增溶、乳化、分散、渗透、润湿、发泡和洗净等能力。其含量在洗涤剂中占10%～40%，它是洗涤剂的主要成分，对洗涤起到主要的去污作用。表面活性剂分子中同时存在亲水基和亲油基（又称疏水基）。亲水基通常是溶于水后容易电离的基团，如羧酸盐、磺酸盐、硫酸酯盐等，以及在水中不电离的羟基或聚氧乙烯基。亲油基能与油类互相吸引、溶解，通常是由石油或油脂组成的长碳链的烃基，可以是脂肪烃，也可以是芳香烃。亲水基性能越强，就越易溶解于水，反之，亲油基性能越强，就越易溶于油。利用表面活性剂的既亲油又亲水的性质，服装上带有的油脂污垢就容易去掉。

根据表面活性剂在水中离解出的离子所带电荷的不同，表面活性剂可分为阴离子型、阳离子型、两性型及非离子型等几种。其中阳离子型不适合在碱性溶液中使用；两性型价格贵。所以，目前用于洗涤的主要是阴离子型和非离子型两种。

常见的阴离子型表面活性剂有以下三种：

（1）肥皂：肥皂的水溶性呈碱性（pH为8～10），在水中具有良好的乳化、泡沫、湿润、去污作用。但是肥皂在硬水中会生成不溶于水的钙皂、镁皂，因此肥皂不宜在硬水条件下作为洗涤剂。

（2）脂肪醇硫酸钠：这种表面活性剂在水中的去污力强，乳化性好，泡沫稳定，对皮肤的刺激性小。广泛用于蚕丝、毛织品等精细面料的洗涤，也可用于棉及合成纤维面料的洗涤。

（3）烷基苯磺酸钠：这种表面活性剂在水中的去污力、泡沫性和乳化性能好，在酸性、碱性及硬水中的稳定性都好，但是防止污垢再沉淀的稳定性较差，只有在添加其他助剂后才能得到改善。我国制造的合成洗涤剂大量使用这种表面活性剂。

常见的非离子型表面活性剂有以下2种：

（1）烷基酚聚氧乙烯醚：这种表面活性剂具有良好的乳化、湿润、分散作用，和较好的耐酸、耐碱、耐硬水的能力。

（2）脂肪醇聚氧乙烯醚：这种表面活性剂在水中的润湿性、去污性、乳化性能都好，在硬水中也可以使用。

2. 助洗剂

洗涤剂中加入助洗剂可以提高洗涤效果。常见的助洗剂有以下几种：

（1）无机助洗剂：这种助洗剂在水中离解为带有电荷的离子，吸附在污垢颗粒或面料的表面，有利于污垢的剥离和分散。主要有三聚磷酸钠、水玻璃、硫酸钠及过硼酸钠等。

（2）有机助洗剂：常用的有羧甲基纤维素钠，它在洗涤剂中具有防止污垢再沉淀的作用；另外还有荧光增白剂，它使织物白色面料更白，花色面料更加鲜艳。

（二）干洗用干洗剂

干洗剂具有不损伤纤维、无变形、无褪色，保持服装挺括、自然、丰满等特点。适合用于丝绸、毛织品等高级服装材料。干洗剂有膏状和液态两种。膏状干洗剂主要用于服装局部油污的去除。液态干洗剂则用于整体衣料的洗涤。

第二节　服装的洗涤与去渍

服装在穿用过程中受到来自人体、空气和其他周围环境的污染，要进行经常、定期或择期清洗。洗涤方法通常有两种，即水洗与干洗。此外对预想不到的即发性污染或顽固性污染还要进行随时性清理。

一、水洗

是以水为载体，加一定量的洗涤剂，并利用一定的外力去除污垢的洗涤方法。它不仅能去除水溶性污垢，而且能去除油溶性污垢。具有简便、快捷、经济等特点。因此是普通家庭常用的方法。但水洗也存在一定的缺点，如纤维入水后膨胀变形，洗涤时的作用力大，均会导致服装易变形、褪色、缩水、毡化或渗色等。因此应注意洗涤时不能用力过大，洗涤剂用量也要按照衣物多少和具体要求而添加。水洗效果受到多种因素的影响。具体如下：

1. 洗涤方式

主要有手洗与机洗两种。手洗常用的工具有洗衣盆、搓衣板、棒槌、刷子等。棉、麻及合成纤维制品采用各种洗涤工具均可，毛料、丝绸、毛织品中的毛绒面料及毛线制品用手轻揉为好。机洗对服装的作用力及破坏性较大，棉、麻制品能够抵抗较大的洗涤作用力，因此可以机洗。丝绸、毛制品等易变形和纤维擦伤，受损严重，不宜用机洗的方法。

2. 洗涤温度

各种纤维的耐热性不同，可以考虑取每种纤维的耐温上限值加以洗涤，但实际上有时耐温上限值的温度会使衣物的色泽受到影响。往往每种纤维材料都有自己适宜的洗涤温度。在此温度范围内，棉、麻织物的洗涤温度宜高，能得到明显的洗涤效果，而丝毛产品和化纤织物温度宜低，否则会使织物产生褶皱、收缩等不良后果。各种纤维制品的洗涤温度见下表。

表　各种纤维制品的洗涤温度

纤维种类	洗涤温度（℃）
棉织物	40～50
麻织物	40～60
丝绸产品	室温
羊毛制品	<40
黏胶纤维制品	<45
合成纤维制品	30～35

3. 洗涤液浓度

洗涤液浓度越高洗涤效果越好，但浓度过高超过一定限度时会损伤纤维，或洗涤效果反而下降。因此，应按照规定来调配洗涤液的浓度。

4. 洗涤时间

污垢在洗涤时是逐渐从衣物上脱落的，因此洗衣机洗涤时间大体在30～60min为好，手洗时间可适当短些。

5. 洗涤液使用次数

用洗衣机反复使用同一洗涤液时会影响洗涤效果，这是由于洗涤液中的表面活性剂含量在洗涤过程中会逐渐减少所致。用同一洗涤液进行第四、第五次洗涤时合成纤维衣料的再污染将很严重，而棉纤维衣料的再污染很少。因此在一种洗涤液中应首先洗涤合成纤维衣料，再洗涤棉纤维衣料和深色衣料的服装。

6. 脱水和干燥

洗涤过的服装含有一定量的水分，要经过脱水或干燥的过程。脱水是指在外力的作用下使服装中的水分减少的过程。脱水有机械脱水和手工脱水两种方法。机械脱水是利用脱水机滚筒的离心作用减少滚筒内的服装中的水分含量。应注意容易起褶痕的服装不宜用脱水机脱水，因为滚筒的高速回转会加重褶痕的形成，影响外观的平整。手工脱水是指利用人手的外力作用来减少服装中的水分，通常是用手拧方法来脱水。但应注意用力不能太大，否则易使服装产生褶痕和不良皱纹，影响穿着效果。

干燥是指把经过脱水的服装中的剩余水分去除的过程，包括烘干和自然干燥两种形式。烘干一般适用于大的公共场所如学校、宾馆、大型洗涤服务场所等。潮湿天气为了尽快达到干燥时也用烘干机。而一般家庭主要依靠自然干燥。自然干燥简单易行，安全可靠。它是指利用服装湿度与空气中的湿度之间的差异使水分转移的干燥过程。因为通常空气是流通的，含有一定水分的衣服处于流动的空气中会加快水分逸散的速度，即借助于空气的流动性把衣服上的水分带走，以达到干燥的目的。自然干燥分阴干、滴干及平摊晾干三种形式。

阴干是将脱水后的服装挂在通风好的地方晾干。适用于丝绸、锦纶服装等不宜被太阳直射干燥的服装。

滴干是将经人手轻轻挤压脱水后的服装吊起晾干的一种形式。用这种方法可以大大减少服装在脱水过程中由于用力太大而所带来的褶印，适合于精细结构、针织物或附带较多饰物等服装。对于针织物应使线圈纵行与地面垂直，以防止针织物的线圈横列与地面垂直，避免针织物的横向延伸、变形。

平摊晾干是把洗涤后的服装平放在特制的网上晾干的一种方式，这种方法使服装的各部分受力均衡，变形小，适合于易变形织物，如毛衫或其他针织产品。

许多服装遇水后会产生缩水现象，在服装制作确定材料尺寸及洗涤时应注意。各种衣料缩水率见附录1。

二、干洗

干洗是利用干洗剂在干洗机中对服装进行去污的一种去污方式。其原理为：在干洗机内通过滚筒的转动使服装与干洗剂发生作用，从而去除污垢。干洗的过程为：洗涤→脱液→烘干→冷却。

1. 洗涤

洗涤是在干洗机里进行。影响干洗效果的主要因素有：

（1）干洗机里滚筒内的装衣量：重量影响衣物之间的摩擦力和衣物在滚筒里的上下回落高度。如装衣量少服装的回落高度大，但服装间的摩擦力不足而影响洗涤效果；如装衣量多，衣物的回落高度小，衣物的活动空间小，也得不到足够的摩擦力，除了衣团表面衣物外，其他部位所受到的机械摩擦作用力小，甚至没有，同样得不到洗涤效果。因此一般应按如下方法控制装衣量：从理论上讲每18～20L滚筒容积洗1kg衣物为最佳衣服重量。实际上应有所调整，即羊毛制品量占筒体容积的1/2，丝织品占1/3，过多或过少都会影响洗涤效果。

（2）洗涤速度：以干洗机滚筒每分钟转数来计算，它决定了衣物从溶剂中被抛出来又落回去的速度。高速旋转的滚筒由于其惯性大，能使衣物紧贴在滚筒壁上并直到接近溶剂液面时才掉下来；滚筒转数慢，其惯性小，衣物一离开溶剂就掉下来，也达不到洗涤效果。衣物下落时的最佳角度应该是水平线上45°。

（3）溶剂重量：溶剂重量越重，则滚筒旋转时落在衣物上的作用力越大。

2. 脱液

脱液是清洗后去掉服装上溶剂的过程。在脱液时应尽量地排液。当溶剂被排除时服装不再被溶剂浸泡。脱液的原理是利用滚筒高速旋转时产生的离心力，使衣物上的溶剂穿过滚筒上的小孔，而消除水分，达到甩干的目的。一般干洗机滚筒的转速为400～900r/min。

滚筒直径越大，所产生的离心力越大，脱液时间越短；反之脱液时间越长。脱液时间应根据衣物的材料种类、品质特性来确定。一般情况下普通织物为3min，羊毛织物为15min，丝织品和羊绒织物为1min。厚重织物可适当延长时间。

3. 烘干

烘干是在脱液后为了进一步去掉干洗剂而进行的一道工序。它是依靠加热空气使服装上的干洗剂汽化，从而从服装上去除的过程，烘干温度、时间以及衣物的多少都会影响烘干效果。

4. 冷却

是将烘干处理后的蒸汽进行冷却，从而得到常温下的溶剂，以回收再利用。冷却的另一个作用是使衣物上的异味得到消除。

干洗适用于毛织品、丝绸等。干洗前要对衣物随带的纽扣等物件进行摘除，以免被干洗剂溶解。

三、常见服装的洗涤要点

服装的干洗过程一般是在洗衣店中进行的，只要按照干洗工艺的要求，正确合理选择滚筒内装衣量、滚筒速度、脱液时间、烘干温度、烘干时间等参数，就能保证干洗质量，达到干洗目的。但许多情况下是在家庭进行服装洗涤的。在这种情况下应注意不同材料制品的洗涤参数的控制。常见制品如下：

（1）棉制品：棉制品耐碱不耐酸，耐高温性好，可用肥皂或洗涤剂来洗涤。洗前可先将衣物放置水中浸泡几分钟，但不宜过久。贴身内衣不可在热水中浸泡，以免使汗渍中的蛋白质凝固黏附在衣服上，出现黄色汗斑。每次冲洗不一定要用很多水，但清洗的次数以多为好，且每次要将水拧干，再继续进行下一次清洗。不宜在阳光下暴晒。

（2）麻制品：麻织物纤维刚硬，纤维的抱合性差，洗涤时用力应比洗涤棉制品时轻些，以免布面擦伤起毛。洗涤剂同棉制品。洗后不宜在阳光下暴晒，应放置在阴凉处阴干，以免褪色。

（3）羊毛制品：羊毛品种繁多，有的需要水洗，有的不宜水洗，只能干洗。为了保持服装形态的稳定，呢绒面料宜用干洗方法，而毛衫一类针织衣料可用水洗方法。羊毛不耐碱，因此洗涤液应选择中性洗涤剂或皂片，浸泡时间不宜过长，室温水即可，洗涤时切忌不能用力过猛，不要用搓衣板进行搓洗。用洗衣机时轻洗轻放，洗涤时间不宜过长。洗后不要用力扭绞，如果用洗衣机来甩干，时间不宜过长。洗后放置阴凉通风处阴干，平摊晾晒为好，不宜在阳光下暴晒。因为羊毛暴晒后光泽、强力、弹性均会下降。

（4）丝绸制品：丝绸制品比较"娇嫩"，洗涤时应格外注意。洗涤前先用微温水或常温清水浸泡10min左右，浸泡时间不宜过长，因蚕丝耐酸不耐碱，所以，洗涤剂应选择中性洗涤剂或皂片，洗涤液浓度稍低些，洗涤时用手轻轻揉搓，切忌用力过猛而擦伤纤维，因为擦伤后的面料表面光泽改变，影响穿着效果。洗涤后轻轻压挤水分，切忌扭绞。

不要在阳光下暴晒，应在阴凉通风处阴干。电力纺、双绉、乔其等轻薄织物一定要按照上述方法进行。对于厚重的大提花类产品也可选择干洗，但此时也应注意轻洗轻处理。

（5）黏胶纤维制品：宜用中性洗涤剂或低碱洗涤剂进行洗涤。因黏胶湿强低，缩水率大，所以水洗时随洗随浸，不可长时间浸泡。洗涤时不能用力搓扭，宜轻洗，以免起毛或破损。洗后切忌扭绞。应放置阴凉通风处阴干，不宜在阳光下暴晒。

（6）合成纤维制品：合成纤维易脏但易洗，可选择一般的合成洗涤剂。中性洗涤剂更好。洗涤时宜轻洗轻揉，洗前可浸泡15min左右。腈纶面料可在阳光下晾晒，混纺面料及其他合成纤维面料适宜在阴凉通风处晾干。

其他混纺或混捻面料应根据实际情况及不同纤维混纺比等综合考虑确定正确的洗涤方法。

四、服装的去渍

有些污渍用常规的洗涤方式即水洗和干洗无法去除，这时应选择去渍方法进行局部去除。服装的去渍是指用去污剂或化学药品，再加上机械作用去除污渍的过程。一般在洗衣店中进行。有些污物在水洗或干洗前较易去除，而有些是在干洗过程中或水洗与干洗之后经过处理才能解决。应根据不同纤维、不同污渍、不同药品作用和不同方法来选择正确的去污方式。

1. 去渍步骤

去渍步骤：污渍识别→选择去污剂→确定去渍方法→去渍→漂洗→干燥。

（1）污渍识别：污渍的种类有多种，如血渍、油渍、墨水渍、水果渍等。应在去渍前识别出来。

（2）选择去污剂：去污剂的种类很多，应根据服装的特性、污渍类别、去污剂的功能特点、操作的简便性和经济性等方面综合考虑。有时采用如草酸钙、苯等化学药剂对污渍进行乳化、还原、氧溶解等。

（3）确定去渍方法：同一污渍可采用集中不同的处理方法，对保型性要求高的服装采用干性去渍，对结构复杂、结构疏松的服装要格外小心，可从外边缘逐渐向中间过渡。

（4）去渍：不同的服装要采用不同的去渍方法。目前主要有喷射法、浸泡法、揩拭法及吸收法等方法。

喷射法是利用喷射枪喷射力的作用去除水溶性污渍，适合于结构密实、承受能力强的服装。

浸泡法是用化学药品或去污剂与服装里的污渍有充分的反应时间来去除污渍的方法，适合于污渍与服装结合紧密、沾污面积大的服装。

揩拭法是用刷子、刮板或包裹棉花的细布等工具对服装上的污渍擦拭来去除污渍，适合于污渍在服装上渗透不严重或较易去渍的服装。

吸收法是加对污渍注入去污剂后，待其溶解，再用棉花类吸收被去除的污渍，适合于质地精细、结构疏松且易脱色的面料。

2. 常见的去渍方法简介

（1）血渍：血渍中的主要成分是蛋白质，遇热会冷却，因此要在冷水中进行。先浸泡，然后再用肥皂反复搓洗即可去除。白色棉织品如处理后仍有残痕可用漂白剂处理。加酶洗衣粉去除血渍的效果也很好。

（2）果汁渍：新沾上的水果汁可用食盐水迅速揉洗，如有痕迹，再用冲淡20倍的氨水冲洗，然后用洗涤剂洗。浓重的果汁可用冲淡的氨水加肥皂清洗。丝绸衣服可用酒精或柠檬酸搓洗。呢绒类可用专用的洗涤剂。白色棉织品可用5%次氯酸钠漂白，然后漂洗。

（3）油渍：用专用去油去污剂或汽油、松香水等擦洗。面积大的油渍边浸泡边揉搓。面积小的可用软毛刷或干净的旧布揩拭。然后用温水加洗涤液去除残痕。

（4）奶渍：不能用热水洗涤，新奶渍可先泡入冷水中5~10min，然后用肥皂洗涤即可。陈奶渍可用专用洗涤剂去除。也可用汽油揩除后，再用2%的氨水轻揉搓洗。

（5）蓝墨水渍：新渍立即浸于水内，擦肥皂后反复轻揉即可去除。陈渍用2%的草酸液浸洗，浸洗温度在40~60℃，最后用洗涤液清洗。

（6）红墨水渍：冷水浸泡后，再用肥皂反复擦洗，然后用高锰酸钾液洗掉残痕。也可用10%的酒精反复擦洗，然后漂洗干净。

（7）墨汁渍：新墨汁渍可用温水加洗涤剂洗涤，然后在残痕上涂上糯米饭粒轻揉。陈迹可用温水加洗涤剂洗涤，然后用一份酒精、两份肥皂和两份牙膏制成的糊状物涂洗。

（8）圆珠笔油渍：先用冷水浸泡，然后用肥皂加牙膏反复揉搓，再用酒精涂洗。也可用苯或四氯化碳擦洗。

（9）汗渍：先将污渍处浸于较浓的食盐水中浸泡约3h，然后用洗涤剂或肥皂洗涤。也可用5%的醋酸溶液和5%的氨水轮流擦洗，最后用冷水漂洗干净。

（10）酱油渍：新渍用冷水加洗涤剂清洗，陈渍可用温水加洗涤剂与2%的氨水或硼砂洗涤。丝绸及毛织品也可用10%的柠檬酸洗涤。

（11）油漆渍与柏油渍：将污渍处浸于1:1的乙醚与松节油的混合液中，当污渍被软化后揉搓数次，再用苯或汽油洗涤，最后用温水加洗涤剂去除污渍。

（12）口红渍：较轻的口红渍可用小刷子蘸上汽油轻轻擦洗，然后用温水加洗涤剂洗净。较重的口红先在汽油中浸泡揉洗，然后用洗涤剂洗净。

（13）茶渍与咖啡渍：新渍可用洗涤剂溶液洗涤。陈迹可在水中加几滴氨水和甘油配成的混合溶液洗涤。羊毛混纺织物不用氨水，而用10%的甘油溶液揉搓后，再用洗涤液洗，并用水漂洗干净。

（14）酒渍与啤酒渍：新渍可用水洗涤。陈渍可用加入2%的硼砂水溶液洗涤。

（15）皮鞋油渍：用冷水、肥皂洗；或用次氯酸钠洗，或用汽油、松节油、酒精等擦除，再用肥皂洗涤。白色织物上沾上鞋油，可先用汽油沾润，再用10%的氨水擦洗，最后用酒精擦洗。

（16）番茄酱渍：刮去干污渍，先用温热的洗涤剂溶液洗，然后用汽油与酒精交替擦拭，或用葡萄酒加盐一起揉搓。

（17）食油渍、牛奶渍、黄油渍：先用汽油或四氯化碳洗涤，颜色可用酒精洗去，然后再用洗涤剂或氨水洗。如仍有残渍，可用酶制剂处理。

（18）蛋白渍：用洗涤剂或氨水洗。洗前如果用一些鲜萝卜汁处理更好，也可用浓茶水洗涤。

第三节　服装的储藏

服装在使用和流通过程中的储藏是很重要的，它可以有效地提高服装的使用质量和使用寿命。由于不同服装的材料不同，加工方法不同，因此应选择不同的储藏保管环境和保管方法，以维护其正常的外观及内在质量，免受污染、损害及变质。

一、服装储藏质量的影响因素

由于光、热和水分对各种纤维的性能、光泽及色彩均会产生不同程度的影响，甚至破坏，因此光、热及水分是服装储藏质量的主要影响因素。

服装在储藏及使用过程中，因受各种大气环境因素的综合作用，使其性能逐渐恶化，如变色、变硬、变脆、光泽减弱、质地呆板、花纹轮廓不清等，俗称"老化"。为了最大限度地降低服装"老化"速度，应最大限度地避免光、热和水分的侵袭。

纤维吸收大量的太阳光后，大分子裂解，从而使纤维失去原有的性质，导致变色、脆化甚至破损。在天然纤维和人造纤维中，亚麻和羊毛的耐光性是较好的；棉和黏胶纤维的耐光性较差；蚕丝的耐光性最差。在合成纤维中，耐光性最好的是腈纶，其次是涤纶，接近羊毛，锦纶的耐光性最差，与蚕丝接近，丙纶和氨纶的耐光性差。因此服装在储藏过程中应尽量避免太阳光的直射。另外晾晒时尽量不在阳光下暴晒也是这个道理。

热、湿对纤维性质的影响是服装中残留的汗液、灰尘、浆料、染料等因素共同作用的结果。如果储藏的温度过高，面料中含水过多或受外界潮气的影响，纤维就会吸收水分并向外散发热量，从而给真菌繁殖生长创造了大量的有利条件。所以当服装内部的温度大于外界的温度时，服装制品将产生霉变。因此在换季时，对暂时不穿的衣服一定要洗涤干净，晾干后放置在阴凉干燥且通风良好之处。夏季梅雨季节尤应注意。

二、服装在储藏过程中的质量变化及预防

1. 霉烂

如果衣物上留有微生物，在一定的条件下微生物就会破坏纤维，导致面料产生霉烂。导致霉烂的主要微生物有真菌、细菌等。这些微生物在生长过程中，吸取纤维上的养料，

并分泌出酶。由于酶的作用，纤维的强力下降，失去了应有的坚牢度。微生物在生长和繁殖过程中要具备适宜的温湿度；面料在生产过程和服装加工过程中所用的浆料不良，又不加防腐剂或者防腐剂效力不足，均可使服装产生霉烂。

防治霉烂的主要方法是在家庭储藏过程中使制品保持清洁、干燥、低温。生产加工与流通过程中仓储保管要采取通风、排湿、密闭、降温、防潮、防热等措施，并注意清洁卫生，喷射抑菌药品等。

2. 变色

产生变色的主要原因是空气的氧化作用而使面料发黄褪色。此外在面料生产过程中如染料、整理剂及油剂等的作用均能使面料失去应有的光泽，影响服装的服用效果。

变色的防治办法主要是在保管过程中避免阳光直接暴晒，保持温度凉爽、适宜。

3. 脆化

是服装制品由于保管不善而变质，产生脆化。其原因有：面料在加工过程中操作不当或各种染化料用量不当或工艺不正确，日光长期直接照射的作用；因仓库过于潮湿，通风不良；风吹、潮湿的影响；或者面料接触到如酸、碱等腐蚀物。这些因素都会使面料失去已有的强度，轻者光泽暗淡，重者一拉即断，甚至面料本身成了粉末状。

4. 虫蛀

虫蛀是服装面料在商品流通或仓储保管过程中受到虫子的损害。虫蛀种类有：竹材料的使用所产生的竹蠹虫；涂胶或有淀粉的面料产生的衣鱼；危害蚕丝及毛织品的衣蛾、皮蠹虫；以及危害毛皮制品的白蚁等。虫蛀的危害结果无法挽回，因此应事先采取防范措施。

家庭的保管方法是保持衣物干净、干燥、通风以及在衣箱内放置樟脑球等防虫药剂。樟脑球不能沾染衣物，要用干净的白纸包好，再置于箱内。仓储保管时要经常对仓库进行通风、清洁、干燥，同时对仓库里的各种工具如垫木、仓板以及其他木架等器具应涂以白漆或药剂，经常进行消毒处理。

三、常见服装的储藏注意事项

1. 棉、麻制品

棉及麻制品是纤维素纤维制品，存放服装之前要对衣物进行清洗晒干，保持仓库室内干燥。不同颜色衣物应分别放置，以防互相沾色。仓库可放樟脑球或其他香草之类药物。这些药物要用白纸包好。储藏前将衣物洗净，否则梅雨天气容易发霉变质，产生霉点而影响穿着效果。

2. 丝绸制品

丝绸是蛋白质纤维织物，易受虫蛀和霉变，仓储前应把衣物洗净晾干，按照服装样式折叠好，外面用干净的白纸包好，以免沾污。箱内可放置樟脑球或其他香草之类药物，这些药物要用白纸包好，并远离衣物。

3. 呢绒制品

应放置在干燥处，并以悬挂垂吊式存放为好，衣物要反面朝外，以防褪色，毛绒或毛绒衣裤用干净的纸或布包好，注意经常通风，一般每月做一次通风，放置樟脑球的方法同丝绸制品，以防沾污。

4. 化纤服装制品

人造棉及人造丝织物以平放为好，不宜长期吊挂，不宜与天然纤维织物混放。可放入少量的樟脑球。涤纶、锦纶、腈纶等织物服装不需放樟脑球，更不能放卫生球，以免其中的二萘酚腐蚀服装纤维。

5. 针织品

不宜长期垂挂，因为长期垂挂会使服装变形而影响穿着效果，其他保管方法应根据纤维种类、质地、颜色等综合参考上述方法。

本章小结

介绍了污渍的来源及其组成，针对不同的污渍介绍了洗涤剂的性质、适用范围；对不同材料采用不同的洗涤方式，特殊的污渍应用特殊的去渍方法；分类介绍了纺织品的储藏保管方法。

思考题

1．为什么要对服装进行保养、洗涤？

2．服装的污垢来源有几方面？在服装上的附着形式有几种？

3．表面活性剂对污垢的作用机制是什么？

4．常用的洗涤剂有哪些？各自有什么特点？分别适合于什么纤维织物的洗涤？

5．为什么要控制不同纤维织物的洗涤温度？如何控制？

6．晾晒时哪些纤维织物的服装要进行阴干，为什么？哪些可以在太阳下晾晒，为什么？

7．织物洗涤缩水率大小的影响因素是什么？

8．掌握常见的不同纤维织物的洗涤要点。

参考文献

［1］周璐英. 现代服装材料学［M］. 北京：中国纺织出版社，2003.

［2］杨建忠，等. 新型纺织材料及应用［M］. 上海：东华大学出版社，2003.

［3］邢声远，等. 纺织新材料及其识别［M］. 北京：中国纺织出版社，2002.

［4］冯云，等. 竹浆纤维的定性鉴别［J］. 棉纺织技术，2012（9）.

［5］张大省，等. 高吸湿、排汗、速干织物用聚酯纤维［J］. 北京服装学院学报，2007（10）.

［6］周秋宝，陈君莉. 竹浆纤维与竹原纤维的性能差异［J］. 现代纺织技术，2007（2）.

［7］李焰，徐海林. 竹原纤维织物与苎麻织物服用性能的比较［J］. 纺织学报，2006（11）.

［8］周美凤. 纺织材料［M］. 2版. 上海：东华大学出版社，2012.

［9］徐亚美，等. 纺织材料［M］. 北京：中国纺织出版社，1999.

［10］周惠煜，等. 花式纱线开发与应用［M］. 北京：中国纺织出版社，2002.

［11］阿瑟·普莱斯，等. 织物学［M］. 祝成炎，等编译. 北京：中国纺织出版社，2003.

［12］蒋惠钧. 服装材料［M］. 南京：江苏科学技术出版社，2004.

［13］姜怀，等. 纺织材料学［M］. 2版. 北京：中国纺织出版社，2001.

［14］吴微微，等. 服装材料及其应用［M］. 杭州：浙江大学出版社，2000.

［15］刘国联. 服装检验［M］. 北京：中国轻工业出版社，2000.

［16］赵书经. 纺织材料实验教程［M］. 北京：纺织工业出版社，1989.

［17］余序芬. 纺织材料实验技术［M］. 北京：中国轻工业出版社，2004.

［18］中华人民共和国国家质量监督检验检疫总局. 中华人民共和国国家标准衬衫GB/T 2660—2008［S］. 北京：中国标准出版社，2008.

［19］中华人民共和国国家标准男西服、大衣GB/T 2664—2001［S］. 北京：中国标准出版社，2001.

［20］中华人民共和国国家质量监督检验检疫总局. 中华人民共和国国家标准男、女西裤GB/T 2666—2001［S］. 北京：中国标准出版社，2001.

［21］龚建培. 现代服装面料的开发与设计［M］. 重庆：西南师范大学出版社，2003.

［22］倪红，等. 面料的悬垂性能对服装波浪造型的影响［J］. 丝绸，2001（2）.

［23］倪红，等. 大波浪斜裙的形态风格研究［J］. 苏州大学学报（工科版），

2004（24）.

［24］倪红. 新品毛纺服装面料的性能与服装造型、生产的关系［J］. 国外丝绸，2003（4）.

［25］杨静，等. 服装材料学［M］. 武汉：湖北美术出版社，2002.

［26］张世源. 生态纺织工程［M］. 北京：中国纺织出版社，2004.

［27］刘国联，姜淑媛，等. 服装材料与服装制品管理［M］. 沈阳：辽宁美术出版社，2002.

［28］张怀珠，袁观洛. 新编服装材料学［M］. 2版. 上海：中国纺织大学出版社，2001.

［29］许吕崧，龙海如. 针织工艺与设备［M］. 北京：中国纺织出版社，2003.

［30］杨尧栋，宋广礼. 针织物组织与产品设计［M］. 北京：中国纺织出版社，2003.

［31］沈雷. 针织工艺学：经编分册［M］. 北京：中国纺织出版社，2002.

［32］贺庆玉. 针织工艺学：纬编分册［M］. 北京：中国纺织出版社，2003.

［33］朱松文. 服装材料学［M］. 2版. 北京：中国纺织出版社，1996.

［34］梁勇. 国际纺织品流行趋势［J］. 天津：中国纺织信息中心天津纺织装饰品工业研究所，2004.

［35］陶乃杰. 染整工程（第二册）［M］. 北京：纺织工业出版社，1980.

［36］黑木宣彦. 染色理论化学［M］. 陈水林，译. 北京：纺织工业出版社，1981.

［37］王菊生. 染整工艺原理（第三册）［M］. 北京：纺织工业出版社，1984.

［38］范雪荣. 纺织品染整工艺学［M］. 2版. 北京：中国纺织出版社，2006.

［39］朱世林. 纤维素纤维制品的染整［M］. 北京：中国纺织出版社，2002.

［40］沈志平. 染整技术（第二册）［M］. 北京：中国纺织出版社，2009.

［41］宋心远. 新合纤染整［M］. 北京：中国纺织出版社，2000.

［42］周庭森，等. 蛋白质纤维制品的染整［M］. 北京：中国纺织出版社，2002.

［43］郭腊梅，等. 纺织品整理学［M］. 北京：中国纺织出版社，2005.

［44］吕淑霖. 毛织物染整［M］. 北京：中国纺织出版社，1997.

［45］林杰. 染整技术（第四册）［M］. 北京：中国纺织出版社，2009.

［46］王宏. 染整技术（第三册）［M］. 北京：中国纺织出版社，2008.

［47］曹修平. 印染产品质量控制［M］. 北京：中国纺织出版社，2013.

［48］王授伦. 纺织品印花实用技术［M］. 北京：中国纺织出版社，2002.

［49］蔡苏英. 纤维素纤维制品的染整［M］. 北京：中国纺织出版社，2011.

［50］王淑荣，杨蕴敏. 染整废水处理［M］. 北京：中国纺织出版社，2009.

［51］贺良震. 涤纶及其混纺织物染整加工［M］. 北京：中国纺织出版社，2009.

［52］宋心远，沈煜如．新型染整技术［M］．北京：中国纺织出版社，1999．

［53］雷开臣，权衡．染整新技术研究进展［J］．染整技术，2011，33（10）．

［54］王传铭．汉英服装服饰词汇［M］．北京：中国纺织出版社，2002．

［55］上海市纺织工业局《英汉纺织工业词汇》编写组．英汉纺织工业词汇［M］．北京：纺织工业出版社，1980．

附录1 各种织物缩水率一览表

一、棉织物缩水率

棉织物品种		缩水率（%）	
		经向	纬向
本光布	平布（粗支、中支、细支）	6	2.5
	纱卡其、纱华达呢、纱斜纹	6.5	2
丝光布	平布（粗支、中支、细支）	3.5	3.5
	斜纹、哔叽、华达呢	4	3
	府绸	4.5	2
	纱卡其、纱华达呢	5	2
	呢、线卡其、线华达呢	5.5	2
经过防缩处理	各类印染布	1~2	1~2
色织布	男女线呢	8	8
	条格府绸	5	2
	被单布	9	5
	劳动布（预缩）	5	5
	二六元贡	11	5

二、丝绸织物缩水率

丝绸织物品种	缩水率（%）	
	经向	纬向
真丝一般织物	5	2
绉类织物	5~8	10~15
桑蚕丝及其他与化纤交织物	5	3
绉线织物和绞纱织物	10	3

三、呢绒织物缩水率

呢绒织物品种			缩水率（%）	
			经向	纬向
精纺呢绒	纯毛织物或羊毛含量70%以上的织物		3.5	3
	一般织物		4	3.5
粗纺呢绒	呢面较紧密，但露织纹的织物	羊毛含量60%以上	3.5	3.5
		羊毛含量60%以下及交织物	4	4
	绒面织物	羊毛含量60%以上	4.5	4.5
		羊毛含量60%以下	5	5
	组织结构比较疏松的织物		5以上	5以上

四、化纤织物缩水率

化纤织物品种		缩水率（%）	
		经向	纬向
黏胶纤维织物		10	8
涤/棉混纺织物	平布、细纺、府绸	1	1
	卡其、华达呢	1.5	1.2
涤/黏、涤/富混纺织物（涤纶含量65%）		2.5	2.5
富/涤混纺织物（富纤含量65%）		3	3
棉/维混纺织物（维纶含量50%）	卡其、华达呢	5.5	2
	府绸	4.5	2
	平布	3.5	3.5
涤/腈混纺织物（中长化纤织品、涤纶含量50%）		1	1
涤/黏混纺织物（中长化纤织品、涤纶含量65%）		3	3
棉/丙混纺织物（丙纶含量50%）		3	3
粗纺羊毛化纤混纺呢绒	化纤含量在40%以上	3.5	4.5
	化纤含量在40%以下	4	5
精纺羊毛混纺呢绒（涤纶含量在45%以上）		1	1
精纺化纤织物	涤纶含量在45%以上	2	1.5
	锦纶含量在40%以上或腈纶含量在50%以上或涤、锦、腈混合含量在50%以上	3.5	3
	其他织物	4.5	4
化纤仿真丝绸织物	醋纤织品	5	3
	纯人造丝织品及各种交织品	8	3
	涤纶长丝织品	2	2
	涤/黏/绢混纺织品（涤65%、黏25%、绢10%）	3	3

附录2　服装材料专业术语英汉对照表

1. fiber 纤维
2. textile 纺织
3. long-chain polymer 长链高聚物
4. cellulose 纤维素
5. linen 亚麻布，亚麻
6. viscose 黏胶纤维
7. modal 莫代尔纤维（高强和高湿模量纤维素纤维）
8. regenerated 再生的
9. cotton 棉
10. synthetic 合成
11. woodpulp 木浆
12. acetate 醋酯纤维
13. triacetate 三醋酯纤维
14. hemp 大麻
15. jute 黄麻
16. manilla 马尼拉麻
17. handle 手感
18. mohair 马海毛
19. alpaca 阿尔帕卡（羊驼）
20. llama 美洲驼
21. vicuna 驼马绒
22. crease 起皱
23. polyester 涤纶
24. nylon 尼龙
25. machine washable 可机洗
26. asbestos fiber 石棉纤维
27. alginate fiber 藻酸纤维
28. cuprammonium fiber 铜氨纤维
29. polynosic 富强纤维
30. azlon fiber 人造蛋白纤维
31. casein 酪蛋白纤维

32.	polyamide fiber	聚酰胺纤维
33.	elastomer or spandex fiber	弹性纤维
34.	acrylic fiber	腈纶
35.	polypropylene	丙纶
36.	polyethylene	聚乙烯纤维
37.	filament	长丝
38.	staple	短纤维
39.	blend	混纺
40.	cashmere	山羊绒
41.	woolen	粗纺
42.	worsted	精纺
43.	textured yarn	变形纱
44.	fancy yarn	花式纱
45.	twofold	双股
46.	fabric	织物
47.	warp knitting	经编
48.	weft knitting	纬编
49.	loom	织布机
50.	knitwear	针织品
51.	non-woven	非织造布
52.	striation	沟纹，条花
53.	bleaching	漂白
54.	wrinkle recovery	折皱恢复性
55.	drape	悬垂性
56.	clammy	滑腻的
57.	kapok	木棉
58.	cultivated silk	家蚕丝
59.	organic fiber	有机纤维
60.	inorganic fiber	无机纤维
61.	chlorofiber	含氯纤维
62.	polyvinyl alcohol fiber	维纶
63.	velvet	丝绒
64.	crepe	绉绸
65.	crepe de China	双绉
66.	eyelet	网眼

67.	batiste	细薄织物
68.	chiffon	雪纺绸
69.	gabardine	华达呢
70.	melton	麦尔登
71.	fleece	起绒织物，长绒织物
72.	velveteen	平绒
73.	corduroy	灯芯绒
74.	furlike	仿裘皮
75.	suede	仿麂皮织物
76.	shantung	山东绸
77.	rib	罗纹织物
78.	grain	织物纹理
79.	terry	毛巾织物
80.	windbreaker	防风外衣
81.	seersucker	泡泡纱，皱条纹薄型织物
82.	jacquard	提花
83.	crochet	钩边织物
84.	brocade	锦缎
85.	khaki	卡其布的，土黄色的
86.	chino	丝光卡其布
87.	drill	厚斜纹布
88.	poplin	府绸
89.	full	缩绒
90.	serge	哔叽
91.	faille	罗缎

附录3 各类纺织品的编号及意义

一、本色棉布的编号及意义

项目	第一位数字（表示品种类别）									第二、三位数字
	1	2	3	4	5	6	7	8	9	
意义	平布	府绸	斜纹	哔叽	华达呢	卡其	直贡横贡	麻纱	纱坯布	表示顺序

例：125——表示中平布，202——纱府绸，405——纱哔叽

二、印染棉布的编号及意义

项目	第一位数字（表示品种类别）									第二、三、四位数字
	1	2	3	4	5	6	7	8	9	
意义	漂白布类	卷染染色布类	扎染染色布类	精元染色布类	硫化元染色布类	印花布类	精元底色印花布类	精元花印花布类	本光漂色布类	表示本色棉布编号

例：1130——漂白中平布，6213——印花纱府绸，2404——卷染染色纱哔叽

三、长毛绒产品编号及意义

项目	第一位数字	第二位数字	第三位数字				第四位数字			第五位数字
	"△"	5	用途分类				纤维原料			
意义	生产厂家代号	表示长毛绒类	1	2	3	4	0	4	7	产品投产顺序号
			服装用	衣里用	工业用	家具用	全毛	混纺	化纤	

例：△5101——△厂第一批生产的服装用全毛长毛绒产品
　　△5342——△厂第二批生产的工业用混纺长毛绒产品

四、呢绒织品的编号及意义

	精纺呢绒			粗纺呢绒		
第一位数字表示纤维原料	2	3	4	0	1	7
	纯毛	混纺	纯化纤	纯毛	混纺	纯化纤

续表

	1	2	3	4	5	6	7	8	9	1	2	3	4	5	6	7	8	9
第二位数字表示大类产品名称	哔叽类	华达呢类	中厚花呢类	中厚花呢类	凡立丁类	女衣呢类	贡呢类	薄型花呢类	其他类	麦尔登类	大衣呢类	海军呢类	制服呢类	女式呢	法兰绒	粗花呢	大众呢	其他

第三、四、五位数字表示厂内产品顺序编号一般生产厂家还将工厂所在的省（市）、厂家代码放于编号前。如B——北京，S——上海，J——江苏

例：BA22001代表北京第一毛纺厂生产的纯毛精纺华达呢第一批次生产的产品

附录4 服装使用标志

一、服装材料纤维成分的标志

纯棉	100%	cotton
纯毛	100%	wool
纯丝	100%	silk
亚麻织物		linen
涤/棉混纺织物		T/C
涤纶		polyester
腈纶		acrylic
锦纶		nylon
维纶		vinylon

二、洗涤标志

1. 干洗（化学清洗法）

符号	说明	符号	说明
○	表示可以干洗	Ⓐ	表示可用任何一种干洗剂干洗
Ⓕ	表示只能用石油类干洗剂干洗	Ⓟ	表示可用任何一种干洗剂干洗，但洗涤时特别小心
⊗	表示不能干洗	表示不能用滚筒式干洗机进行干洗	表示不能用滚筒式干洗机进行干洗

2. 湿洗

符号	说明	符号	说明
	表示不能用水洗涤		表示只能用手洗，不能用洗衣机洗
40℃	表示可在水温40℃以下洗涤		表示不能在沸水中洗涤
	表示洗涤不可用搓衣板	弱	表示可在水温40℃以下用洗衣机弱档洗

3. 漂洗

(三角形 Cl)	表示可以用含氯的漂白剂进行洗涤，或者用氯液进行漂白	(三角形 Cl 被划叉)
(烧瓶 氯剂漂白)	表示可以用含氯的漂白剂进行漂白	表示不可以用含氯的洗涤剂洗涤，更不能用氯液漂白

三、晾晒标志

(悬挂图)	表示衣服要悬挂起来晾干	(T恤竖线)	表示衣服要悬挂起来滴水，不要拧干
(波浪线)	表示可以拧干	(衣架T恤)	表示衣服要挂在衣架上晾干，不宜在阳光下暴晒
(波浪线划叉)	表示不可以拧干	(T恤横线)	表示衣服不能挂在衣架上晾干，且要在阴凉处晾干
(方形横线)	表示衣服应在平台上晾干	(T恤斜线)	表示衣服只能阴干
(方形圆圈)	表示洗涤后的衣服可在烘干机内烘干	(方形圆圈划叉)	表示洗涤后的衣物不能在烘干机内烘干